Heinz Klaus Strick

Einführung in die Beurteilende Statistik

Schroedel

Einführung in die Beurteilende Statistik

von Heinz Klaus Strick

Bildquellenverzeichnis: Seite 4 (Mädchen mit MP3-Player) Dominique Ecken – Keystone, Hamburg; Seite 4 (Lastwagen) Rosenfeld – Mauritius, Mittenwald; Seite 4 (Babystation) Phototake – Mauritius, Mittenwald; Seite 7 (Polyeder), Seite 18 (Spielkarten), Seite 42 (Polyeder), Seite 55 (Jugendliche) Michael Fabian, Hannover; Seite 7 (Roulette), Seite 59 (Roulette) Cupak – Mauritius, Mittenwald; Seite 34 (AIDS) Bundeszentrale für gesundheitliche Aufklärung, Köln; Seite 79 (Lufthansa-Flotte) Deutsche Lufthansa AG, Köln; Seite 102 (Logo der Forschungsgruppe Wahlen), Seite 103 (Kreisdiagramm) Forschungsgruppe Wahlen e. V., Mannheim; Seite 102 (Logo der Sendung Politbarometer) ZDF, Mainz; Seite 103 (Bettina Schausten) ZB – picture-alliance, Frankfurt; Seite 103 (Säulendiagramm aus der Jugendstudie 2006), Seite 104 (Balkendiagramm aus der Jugendstudie 2006) Bundesverband deutscher Banken; Seite 105 (Shell-Jugendstudie: Keine Renaissance der Religion), Seite 105 (Shell-Jugendstudie: Mädchen auf der Überholspur) Shell Deutschland Oil GmbH, Hamburg; Seite 105 (Auswandern?), Seite 105 (Auswandern. Wohin?) Institut für Demoskopie Allensbach; Seite 106 (Sonntagsfrage) Infratest dimap, Berlin; Seite 109 (Altersstruktur der Wahlberechtigten bei der Bundestagswahl 2005), Seite 109 (Wahlentscheidung der Männer und Frauen) Bundeswahlleiter, Statistisches Bundesamt, Wiesbaden 2006. (Wahl zum 16. Deutschen Bundestag - Ergebnisse aus der Repräsentativen Wahlstatistik); Seite 117 (Zungenrollen) Heinz Klaus Strick, Leverkusen; Seite 120 (Drillinge) Photononstop – Mauritius, Mittenwald; Seite 123 (Lottoergebnisse) WestNet Lottoservice GmbH; Seite 124 (Ziehung der Lottozahlen) dpa – picture-alliance, Frankfurt; Seite 127 (Lottokugeln vor der Ziehung) dpa/dpaweb – picture-alliance, Frankfurt; Seite 139 (Brandenburger Tor) E. Teister – Blickwinkel, Witten; Seite 141 (Namenverteilung der drei häufigsten Namen in Deutschland) www.verwandt.de; Seite 144 (Ärztliche Untersuchung) BIS – A1PIX, München; Seite 144 (Periodensterbetafeln) Statistisches Bundesamt, Wiesbaden 2006; Seite 145 (Schneeschäden) dpa/dpaweb – picture-alliance, Frankfurt; Seite 147 (Pkw-Neuzulassungen) Kraftfahrt-Bundesamt, Flensburg; Seite 149 (Mädchen an der Tafel) Bilderbox, Thening
Es war nicht in allen Fällen möglich, die Inhaber der Bildrechte ausfindig zu machen und um Abdruckgenehmigung zu bitten. Berechtigte Ansprüche werden selbstverständlich im Rahmen der üblichen Konditionen abgegolten.

Zu diesem Schülerband erscheinen:
Lösungen ISBN 978-3-507-**83215**-2

Druck A⁴ / Jahr 2013
Alle Drucke der Serie A sind im Unterricht parallel verwendbar.

Redaktion: Michael Boßmeyer
Herstellung: Reinhard Hoerner
Umschlagentwurf: Kochinke Und Kein Partner
Zeichnungen: Michael Wojczak
Satz: media service schmidt, Hildesheim
Druck und Bindung: Westermann Druck GmbH, Zwickau

ISBN 978-3-507-**83214**-5

Inhaltsverzeichnis

Kapitel 1 | Elemente der Stochastik – Grundlagen

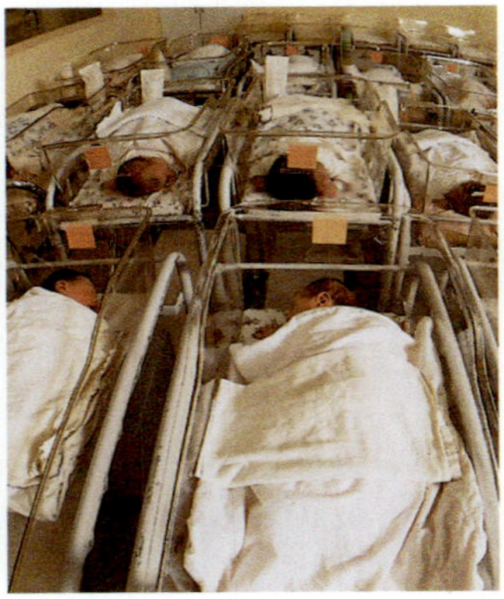

1.1 Einführung in die Problematik

Täglich werden wir mit Daten über die Ergebnisse von Umfragen und anderen Erhebungen konfrontiert, ohne genauer zu wissen, wie diese Daten zu interpretieren sind oder welche Schlüsse aus diesen Daten gezogen werden können:

Beispiel 1:

Der Verkauf von MP3-Playern boomt, insbesondere an Jugendliche. Ein Hersteller von Geräten der Unterhaltungselektronik will herausfinden, ob eine Werbekampagne, die sich speziell an Jugendliche richten soll, überhaupt Sinn macht. Ein Institut für Marktforschung wird beauftragt, dies zu untersuchen. Dazu befragt man 500 repräsentativ ausgewählte Jugendliche.

Das Institut berichtet anschließend, dass 70 % aller Jugendlichen zwischen 11 und 25 Jahren bereits einen MP3-Player besitzen.

Wie kommt es zu dieser Angabe? Wie viele von den 500 Jugendlichen haben vermutlich einen MP3-Player? Wenn man die Erhebung mit weiteren 500 Jugendlichen durchführen würde, käme dann derselbe Anteil heraus?

Beispiel 2:

Ein LKW-Hersteller wirbt für seine Fahrzeuge u. a. mit der Bemerkung, dass mehr als die Hälfte aller LKW auf Deutschlands Straßen von dieser Firma produziert würde.

Bei einer Fahrt auf einem Autobahnabschnitt begegnen uns 59 LKW, davon 39 von der betreffenden Firma.

Beweist dieses Resultat die Firmenveröffentlichung?

Beispiel 3:

Die Zeitschrift SPIEGEL druckte folgende Notiz. Wie aussagekräftig ist das Ergebnis?

Sohn siegt knapp vor Tochter
Junge oder Mädchen? Wenn Frauen die Möglichkeit hätten, das Geschlecht eines Kindes zu beeinflussen, würden es 59 Prozent tun. Die Entscheidung fiele knapp zugunsten eines Sohnes (31 %) im Vergleich zu dem Wunsch nach einer Tochter (28 %) aus. Das stellte der Erlanger Diplompsychologe Matthias Wenderlein fest, der 385 Frauen befragte.

Bei den drei Beispielen handelt es sich jeweils um eine Erhebung, eine **Stichprobe,** in der zufällig einzelne Jugendliche, LKW, Frauen aus der **Gesamtheit** aller Jugendlichen, LKW, Frauen herausgegriffen werden. Der **Umfang der Stichprobe,** das ist die Anzahl der befragten/erfassten Jugendlichen usw., beträgt 500 bzw. 59 bzw. 385, d.h. der Vorgang wird 500-stufig (bzw. 59-stufig, 385-stufig) durchgeführt; auf jeder **Stufe** wird untersucht, ob ein bestimmtes **Ergebnis** vorliegt:

- Ein MP3-Player ist vorhanden/ist nicht vorhanden.
- Der LKW ist von einem bestimmten Hersteller/ist nicht von diesem Hersteller.
- Die befragte Frau bevorzugt einen Sohn/bevorzugt ein Mädchen/will das Geschlecht des Kindes nicht beeinflussen.

Die Erhebung kann (zumindest theoretisch) beliebig oft wiederholt werden und man kann bei keiner der Stufen vorhersagen, welches Ergebnis auftreten wird. Solche Vorgänge bezeichnen wir als Zufallsversuche:

> Ein Vorgang, der zumindest theoretisch beliebig oft wiederholt werden kann und dessen Ergebnis sich nicht mit Sicherheit vorhersagen lässt, heißt **Zufallsversuch.** Die Anzahl der Stufen des Zufallsversuchs wird als **Stichprobenumfang** bezeichnet. Die Menge S aller möglichen Ergebnisse eines Zufallsversuchs heißt **Ergebnismenge des Zufallsversuchs.**

Aufgabe 1 – Ergebnismenge eines Zufallsversuchs

Betrachte die folgenden Zufallsversuche. Gib jeweils eine Ergebnismenge des Zufallsversuchs an. Ist diese Ergebnismenge durch den Zufallsversuch eindeutig bestimmt?

(1) Eine Münze wird geworfen.

(2) Ein Würfel wird geworfen.

(3) Eine Münze und ein Würfel werden gleichzeitig geworfen.

(4) Bei einer Produktionskontrolle werden nacheinander Länge, Breite und Höhe eines Metallstücks geprüft.

(5) Aus den Spielen eines Spieltages der Fußball-Bundesliga wird ein Spiel zufällig ausgewählt.

(6) Eine Münze wird so oft geworfen, bis 2-mal Wappen oder 2-mal Zahl aufgetreten ist.

(7) Ein Würfel wird so lange gewürfelt, bis Augenzahl 6 fällt.

Lösung

(1) Wappen oder Zahl kann oben liegen. Ergebnismenge: S = {W; Z}

(2) Die Augenzahlen 1, 2, 3, 4, 5 oder 6 können auftreten, also S = {1; 2; 3; 4; 5; 6}

Es kann aber auch sein, dass wir uns nur dafür interessieren, ob Augenzahl 6 fällt oder nicht; dann wäre S = {6; nicht 6} = {6, $\overline{6}$}.

Oder uns interessiert nur z. B. S = {gerade Augenzahl, ungerade Augenzahl}

oder S = {3; Augenzahl kleiner als 3; Augenzahl größer als 3}.

(3) Die Ergebnisse des Münzwurfs (W; Z) können in beliebiger Kombination mit den Ergebnissen des Würfelversuchs auftreten:

S = {(W; 1), (W; 2), (W; 3), (W; 4), (W; 5), (W; 6), (Z; 1), (Z; 2), (Z; 3), (Z; 4), (Z; 5), (Z; 6)}

oder kurz:

S = {W1, W2, W3, W4, W5, W6, Z1, Z2, Z3, Z4, Z5, Z6}

		Augenzahl beim Würfeln					
		1	2	3	4	5	6
Münzwurf	Wappen (W)	W1	W2	W3	W4	W5	W6
	Zahl (Z)	Z1	Z2	Z3	Z4	Z5	Z6

Entsprechend zu (2) sind auch andere Ergebnismengen denkbar.

(4) Da nacheinander drei verschiedene Merkmale überprüft werden, muss auf jeder dieser 3 Stufen entschieden werden, ob die Kontrolle positiv (p) oder negativ (n) verläuft.

S = {ppp, ppn, pnp, pnn, npp, npn, nnp, nnn} in der Kurzschreibweise von (3): ppp statt (p; p; p).
Es ist aber auch denkbar, dass man je nach Ergebnis der Messung entscheidet:
S = {1. Wahl; 2. Wahl; Ausschuss}

(5) Auch hier sind verschiedene Ergebnismengen denkbar:
Wenn es nur um die Punkte geht, die die Heimmannschaft erhält: S = {3; 1; 0} oder ausführlicher:
S = {Heimsieg, Unentschieden, Heimniederlage} oder – falls das konkrete Resultat interessiert –
S = {0 : 0; 1 : 0; 0 : 1; 2 : 0; 1 : 1; 0 : 2; 3 : 0; 2 : 1; ...}

(6) Nach spätestens 3 Würfen ist das Spiel beendet: S = {WW, ZZ, WZW, ZWW, ZWZ, WZZ}
Man könnte deshalb auch nur darauf achten, wie viele Runden das Spiel dauert:
S = {2 Runden, 3 Runden}

(7) Theoretisch ist es denkbar, dass das Spiel unendlich lange dauert (unendlich viele Stufen):
S = {$6, \bar{6}6, \overline{66}6, \overline{666}6, \ldots$} oder wir notieren die Anzahl der Runden: S = {1, 2, 3, 4, ...} = $\mathbb{N}$

Übungen

1. Betrachte die folgenden Zufallsversuche. Gib jeweils zwei geeignete Ergebnismengen an.

(1) Die Schülerinnen und Schüler werden nach ihrem Geburtsdatum befragt.
(2) Eine Münze wird so lange geworfen, bis Wappen fällt.
(3) Personen werden gefragt, welche Partei sie wählen würden, wenn nächsten Sonntag Wahlen wären.
(4) Zwei Münzen werden gleichzeitig geworfen.
(5) Ein Würfel wird so lange geworfen, bis die Augensumme 6 erreicht oder überschritten wird.
(6) Die Glückszahlen beim Lottospiel *6 aus 49* werden gezogen.
(7) Ein Fahrzeug wird vom TÜV untersucht.
(8) Bei einer Fahrzeugkontrolle durch die Polizei wird der Zählerstand des Kilometerzählers notiert.

1.2 LAPLACE-Versuche

Bei Zufallsversuchen interessiert uns vor allem die Frage,
- wie häufig die einzelnen Ergebnisse auftreten,
- ob es sich lohnt darauf zu wetten, dass ein bestimmtes Ergebnis eher auftritt als ein anderes,
- welche Prognosen möglich sind für bevorstehende Zufallsversuche.

Daher versuchen wir etwas über die Chancen herauszubekommen, mit denen die einzelnen Ergebnisse eintreten. Am einfachsten zu erfassen sind die Zufallsversuche des folgenden Typs: Zufallsversuche, bei denen kein Grund ersichtlich ist, dass irgendeines der Ergebnisse eine größere Chance hat aufzutreten als ein anderes, bezeichnen wir als LAPLACE-Versuche (nach PIERRE SIMON LAPLACE, 1749–1827). Die Ergebnisse von LAPLACE-Versuchen bezeichnet man daher auch als *gleichwahrscheinlich*.

Haben bei einem Zufallsversuch mit s möglichen Ergebnissen aufgrund der gegebenen Versuchssituation alle diese Ergebnisse dieselbe Chance aufzutreten, dann ordnen wir jedem Ergebnis die Wahrscheinlichkeit $p = \frac{1}{s}$ zu. Solche Versuche heißen **LAPLACE-Versuche.**

Dass alle Ergebnisse dieselbe Chance haben, kann man nicht beweisen, sondern nur aufgrund der Versuchssituation *modellhaft annehmen*. Eine solche **LAPLACE-Annahme** (man spricht auch vom **LAPLACE-Modell**) erscheint bei folgenden Zufallsversuchen berechtigt:

Münzwurf:

Die Münze ist i. A. homogen und symmetrisch. Es ist kein Grund ersichtlich, warum Wappen oder Zahl bevorzugt fallen könnte. Die Wahrscheinlichkeit für Wappen bzw. Zahl ist daher gleich $\frac{1}{2}$; wir schreiben kurz: $P(\text{Wappen}) = P(\text{Zahl}) = \frac{1}{2}$

Würfeln:

Auch dieser Körper ist gleichmäßig aufgebaut; die Markierungen auf den 6 Quadratflächen können beliebig vorgenommen werden. $P(\text{Augenzahl } 1) = P(\text{Augenzahl } 2) = \ldots = P(\text{Augenzahl } 6) = \frac{1}{6}$

Auch andere regelmäßige Körper (*Tetraeder, Oktaeder, Dodekaeder, Ikosaeder*) sehen wir als LAPLACE-Geräte an.

Glücksrad, Roulette:

Bei Glücksrädern mit s gleich großen Sektoren (z. B. Roulette mit den Sektoren 0, 1, 2, ..., 36) ordnen wir jedem Feld die Wahrscheinlichkeit $\frac{1}{s}$ zu.

Kartenspiel:

Wenn man 32 (bzw. 55) Karten eines Kartenspiels nicht unterscheiden kann, die Karten gut gemischt sind und man auf gut Glück eine Karte zieht, dann ist die Wahrscheinlichkeit für jedes Ergebnis $\frac{1}{32}$ (bzw. $\frac{1}{55}$).

Aufgabe 1 – Laplace-Paradoxa

LAPLACE D'ALEMBERT LEIBNIZ GALILEI

Bei der LAPLACE-Annahme muss man sorgfältig darauf achten, dass tatsächlich alle Ergebnisse gleichberechtigt sind. Gib an, welche Fehler bei folgenden Wahrscheinlichkeitsbestimmungen gemacht wurden:

(1) Der französische Mathematiker D'ALEMBERT (1717–1783) vertrat die Meinung, dass beim gleichzeitigen Werfen von 2 gleichartigen Münzen jedes der folgenden 3 Ergebnisse gleich wahrscheinlich ist: zweimal Wappen, einmal Wappen und einmal Zahl, zweimal Zahl.

(2) GOTTFRIED WILHELM LEIBNIZ (1646–1716) sah die Augensummen 11 und 12 beim Werfen zweier nicht unterscheidbarer Würfel als gleichwahrscheinlich an, da beide nur auf eine Art zustandekommen.

(3) Zeitgenossen von GALILEO GALILEI (1564–1642) glaubten, dass Augensumme 9 und Augensumme 10 beim 3fachen Würfeln gleich häufig auftreten müssten.

Lösung

(1) Auch wenn zwei Münzen gleichartig, d. h. äußerlich nicht unterscheidbar sind, kann man sie z.B. durch eine Markierung unterscheidbar machen. Dann wird deutlich, dass es vier verschiedene gleichwahrscheinliche Ergebnisse gibt, WW, WZ, ZW, ZZ, und es gilt:

P (WW) = P (ZZ) = $\frac{1}{4}$, aber P (einmal Wappen und einmal Zahl) = P (WZ; ZW) = $2 \cdot \frac{1}{4} = \frac{1}{2}$

(2) Es macht für die Wahrscheinlichkeiten der Ergebnisse keinen Unterschied, ob man nicht unterscheidbare Würfel oder zwei gleichartige, aber z. B. verschiedenfarbige Würfel benutzt. Notieren wir z. B. zunächst das Ergebnis des blauen und dann die des roten Würfels, dann gehören zur Eigenschaft Augensumme 11 die Würfe (5; 6) und (6; 5) und zur Augensumme 12 nur der Wurf (6; 6).

	1	2	3	4	5	6
1	(1; 1)	(1; 2)	(1; 3)	(1; 4)	(1; 5)	(1; 6)
2	(2; 1)	(2; 2)	(2; 3)	(2; 4)	(2; 5)	(2; 6)
3	(3; 1)	(3; 2)	(3; 3)	(3; 4)	(3; 5)	(3; 6)
4	(4; 1)	(4; 2)	(4; 3)	(4; 4)	(4; 5)	(4; 6)
5	(5; 1)	(5; 2)	(5; 3)	(5; 4)	(5; 5)	(5; 6)
6	(6; 1)	(6; 2)	(6; 3)	(6; 4)	(6; 5)	(6; 6)

Da es insgesamt 36 mögliche Ergebnisse beim Werfen zweier Würfel gibt (vgl. Tabelle), ist also P (Augensumme 11) = $2 \cdot \frac{1}{36} = \frac{1}{18}$ und P (Augensumme 12) = $\frac{1}{36}$.

(3) Tatsächlich gilt für das 3fache Würfeln:

P (Augensumme 9) = $\frac{25}{216}$ und P (Augensumme 10) = $\frac{27}{216} = \frac{1}{8}$,
da es insgesamt $6^3 = 216$ verschiedene 3-Tupel gibt: S = {111, 112, 113, ..., 116, 121, ..., 665, 666}

Zur *Augensumme 9* gehören die Ergebnisse 612, 621, 513, 522, 531, 414, 423, 432, 441, 315, 324, 333, 342, 351, 216, 225, 234, 243, 252, 261, 126, 135, 144, 153, 162.

Augensumme 10 kommt zustande bei den 3-Tupeln 613, 622, 631, 514, 523, 532, 541, 415, 424, 433, 442, 451, 316, 325, 334, 343, 352, 361, 226, 235, 244, 253, 262, 136, 145, 154, 163.

Die Zeitgenossen von GALILEI hatten offensichtlich nur wie folgt gezählt:

126, 135, 144, 225, 234, 333 für *Augensumme 9* bzw. 136, 145, 226, 235, 244, 334 für *Augensumme 10* und achteten nicht darauf, welcher Würfel welche Augenzahl zeigte.

Bei der Lösung der Aufgabe 1 zeigte sich z. B. in (1) die Notwendigkeit, zwischen dem *Ergebnis* „einmal Wappen und einmal Zahl“ und den *Ergebnissen* WZ, ZW zu unterscheiden. Da sich „einmal Wappen und einmal Zahl“ eigentlich aus zwei Ergebnissen zusammensetzt, wollen wir hierfür eine andere Bezeichnung benutzen: Man spricht von dem **Ereignis** „einmal Wappen und einmal Zahl“, das die Ergebnisse WZ und ZW enthält. Formal gesehen ist ein Ereignis also eine Menge von Ergebnissen: {WZ, ZW} und die Ergebnisse sind Elemente dieser Menge.

Die Wahrscheinlichkeit des Ereignisses berechnen wir, indem wir die Anzahl der gleichwahrscheinlichen Ergebnisse bestimmen, die zum Ereignis gehören.

LAPLACE-Regel

Ergebnisse kann man zu einem **Ereignis** zusammenfassen. Ereignisse sind also Teilmengen der Ergebnismenge S des Zufallsversuchs.
Bei Laplace-Versuchen berechnet sich die Wahrscheinlichkeit P (E) eines Ereignisses E wie folgt:

$$P(E) = \frac{\text{Anzahl der zum Ereignis E gehörenden Ergebnisse}}{\text{Anzahl aller möglichen Ergebnisse}} = \frac{|E|}{|S|}$$

Übungen

1. Welche Wahrscheinlichkeiten hat LEIBNIZ fälschlicherweise den Ereignissen Augensumme *2, 3, 4, ..., 11, 12* zugeordnet? Was wäre richtig gewesen?

2. Welche Wahrscheinlichkeiten hatten die Zeitgenossen von GALILEI fälschlicherweise den Ereignissen *Augensumme 3, 4, 5, ..., 17, 18* zugeordnet? Was wäre richtig gewesen?

1.3 Wahrscheinlichkeit und relative Häufigkeit

Wir haben im Abschnitt 1.2 betont, dass es sich bei dem LAPLACE-Ansatz um eine *Modell-Annahme* handelt, d. h. es ist kein Grund für eine ungleichmäßige Wahrscheinlichkeitsverteilung ersichtlich. Wie kann man nun *überprüfen*, ob diese Annahme berechtigt ist?

Da das Typische für Zufallsversuche die Eigenschaft ist, dass das Ergebnis *zufällig* auftritt, also *nicht vorhersehbar* ist, kann man auch durch konkrete Versuchsdurchführungen die Modellannahme *grundsätzlich* weder beweisen noch widerlegen. Aber, wir können den Versuchsverlauf von LAPLACE-Versuchen beobachten und protokollieren, wie häufig die einzelnen Ergebnisse auftreten. Dabei vergleichen wir die (absolute) Häufigkeit, mit der ein Ergebnis auftritt, und die Gesamtzahl der Versuche (Stichprobenumfang) miteinander; diesen Quotienten bezeichnet man als relative Häufigkeit.

$$\text{relative Häufigkeit eines Ergebnisses} = \frac{\text{absolute Häufigkeit, mit der das Ergebnis auftritt}}{\text{Stichprobenumfang}}$$

Wenn wir einen LAPLACE-Versuch durchführen, erwarten wir, dass sich die relativen Häufigkeiten eines Ergebnisses mit zunehmendem Stichprobenumfang dem Wert der Wahrscheinlichkeit nähern.

Beispiel 1:

Würfeln – Wir interessieren uns für das Ergebnis *Augenzahl 6*; Protokoll eines Zufallsversuchs:

Anzahl n der Würfe	40	80	120	160	200	240	280	320	360	400
Anzahl k der Würfe mit Augenzahl 6	6	10	17	21	29	40	50	56	60	65
rel. Häufigkeit $\frac{k}{n}$ von Augenzahl 6	0,150	0,125	0,142	0,131	0,145	0,167	0,179	0,175	0,167	0,163

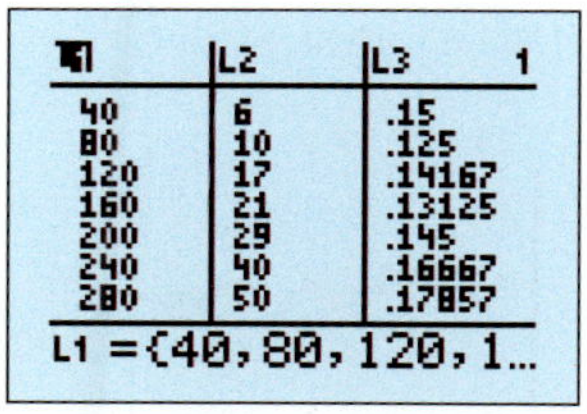

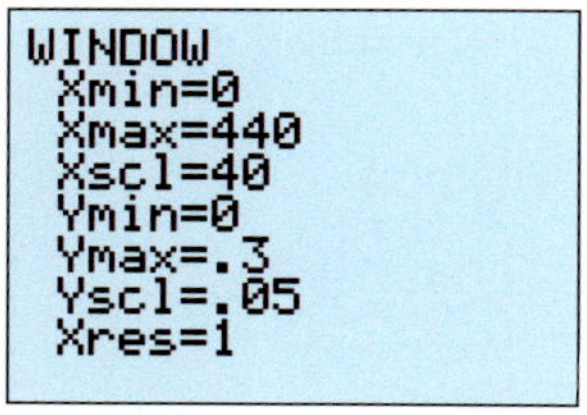

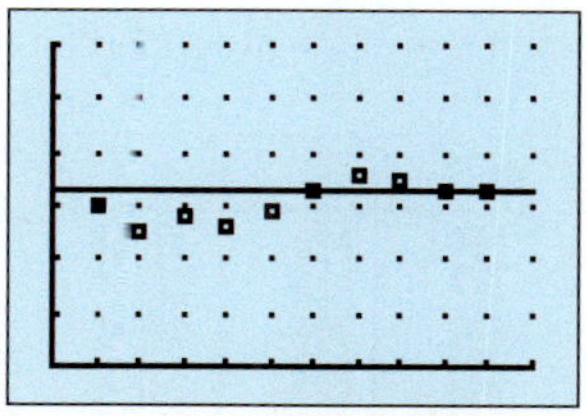

Der grafischen Darstellung entnehmen wir, dass sich die relativen Häufigkeiten für *Augenzahl 6* dem Wert $\frac{1}{6}$ nähern.

Bei großem Stichprobenumfang n können wir also vorhersagen, dass die absolute Häufigkeit der Anzahl der Sechsen ungefähr $\frac{1}{6}n$ beträgt, also z. B. bei 900 Würfen erwarten wir ungefähr $\frac{1}{6} \cdot 900$, d. h. 150-mal Augenzahl 6.

Empirisches Gesetz der Großen Zahlen

Bei langen Versuchsreihen stabilisieren sich die relativen Häufigkeiten eines Ergebnisses in der Nähe der Wahrscheinlichkeit des Ergebnisses.

Häufigkeitsinterpretation der Wahrscheinlichkeit

Hat ein bestimmtes Ergebnis eines Zufallsversuchs die Wahrscheinlichkeit p, dann machen wir die Prognose, dass nach einer großen Zahl n von Versuchsdurchführungen dieses Ergebnis ungefähr $n \cdot p$-mal aufgetreten sein wird.

Diese empirisch (durch Erfahrung) gewonnene Einsicht benutzen wir, um etwas über Wahrscheinlichkeiten bei Zufallsversuchen herauszufinden, die keine LAPLACE-Versuche sind:

Beispiel 2:

Bei den Prüfstellen des Technischen Überwachungs-Vereins werden Fahrzeuge überprüft. Hat ein Fahrzeug keine oder nur unerhebliche Mängel, so erhält es eine Prüfplakette; sonst muss es wieder vorgeführt werden.

Die Tabelle enthält die Daten einer Prüfstelle von fünf aufeinander folgenden Wochen mit Zwischensummen und relativen Häufigkeiten.

Tag	Anzahl pro Tag		Gesamtzahl		relative Häufigkeit
	ausgegebene Plaketten	untersuchte Fahrzeuge	ausgegebene Plaketten	untersuchte Fahrzeuge	
1	103	151	103	151	0,682
2	104	150	207	301	0,688
3	93	136	300	437	0,686
4	85	125	385	562	0,685
5	85	130	470	692	0,679
6	97	158	567	850	0,667
7	104	157	671	1007	0,666
8	100	151	771	1158	0,666
9	105	164	876	1322	0,663
10	81	130	957	1452	0,659
11	84	130	1041	1582	0,658
12	100	144	1141	1726	0,661
13	92	134	1233	1860	0,663
14	88	141	1321	2001	0,660
15	71	129	1392	2130	0,654
16	106	148	1498	2278	0,658
17	117	158	1615	2436	0,663
18	108	171	1723	2607	0,661
19	83	144	1806	2751	0,656
20	95	128	1901	2879	0,660
21	103	163	2004	3042	0,659
22	110	164	2114	3206	0,659
23	107	163	2221	3369	0,659
24	92	149	2313	3518	0,657
25	63	106	2376	3624	0,656

Stellt man die relative Häufigkeit des Ergebnisses *Fahrzeug erhielt Plakette* in Abhängigkeit vom Stichprobenumfang in einem Koordinatensystem dar, so erkennt man, dass sich diese relative Häufigkeit stabilisiert:

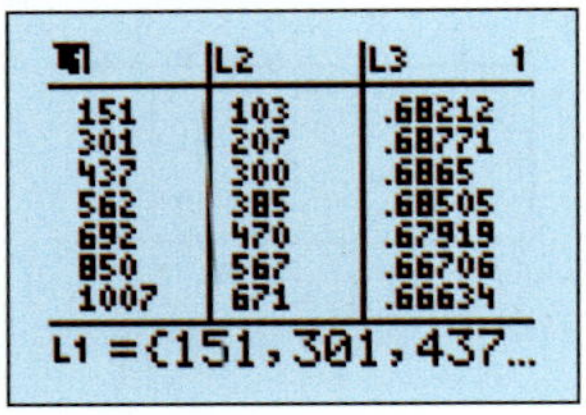

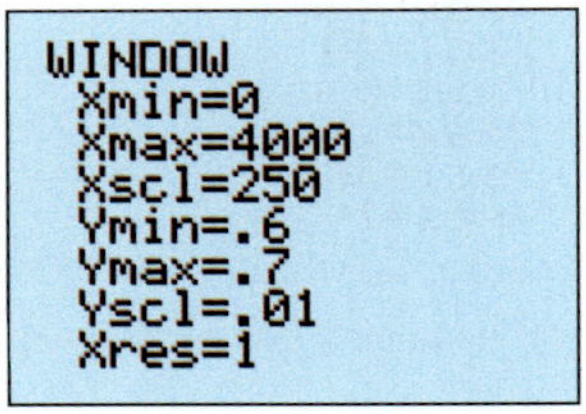

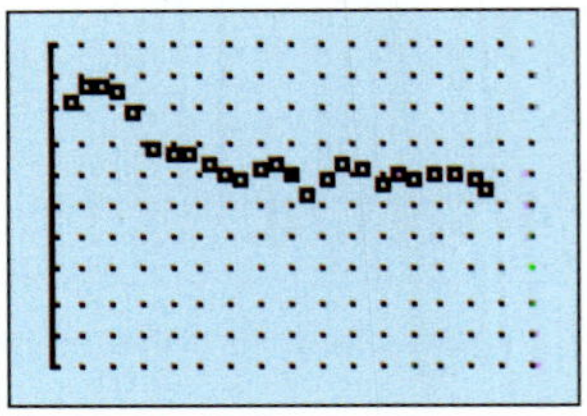

Schätzwerte von Wahrscheinlichkeiten

Mit wachsendem Stichprobenumfang stabilisieren sich die relativen Häufigkeiten eines Ergebnisses um einen bestimmten Wert. Diesen Wert nehmen wir als Schätzwert für die Wahrscheinlichkeit des Ergebnisses.

Bei Erhebungen (z. B. Meinungsbefragungen) betrachtet man eigentlich selten die Entwicklung der relativen Häufigkeiten; veröffentlicht wird im Allgemeinen nur das Ergebnis der Stichprobe, wie z. B. auf Seite 4 die Angabe: *70 % aller Jugendlichen besitzen einen MP3-Player.* Dies ist eigentlich nur ein Ergebnis der Stichprobe, das wir auf die Gesamtheit übertragen. Wir *schätzen,* dass auch in der Gesamtheit aller Jugendlichen der Anteil 70 % beträgt.

Inwieweit dieser Schluss zulässig ist, wird im Verlaufe dieses Buches untersucht. Damit haben wir bisher zwei wichtige Problemstellungen angesprochen:

Aufgabentyp: Schluss von der Stichprobe auf die Gesamtheit

Angenommen, wir kennen die relative Häufigkeit eines Ergebnisses aus einem umfangreichen Zufallsversuch. Dann machen wir eine Aussage über die Wahrscheinlichkeit, die dem Zufallsversuch zugrunde liegt.

Aufgabentyp: Schluss von der Gesamtheit auf die Stichprobe

Angenommen, wir kennen die Wahrscheinlichkeit für ein bestimmtes Ergebnis eines Zufallsversuchs. Dann machen wir Aussagen über zulässige relative und absolute Häufigkeiten für konkrete Durchführungen dieses Zufallsversuchs.

Anmerkung:

Die Bezeichnung *Gesamtheit* im zweiten Aufgabentyp erscheint für LAPLACE-Versuche etwas merkwürdig: Man kann sich z. B. beim Würfeln eine *Gesamtheit* von *unendlich* vielen Kugeln vorstellen, die zu gleichen Teilen die Nummern 1, 2, 3, 4, 5, 6 tragen; das Würfeln entspricht dann dem Ziehen einer Kugel aus dieser Gesamtheit.

Aufgabe 1 – Schätzen von Wahrscheinlichkeiten

Im Statistischen Jahrbuch für die Bundesrepublik Deutschland sind u. a. so genannte Sterbetafeln abgedruckt. Hieraus kann man ablesen, wie viele von 100 000 Lebendgeborenen das Alter x erreichen. Bei den Jahrgängen, die vor und während des 2. Weltkriegs geboren wurden, sind die kriegsbedingten Sterbefälle nicht berücksichtigt.

a) Von 100 000 Lebendgeborenen erreichen durchschnittlich 99 145 Männer das Alter von 20 Jahren, 98 124 Männer das Alter von 35 Jahren. Schätze hieraus die Wahrscheinlichkeit, dass ein 20-jähriger 35 Jahre alt wird.

b) Bestimme analog zu a) den Schätzwert der Wahrscheinlichkeit, dass eine 30-jährige Frau 70-Jahre alt wird.

Alter x	männlich	weiblich
0	100 000	100 000
1	99 567	99 643
5	99 481	99 570
10	99 426	99 527
15	99 367	99 479
20	99 145	99 377
25	98 825	99 257
30	98 502	99 131
35	98 124	98 954
40	97 571	98 665
45	96 600	98 153
50	94 937	97 239
55	92 294	95 859
60	88 463	93 808
65	82 970	90 923
70	75 093	86 681
75	63 680	79 578
80	48 524	67 886
85	30 667	49 588
90	14 463	27 389
95	4 117	8 997
100	614	1 522

Lösung

a) Die relative Häufigkeit $h = \frac{98\,124}{99\,145} = 0{,}990 = 99{,}0\,\%$ gibt den Anteil der Männer an, die 35 Jahre alt werden, unter denen, die 20 Jahre alt werden. Da die Daten aus einer großen Stichprobe genommen wurden, liegt die berechnete relative Häufigkeit in der Nähe der tatsächlichen Wahrscheinlichkeit. Wir nehmen also 99,0 % als Schätzwert für die gesuchte Wahrscheinlichkeit.

b) Analog zu a) rechnen wir

$$h = \frac{\text{Anzahl der Frauen, die 70 Jahre alt werden}}{\text{Anzahl der Frauen, die 30 Jahre alt werden}} = \frac{86\,681}{99\,131} = 0{,}874 = 87{,}4\,\%$$

und nehmen diesen Wert als Schätzwert für die gesuchte Wahrscheinlichkeit.

Übungen

1. a) Vergleiche die Wahrscheinlichkeiten, dass eine 50-jährige Person 75 Jahre alt wird, von Männern und Frauen miteinander.

b) Bestimme die entsprechenden Wahrscheinlichkeiten wie in a) für die Sterbetafeln aus den Jahren 1901/1910 bzw. 1932/1934.

	männlich		weiblich	
x	1901–1910	1932–1934	1901–1910	1932–1934
0	100 000	100 000	100 000	100 000
10	72 827	88 793	75 845	90 753
20	70 647	87 298	73 564	89 490
30	67 092	84 715	69 848	87 139
40	62 598	81 481	65 283	84 135
50	55 340	76 322	59 812	79 620
55	50 186	72 147	55 984	76 038
60	43 807	66 293	50 780	70 984
65	36 079	58 106	43 540	63 712
70	27 136	47 059	34 078	53 184
75	17 586	33 479	23 006	39 132
80	8 987	19 122	12 348	23 500
85	3 212	7 732	4 752	10 323
90	683	1 966	1 131	2 868

2. Stelle die Entwicklung der relativen Häufigkeiten für Heimsiege, Unentschieden, Heimniederlagen in der 1. Fußball-Bundesliga in einem Koordinatensystem dar.

Spielzeit	Heimsiege	Unentschieden	Heimniederlagen
1975/76	173	83	50
1976/77	167	81	58
1977/78	191	60	55
1978/79	166	85	55
1979/80	184	63	59
1980/81	164	80	62
1981/82	177	68	61
1982/83	172	75	59
1983/84	174	66	66
1984/85	167	80	59
1985/86	168	76	62
1986/87	166	81	59
1987/88	158	84	64
1988/89	150	94	62
1989/90	155	90	61
1990/91	123	106	77

Spielzeit	Heimsiege	Unentschieden	Heimniederlagen
1991/92	174	124	82
1992/93	151	92	63
1993/94	152	83	7[illegible]
1994/95	147	86	73
1995/96	123	108	75
1996/97	156	70	80
1997/98	145	85	75
1998/99	144	87	75
1999/00	143	87	76
2000/01	160	69	77
2001/02	160	68	78
2002/03	144	77	85
2003/04	160	72	74
2004/05	149	65	92
2005/06	131	96	79
2006/07	134	79	93

3. Wirft man einen Reißnagel, so kann er in Lage ⊥ oder ⋋ fallen. In der Tabelle sind die Ergebnisse für 50 Würfe mit je 25 gleichartigen Reißnägeln protokolliert.

Stelle die Entwicklung der relativen Häufigkeiten im Koordinatensystem dar und gib einen Schätzwert für die Wahrscheinlichkeit der beiden Ergebnisse an.

Laufende Nummer des Wurfs	Anzahl der Reißnägel in Lage ⊥	Anzahl der Reißnägel in Lage ⋋
5	61	64
10	122	128
15	182	193
20	245	255
25	303	322
30	361	389
35	416	459
40	475	525
45	536	589
50	604	646

4. Bei der so genannten Auswahlwette „6 aus 45" musste man zeitweise unter 45 angegebenen Spielen diejenigen ankreuzen, in denen voraussichtlich die meisten Tore geschossen werden. Für eine Ersatzauslosung wurden die letzten 104 Spieltage mit je 45 Spielen berücksichtigt.

a) Bestimme hierfür die relativen Häufigkeiten für die verschiedenen möglichen Toranzahlen.

geschossene Tore	0	1	2	3	4	5	6	7	8 und mehr	Summe
Spiele	512	803	1 092	844	728	384	193	64	60	4 680

b) Die Auslosung erfolgte mit Hilfe einer Urne mit 100 Kugeln, die entsprechend dem in a) berechneten Anteil die Aufschrift 0, 1, 2, ..., 8 trugen. Wie groß war die Wahrscheinlichkeit, dass bei einer Ersatzauslosung dem Spiel 0, 1, ..., 8 Tore zugeordnet wurden?

Stichwort: Repräsentative Erhebungen

Bei Veröffentlichungen von Meinungsumfrage-Ergebnissen ist oft von *repräsentativen Erhebungen* die Rede.

Dies bedeutet: Von der zu untersuchenden Grundgesamtheit ist eine Stichprobe genommen worden, die ein verkleinertes Abbild der Grundgesamtheit darstellen soll, d. h. der Anteil jeder Gruppe mit einer bestimmten Merkmalsausprägung (auch *Quote* genannt) ist in der Stichprobe genauso groß wie in der Gesamtheit.

Die Merkmale, die bei der Quotenbildung berücksichtigt werden, sind z. B.: Geschlecht, Alter, Familienstand, Konfession, Schulbildung, Wohnortgröße, Region. Die Meinungsforschungsinstitute verlangen von den einzelnen Befragern, dass sie in ihrer Befragungsgruppe die vorgegebenen Quoten einhalten – die Auswahl der Befragten wird den Interviewern überlassen. Die Auswertung solcher Erhebungen kann nicht mit den mathematischen Methoden erfolgen, mit denen Zufallsstichproben ausgewertet werden.

Eigentliche **Zufallsstichproben** lassen sich praktisch nur durch Losverfahren verwirklichen. Bei Erhebungen müsste man Dateien von allen Personen einer betrachteten Gesamtheit vorliegen haben, aus denen man dann die zu befragenden Personen für die Stichprobe auslosen kann.

Da man dieses kaum realisieren kann, benutzt man zufallsgesteuerte Verfahren:

Beim *geschichteten Stichprobenverfahren* werden Schichtungen (z. B. nach Altersgruppen oder regionalen Gesichtspunkten) der Gesamtheit berücksichtigt. Wie beim Quotenverfahren werden den Quoten entsprechende Teilstichproben genommen. Innerhalb dieser Teilstichproben ist die Auswahl jedoch zufällig. Beim *Klumpenverfahren* werden Gruppen zufällig ausgesucht; innerhalb dieser Gruppen wird jeder befragt.

Bei einer Meinungsumfrage in einer Schule kann man z. B. die Interviewpartner aus der Liste der Schüler auslosen *(reine Zufallsstichprobe)* oder aus jeder Klasse entsprechend der Klassenstärke einzelne Schüler auslosen *(geschichtetes Stichprobenverfahren)* oder einzelne Klassen auslosen und dort alle Schüler befragen *(Klumpenstichprobe)*.

Bei einer Repräsentativerhebung nach dem Quotenverfahren muss lediglich gewährleistet sein, dass in der Gesamtstichprobe die Quoten verschiedener Merkmalsausprägungen eingehalten sind (z. B. Jungen/Mädchen, Klassenstufen, Leistungsstand, Wiederholer/Nichtwiederholer u. a. m.).

Bei den offiziellen staatlichen Erhebungen *(Mikrozensus)* verwendet man oft Mischformen des geschichteten und des Klumpen-Verfahrens: Z. B. werden bei der Untersuchung von Konsumgewohnheiten von Haushalten Häuserblöcke (Wohnbereiche) ausgelost und alle Bewohner eines ausgesuchten Blocks befragt.

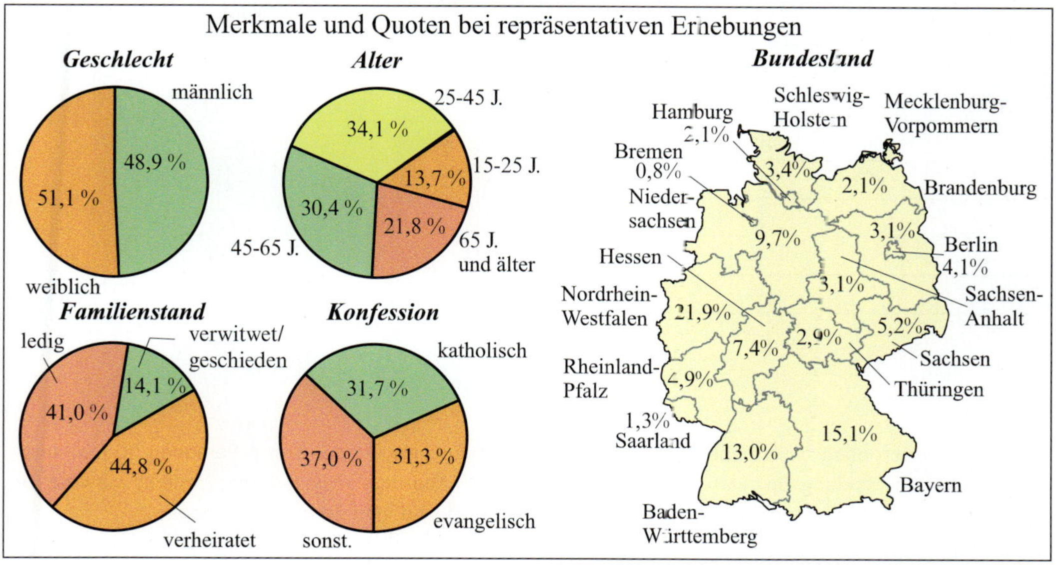

1.4 Simulationen von Zufallsversuchen

Wir werden in den nächsten Abschnitten einige Rechenregeln kennenlernen, mit deren Hilfe Wahrscheinlichkeiten von Zufallsversuchen bestimmt werden können. Dennoch bleiben eine Fülle von Problemen in der Stochastik, für deren Lösung die hier entwickelten Methoden nicht ausreichen. In diesen Fällen kann man diese Zufallsversuche simulieren, d.h. mit einfachen Mitteln „nachspielen“, um über die Entwicklung der relativen Häufigkeiten Informationen über die gesuchte Wahrscheinlichkeit zu erhalten.

Beispiel:

In der Weihnachtszeit ist es in vielen Klassen und Kursen üblich zu „wichteln“, d.h. es wird ausgelost, wer welchem anderen Mitglied der Gruppe ein kleines Geschenk machen soll. Dabei geschieht es, dass jemand seinen eigenen Namen zugelost bekommt. Tritt dieser Fall, die Übereinstimmung von Schenkendem und Beschenktem, häufig ein?

Man kann den Zufallsversuch genau so durchführen wie gerade beschrieben; dies ist aber ziemlich aufwändig.

Einfacher und schneller geht es wie folgt: Man hat einerseits eine feste Liste von Namen oder ersatzweise Nummern und daneben ein Gefäß (eine Urne) mit Zetteln, die ebenfalls diese Namen oder Nummern tragen. Dann zieht man nacheinander einen Zettel nach dem anderen heraus und notiert den Namen/die Nummer. Tritt irgendwann eine Übereinstimmung auf, dann kann man den Versuch abbrechen und einen neuen beginnen.

Die unten stehende Tabelle enthält ein Beispiel von 5 Simulationsversuchen für eine Gruppe von 10 Personen; dabei traten während der ersten 5 Versuche in 3 Fällen Übereinstimmungen auf. Die folgende Grafik zeigt, dass sich bei einer längeren Versuchsreihe die relative Häufigkeit für eine Übereinstimmung etwas oberhalb von $p = 0{,}6$ stabilisiert. Ein verblüffend hoher Prozentsatz!

Feste Liste mit Nummern	Gezogene Nummern im Simulationsversuch				
1	3	4	6	3	5
2	9	②	7	1	8
3	4		4	8	2
4	6		8	5	1
5	1		1	9	3
6	5		10	⑥	9
7	⑦		5		10
8			2		7
9			3		4
10			9		6

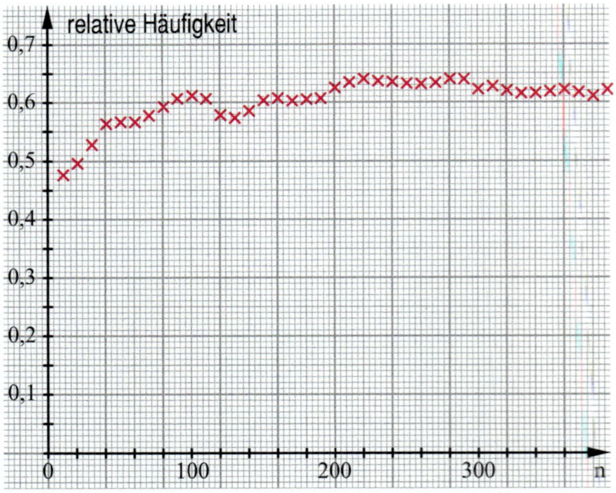

Übungen

1. **a)** Führe den oben beschriebenen Simulationsversuch für eine Gruppe von 6 Personen 50-mal durch. Stelle die Entwicklung der relativen Häufigkeiten in einem Koordinatensystem dar. Notiere, wie viele Ziehungen bei den einzelnen Simulationsversuchen notwendig sind, und deren Gesamtzahl.

b) Jemand kommt auf die Idee, den Versuch in a) mit Hilfe eines Würfels durchzuführen. Warum ist dies möglich, aber umständlich? Notiere, wie oft man für 50 Simulationsversuche insgesamt würfeln muss.

Aufgabe 1 – Simulation des Geburtstagsproblems

Wählt man zufällig 5 Personen aus, ist dann die Wahrscheinlichkeit groß, dass zwei oder mehr darunter sind, die im gleichen Monat Geburtstag haben?

a) Den zugehörigen Zufallsversuch kann man mit Hilfe eines Würfels und einer Münze simulieren. (Beachte, dass es 12 verschiedene mögliche Ergebnisse bei diesem Simulationsversuch gibt.) Beschreibe den Simulationsversuch genauer.

b) Kann man den Versuch auch mit Hilfe von Ziehungen (Zettel aus einer Urne) simulieren? Worin besteht der Unterschied zum einleitend beschriebenen Simulationsversuch (Weihnachts-Wichteln)?

Lösung

a) Statt zufällig 5 Personen auszuwählen und diese nach dem Geburtsmonat zu befragen, kann man auch mit einem geeigneten LAPLACE-Gerät 5-mal hintereinander einen der Monate des Jahres auswählen.
Da es beim Doppelwurf von Münze und Würfel 12 verschiedene Ergebnisse gibt, muss man nur eine geeignete Zuordnung vornehmen, z. B. wie folgt (W = 1. Jahreshälfte, Z = 2. Jahreshälfte):

Januar	Februar	März	April	Mai	Juni	Juli	August	Sept.	Oktober	Nov.	Dez.
W1	W2	W3	W4	W5	W6	Z1	Z2	Z3	Z4	Z5	Z6

Wir notieren also die Ergebnisse von 5 solchen Doppelwürfen von Münze und Würfel. Sind mindestens zwei darunter, die übereinstimmen, bedeutet dies: In der Gruppe von 5 Personen waren mindestens zwei, die im gleichen Monat Geburtstag haben.

b) Man kann den Versuch auch mit 12 Zetteln, die die Monatsnamen tragen, simulieren. Im Unterschied zu dem Ziehvorgang beim Weihnachts-Wichteln müssen die Zettel nach der Ziehung wieder *zurückgelegt* werden. Während man beim zuerst betrachteten Versuch darauf achten musste, dass sich kein Ergebnis der Ziehung wiederholen konnte, muss der Ziehungsvorgang hier so angelegt werden, dass sich Ergebnisse wiederholen können.

Die randInt-Funktion des GTR simuliert das Ziehen mit Zurücklegen; randInt(1,12,5) erzeugt 5 natürliche Zahlen aus der Menge {1, 2, ..., 12}.

```
randInt(1,12,5)
   {11 8 7 8 11}      ← zweimal zwei gleiche Monate (8, 11)
    {5 4 3 10 9}      ← lauter verschiedene Monate
    {4 4 10 8 7}      ← zwei gleiche Monate (4)
   {10 8 8 4 7}
   {12 3 3 12 1}
_ {10 10 10 9 6}      ← drei gleiche Monate (10)
```

> **Ziehen mit und ohne Zurücklegen**
>
> Gegeben sei eine Urne mit n nummerierten Kugeln. Wir unterscheiden beim Ziehen aus der Urne die beiden Grundmodelle:
> das **Ziehen mit Zurücklegen** *(mit Wiederholung)* und das **Ziehen ohne Zurücklegen** *(ohne Wiederholung)*. Legt man eine Kugel nach der Ziehung nicht zurück, dann kann sich in den folgenden Ziehungen das Ergebnis nicht wiederholen, da aus einer *anders zusammengesetzten* Urne gezogen wird; nach n Ziehungen ist dieser Versuch beendet.
> Legt man die gezogene Kugel nach der Ziehung zurück, dann kann sich in den folgenden Ziehungen das Ergebnis wiederholen, da aus einer gleich zusammengesetzten Urne gezogen wird; dieser Ziehvorgang kann *beliebig oft* durchgeführt werden.

Die LAPLACE-Geräte Münze, Würfel, Roulette, Glücksrad gehören zum Grundmodell des Ziehens mit Zurücklegen. Will man mit ihnen das Ziehen ohne Zurücklegen simulieren, dann muss man die Ergebnisse, die bereits aufgetreten sind, nicht beachten und den Versuch wiederholen; dies kann unter Umständen sehr lange dauern.

Übungen

2. **a)** Bestimme durch Simulation einen Schätzwert für die Wahrscheinlichkeit, dass von 4 zufällig ausgewählten Personen mindestens zwei im gleichen Monat Geburtstag haben.
Vergleiche mit der Entwicklung der relativen Häufigkeiten für den Fall von 5 Personen.

b) Bestimme einen Schätzwert der Wahrscheinlichkeit, wenn 6 Personen zufällig ausgewählt werden.

3. Jeder Kaugummipackung einer bestimmten Marke ist jeweils ein Sammelbild beigefügt; zu einer Serie gehören 15 Bilder. Man muss damit rechnen, dass man beim Kauf von 5 Packungen mindestens eines der Bilder doppelt hat. Ist die Wahrscheinlichkeit hierfür sehr groß?
Bestimme einen Schätzwert für die Wahrscheinlichkeit durch Simulation.

4. Auf 7 Zetteln stehen die Nummern 1 bis 7. Die Karten werden gemischt und nacheinander aufgedeckt. Wie groß ist die Wahrscheinlichkeit, dass eine Karte am „richtigen" Platz liegt (z.B. Karte Nr. 3 als dritte Karte aufgedeckt wird)? Bestimme durch Simulation Schätzwerte für Wahrscheinlichkeiten, dass
(1) keine Karte am richtigen Platz liegt;
(2) genau eine Karte am richtigen Platz liegt;
(3) genau zwei Karten am richtigen Platz liegen;
(4) mehr als zwei Karten am richtigen Platz liegen.

5. Simuliere das Werfen einer Münze [eines regulären Tetraeders, Hexaeders] mithilfe des GTR. Stelle auch die Entwicklung der relativen Häufigkeiten auf dem GTR dar.

1.5 Elementare Rechenregeln für Wahrscheinlichkeiten

Im Abschnitt 1.2 haben wir die LAPLACE-Regel kennen gelernt. Diese besagt für den Fall der Gleichverteilung, dass sich die Wahrscheinlichkeit für ein Ereignis aus der Anzahl der zugehörigen Ergebnisse ablesen lässt, d.h. man braucht nur die Wahrscheinlichkeiten für die einzelnen Ergebnisse zu addieren. Eine solche Summenregel gilt offensichtlich auch für Nicht-LAPLACE-Versuche:

Elementare Summenregel

Gehören zu einem Ereignis die k Ergebnisse $a_1, a_2, ..., a_k$, dann berechnet sich die Wahrscheinlichkeit des Ereignisses $E = \{a_1, a_2, ..., a_k\}$ als Summe der Wahrscheinlichkeiten der einzelnen zugehörigen Ergebnisse:
$P(\{a_1, a_2, ..., a_k\}) = P(a_1) + P(a_2) + ... + P(a_k)$

Formal korrekter, aber umständlicher wäre die Schreibweise

$P(\{a_1, a_2, ..., a_k\}) = P(\{a_1\}) + P(\{a_2\}) + ... + P(\{a_k\})$

Da keine Missverständnisse möglich sind, verwenden wir weiterhin die einfache Schreibweise.

Beispiel:

Bei einem Glücksrad bleibt der Zeiger mit Wahrscheinlichkeit 40% auf Feld 1, 25% auf Feld 2, 20% auf Feld 3 und 15% auf Feld 4 stehen. Offensichtlich berechnet sich die Wahrscheinlichkeit für das Ereignis $E = \{1; 2\}$ als Summe von $P(1)$ und $P(2)$:

$P(E) = P(\{1; 2\}) = P(1) + P(2) = 0{,}4 + 0{,}25 = 0{,}65$

auch wenn hier kein LAPLACE-Versuch vorliegt.

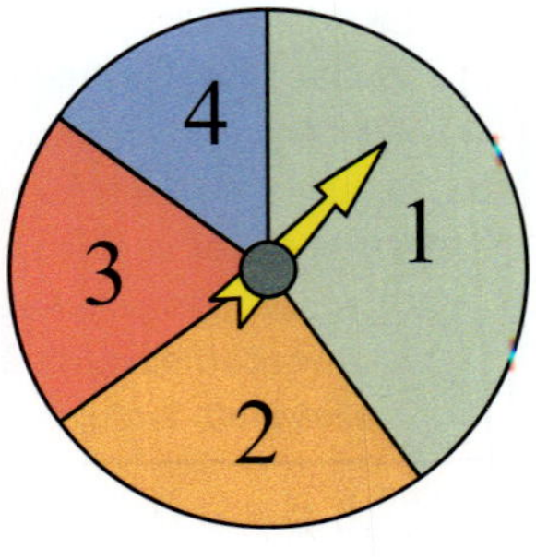

Aufgabe 1 – Wahrscheinlichkeit von Oder-Ereignissen

Aus einer Urne mit 50 nummerierten Kugeln 1, 2, ..., 50 wird eine Kugel gezogen. Mit welcher Wahrscheinlichkeit trägt die Kugel eine Nummer, die (1) durch 7 oder durch 12, (2) durch 8 oder durch 12 teilbar ist? Stelle den Unterschied zwischen (1) und (2) heraus.

Lösung

(1) Wir verwenden zur Abkürzung die Schreibweise:
T_i: *Die gezogene Kugel trägt eine Nummer, die durch i teilbar ist.* Dann ist:

$T_7 = \{7; 14; 21; 28; 35; 42; 49\}$, also nach LAPLACE-Regel $P(T_7) = \frac{7}{50}$

$T_{12} = \{12; 24; 36; 48\}$, also nach LAPLACE-Regel $P(T_{12}) = \frac{5}{40}$

und $P(E_1) = P$(die Nummer ist durch 7 *oder* 12 teilbar) $= P(T_7) + P(T_{12}) = \frac{7}{50} + \frac{4}{50} = \frac{11}{50}$

(2) Für $T_8 = \{8; 16; 24; 32; 40; 48\}$ erhalten wir: $P(T_8) = \frac{6}{50}$

aber es gilt: $P(E_2) = P$(die Nummer ist durch 8 *oder* 12 teilbar) $= \frac{8}{50}$

Dies ist *nicht* gleich $P(T_8) + P(T_{12}) = \frac{6}{50} + \frac{4}{50} = \frac{10}{50}$, wie aus den Mengendiagrammen ersichtlich ist:

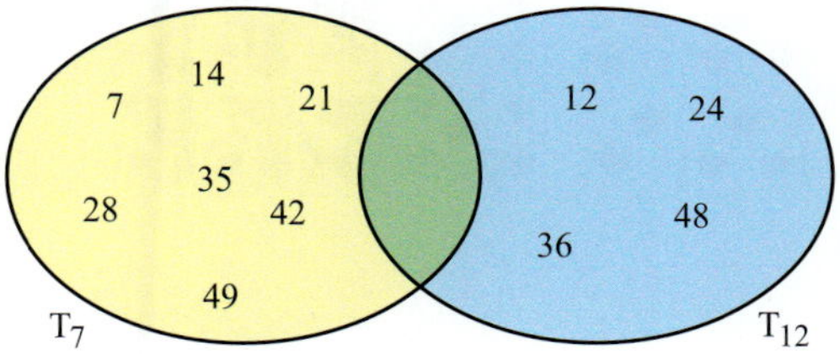

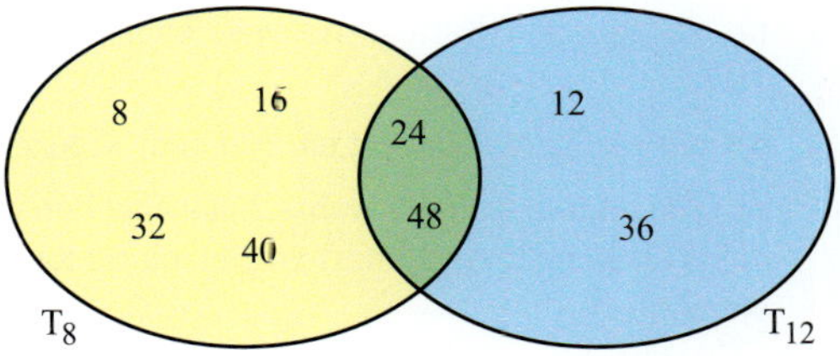

Die Nummern 24 und 48 sind sowohl durch 8 als auch durch 12 teilbar. Diese darf man bei der Berechnung der Wahrscheinlichkeit nicht doppelt zählen, oder – anders ausgedrückt – wenn man die Wahrscheinlichkeiten für die beiden Ereignisse T_8 und T_{12} addiert, muss man die Wahrscheinlichkeit für gemeinsame Ergebnisse wieder subtrahieren:

$P(E_2) = P(T_8) + P(T_{12}) - P$(die Nummer ist durch 8 *und* durch 12 teilbar) $= \frac{6}{50} + \frac{4}{50} - \frac{2}{50} = \frac{8}{50}$

Man bezeichnet Ereignisse, deren Ergebnisse zu einem *oder* zu einem anderen Ereignis gehören, auch als **Oder-Ereignisse** und Ereignisse, deren Ergebnisse zum einen *und* zum anderen Ereignis gehören, als **Und-Ereignisse.** Zukünftig benutzen wir die Symbole $\cup$ für Oder-Ereignisse, $\cap$ für Und-Ereignisse. Es gilt also:

$P(T_8 \cup T_{12}) = P(T_8) + P(T_{12}) - P(T_8 \cap T_{12})$, aber $P(E_1) = P(T_7) + P(T_{12})$, da $P(T_7 \cap T_{12}) = 0$

> **Allgemeine Summenregel**
>
> Die Wahrscheinlichkeit eines Oder-Ereignisses $E_1 \cup E_2$ ist gleich der Summe der Wahrscheinlichkeiten der Ereignisse E1 und E2 vermindert um die Wahrscheinlichkeit des Und-Ereignisses E1 $\cap$ E2
> $P(E_1 \cup E_2) = P(E_1) + P(E_2) - P(E_1 \cap E_2)$

Nur wenn $E_1 \cap E_2$ ein so genanntes **unmögliches** Ereignis ist, d.h. $E_1 \cap E_2 = \{ \}$, dann gilt einfacher $P(E_1 \cup E_2) = P(E_1) + P(E_2)$, denn $P(\{ \}) = 0$.

Übungen

1. Ein Würfel wird zweimal geworfen. Welche Wahrscheinlichkeit hat das Ereignis: Der eine *oder* der andere Würfel zeigt

(1) Augenzahl 6, (2) eine Augenzahl größer als 4, (3) eine gerade Augenzahl?

2. In einem Gefäß befinden sich 50 gleichartige Kugeln, die von 1 bis 50 nummeriert sind.

Betrachte die Ereignisse:

A: Die Zahl ist durch 3 teilbar,
B: Die Zahl ist durch 5 teilbar,
C: Die Zahl ist durch 13 teilbar,
D: Die Zahl ist durch 15 teilbar,
E: Die Zahl ist durch 17 teilbar.

a) Bestimme die Wahrscheinlichkeiten für die Ereignisse A, B, C, D, E.

b) Bestimme die Wahrscheinlichkeiten aller möglichen Oder-Ereignisse $A \cup B$, $A \cup C$, ..., $C \cup E$, $D \cup E$.

3. Eine Karte wird aus einem Spiel mit 32 Karten gezogen.

Welche Wahrscheinlichkeit hat das Ereignis:

a) die gezogene Karte ist ein König oder eine Dame,

b) die gezogene Karte ist rot oder ein Karo,

c) die gezogene Karte ist schwarz oder trägt eine Zahl,

d) die gezogene Karte ist ein Bild oder Kreuz?

e) Wie ändern sich die Wahrscheinlichkeiten in a) bis d), wenn man ein Kartenspiel mit 52 Karten betrachtet?

4. a) In einem Gefäß befinden sich 30 gleichartige Kugeln, die von 1 bis 30 nummeriert sind. Eine Kugel wird zufällig gezogen. Bestimme die Wahrscheinlichkeit des Ereignisses $E_1 \cup E_2 \cup E_3$, wenn:

E_1: Die Zahl ist durch 2 teilbar, E_2: Die Zahl ist durch 3 teilbar, E_3: Die Zahl ist durch 5 teilbar.

b) Leite für beliebige Ereignisse E_1, E_2, E_3 eine Regel zur Bestimmung von $P(E_1 \cup E_2 \cup E_3)$ her.

c) Wann gilt allgemein: $P(E_1 \cup E_2 \cup E_3) = P(E_1) + P(E_2) + P(E_3)$?

Aufgabe 2 – Wahrscheinlichkeit des Gegenereignisses

Drei Würfel werden geworfen. Wie groß ist die Wahrscheinlichkeit, dass die Augensumme größer ist als 5?

Lösung

Es ist erheblich weniger aufwändig, zunächst das Ereignis *Die Augensumme ist höchstens 5* zu betrachten. Das Ereignis E_1: *Die Augensumme ist größer als 5* und das Ereignis E_2: *Die Augensumme ist höchstens 5* ergänzen sich zur Ergebnismenge S.

Daher ergänzen sich die Wahrscheinlichkeiten für die beiden Ereignisse zu 1. Wenn man $P(E_2)$ bestimmt hat, ergibt sich $P(E_1)$ als Rest zu 1:

$$P(E_2) = P(\{\underset{\text{Augensumme 3}}{111}, \underbrace{112, 121, 211}_{\text{Augensumme 4}}, \underbrace{113, 131, 311, 122, 212, 221}_{\text{Augensumme 5}}\}) = \frac{10}{216} \approx 4{,}6\,\%$$

also $P(E_1) = 1 - \frac{10}{216} = \frac{206}{216} \approx 95{,}4\,\%$

Ergänzen sich zwei Ereignisse E_1, E_2 zur Ergebnismenge S des Zufallsversuchs (wobei $E_1 \cap E_2 = \{\ \}$), dann heißt E_1 **Gegenereignis** von E_2 und umgekehrt.

> **Komplementärregel**
> Die Wahrscheinlichkeit eines Ereignisses E und die Wahrscheinlichkeit des Gegenereignisses $\overline{E}$ ergänzen sich zu 1.

Diese Regel wenden wir immer an, wenn es einfacher ist, die Wahrscheinlichkeit des Gegenereignisses zu bestimmen. Beachte: Ein Ereignis E und das zugehörige Gegenereignis Ew bilden eine sogenannte Zerlegung von S: $S = E \cup \overline{E}$, wobei $E \cap \overline{E} = \{\ \}$.

Da $P(S) = 1 = 100\%$, ergibt sich die Komplementärregel auch aus der Allgemeinen Summenregel:

$1 = P(S) = P(E \cup \overline{E}) = P(E) + P(\overline{E}) - P(E \cap \overline{E}) = P(E) + P(\overline{E}) - 0 = P(E) + P(\overline{E})$

Übungen

5. Wir betrachten wieder die Ziehung einer Kugel aus einer Urne mit 50 nummerierten Kugeln.
Bestimme die Wahrscheinlichkeit, dass die gezogene Kugel eine Nummer trägt, die
(1) nicht durch 3 teilbar ist, (2) nicht durch 7 teilbar ist, (3) nicht durch 51 teilbar ist.

6. Ein Würfel wird zweimal geworfen. Bestimme die Wahrscheinlichkeiten der folgenden Ereignisse:
a) die Summe [das Produkt] der Augenzahlen ist größer als 6,
b) Augenzahl 3 tritt in mindestens einem Wurf auf.

7. Ein Würfel wird dreimal geworfen. Bestimme die Wahrscheinlichkeiten der folgenden Ereignisse:
a) die Summe der Augenzahlen ist größer als 4,
b) Augenzahl 4 tritt mindestens einmal [höchstens zweimal] auf,

8. Manchmal ist es günstig, die Allgemeine Summenregel und die Komplementärregel anzuwenden.
Beispiel: Wir betrachten eine Ziehung aus einer Urne mit 20 nummerierten Kugeln.
E_1: *Die gezogene Kugel trägt eine Nummer, die durch 3 teilbar ist.*
E_2: *Die gezogene Kugel trägt eine Nummer, die durch 4 teilbar ist.*
Wie groß ist die Wahrscheinlichkeit, dass die Nummer weder durch 3 noch durch 4 teilbar ist?

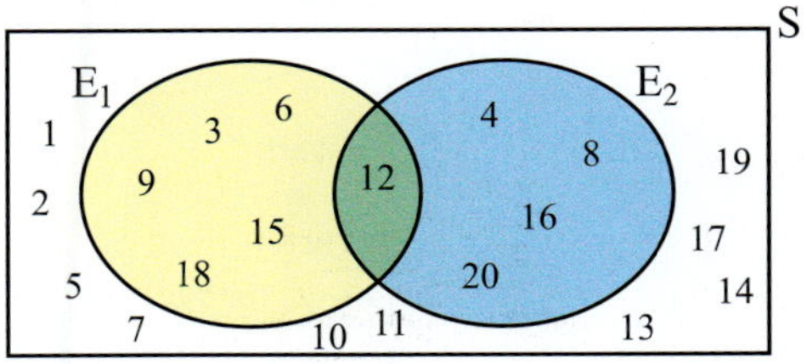

(1) Begründe dazu: Das interessierende Ergebnis kann sowohl mit $\overline{E_1 \cup E_2}$ als auch mit $\overline{E}_1 \cap \overline{E}_2$ beschrieben werden.

(2) Begründe mit Hilfe von (1):
$P(\overline{E}_1 \cap \overline{E}_2) = 1 - P(E_1) - P(E_2) + P(E_1 \cap E_2)$

(3) Berechne $P(\overline{E}_1 \cap \overline{E}_2)$.

> **Grundregeln der Wahrscheinlichkeitsrechnung**
> - Wahrscheinlichkeiten sind Zahlen zwischen 0 (0%) und 1 (100%); das unmögliche Ereignis ($E = \{\ \}$) hat die Wahrscheinlichkeit 0, das sichere Ereignis ($E = S$) die Wahrscheinlichkeit 1.
> - Die Wahrscheinlichkeit eines Oder-Ereignisses berechnet man nach der Allgemeinen Summenregel: $P(E_1 \cup E_2) = P(E_1) + P(E_2) - P(E_1 \cap E_2)$
> - Die Wahrscheinlichkeit des Gegenereignisses $\overline{E}$ eines Ereignisses E berechnet man nach der Komplementärregel: $P(\overline{E}) = 1 - P(E)$

1.6 Rechenregeln für mehrstufige Zufallsversuche – Pfadregeln

Für einige einfache Zufallsversuche, die in mehreren Schritten (Stufen) durchgeführt werden könnten, haben wir bereits Wahrscheinlichkeitsberechnungen nach der LAPLACE-Regel vorgenommen:

Beispiel:

Zufallsversuch: *Werfen zweier Münzen*

Ereignis E: *Zweimal Wappen* (WW)

Es spielt keine Rolle, ob man zwei Münzen gleichzeitig oder nacheinander wirft; zu beiden Zufallsversuchen gehört die Ergebnismenge S = {WW, WZ, ZW, ZZ} und es ist $P(E) = \frac{1}{4}$.

		2. Wurf	
		W	Z
1. Wurf	W	WW	WZ
	Z	ZW	ZZ

Zur Darstellung der möglichen Ergebnisse kann man statt des Gitterdiagramms auch ein **Baumdiagramm** verwenden:

An die einzelnen Abschnitte der einzelnen Pfade im Baumdiagramm schreiben wir die Wahrscheinlichkeiten, mit denen die einzelnen Ergebnisse auftreten; an das Ende der Pfade notieren wir (noch einmal) das (gesamte) Ergebnis und/oder die zugehörige Wahrscheinlichkeit des Ergebnisses. Da alle möglichen Ergebnisse des (mehrstufigen) Zufallsversuchs dargestellt sind, muss die Summe der Wahrscheinlichkeiten bei jeder Verzweigung und am Ende immer gleich 1 sein (wichtige Kontrollmöglichkeit!).

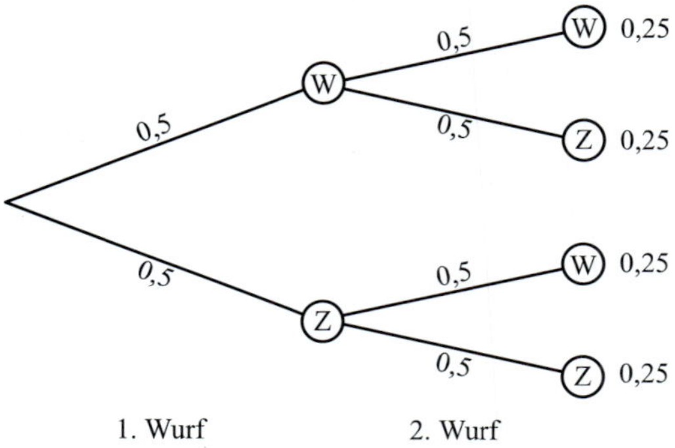

Aufgabe 1 – Wahrscheinlichkeit bei zweistufigen Zufallsversuchen

Im rechts stehenden Baumdiagramm ist das *2fache Werfen* eines Reißnagels dargestellt.

a) Begründe: P(⊥ ⊥) = 0,16 = 16 %
P(⊥ ⋋) = P(⋋ ⊤) = 0,24 = 24 %
P(⋋ ⋋) = 0,36 = 36 %

b) Welche Rechenregel ergibt sich hieraus?

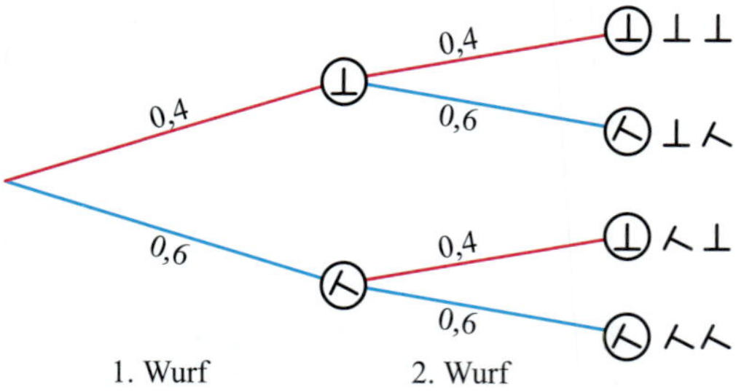

Lösung

a) Bei häufiger Versuchsdurchführung wird Lage ⊥ in ca. 40 % der Fälle auftreten; dies gilt auch für die 1. Stufe des Versuchs. Dann wird in ca. 40 % von 40 %, d.h. in ca. 16 % der Fälle, auch beim 2. Wurf des Reißnagels die Lage ⊥ auftreten. Analog überlegen wir:

60 % von 40 % sind 24 %, ebenso wie 40 % von 60 %.
Und 60 % von 60 % sind 36 %.

Man kann dies auch an einem Flächendiagramm deutlich machen (siehe rechts).

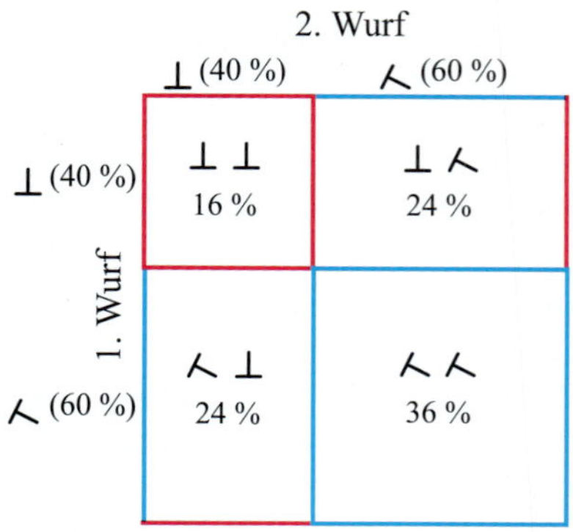

b) Wenn man Anteile von Anteilen bestimmen will, muss man die Anteile miteinander multiplizieren. Analog gilt für mehrstufige Zufallsversuche:

Pfadmultiplikationsregel
Bei einem mehrstufigen Zufallsversuch ist die Wahrscheinlichkeit eines (durch einen Pfad dargestellten) Ereignisses gleich dem Produkt der Wahrscheinlichkeiten längs des zugehörigen Pfades.

Übungen

1. Begründe auf zwei Arten: Die Wahrscheinlichkeit beim 2fachen Werfen eines Würfels für das Ereignis *2-mal keine 6* beträgt $\frac{25}{36}$.

		2. Wurf					
		1	2	3	4	5	6
1. Wurf	1	11	12	13	14	15	16
	2	21	22	23	24	25	26
	3	31	32	33	34	35	36
	4	41	42	43	44	45	46
	5	51	52	53	54	55	56
	6	61	62	63	64	65	66

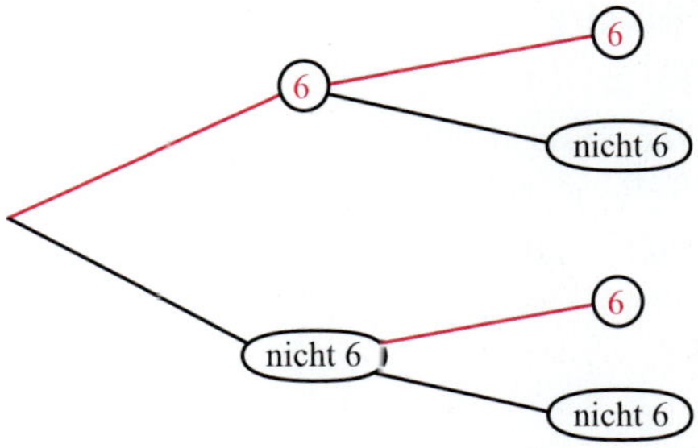

2. a) Stelle im Baumdiagramm die folgenden Zufallsversuche dar:
(1) 2faches Werfen eines Würfels,
(2) 4faches Werfen einer Münze,
(3) Kontrolle von 3 nacheinander eintreffenden Fahrzeugen bei einer Prüfstelle eines TÜV,
(4) ein Spiel mit 5 Runden (in jeder Runde wird 1 Punkt vergeben; notiere die Zwischenstände).

b) Markiere in den Baumdiagrammen von a) den Pfad, der zum Ereignis gehört:
(1) Augenzahl 4, Augenzahl 3,
(2) W W Z Z,
(3) alle Fahrzeuge erhalten eine Plakette,
(4) 1 : 0, 1 : 1, 2 : 1, 2 : 2, 2 : 3.

3. Bestimme die Wahrscheinlichkeiten aller möglichen Ergebnisse des Zufallsversuchs:
a) 4faches Werfen eines Reißnagels (mit Wahrscheinlichkeit 0,6 für Lage $\perp$),
b) 5faches Werfen einer Münze,
c) 2faches Werfen eines Würfels,
d) Auswahl einer Familie mit 4 Kindern.

4. Stelle als 2-stufigen Zufallsversuch dar und bestimme die Wahrscheinlichkeit, dass

a) zwei 30-jährige Freunde (Freundinnen) gemeinsam 50 (70) Jahre alt werden,

b) ein gleichaltriges Ehepaar, das mit 25 Jahren geheiratet hat, den Tag der silbernen (goldenen) Hochzeit erlebt.

c) Ein gleichaltriges Ehepaar bekommt mit 30 Jahren ein Kind (ein Mädchen, einen Jungen). Wie groß ist die Wahrscheinlichkeit, dass Eltern und Kind gemeinsam den 50. Geburtstag des „Kindes“ feiern können?

Hinweis: Benutze die Sterbetafel von S. 11.

Aufgabe 2 – Wahrscheinlichkeit von Ereignissen

Bei einer Produktionskontrolle werden in drei Prüfungsgängen Länge, Breite und Höhe eines Metallstücks geprüft. Diese sind (erfahrungsgemäß) mit den Wahrscheinlichkeiten 0,2 bzw. 0,1 bzw. 0,15 außerhalb vorgegebener Toleranzgrenzen. Ein Metallstück wird nicht ausgeliefert, wenn mindestens zwei der Kontrollen negativ ausgehen.
Mit welcher Wahrscheinlichkeit ist ein kontrolliertes Werkstück Ausschussware?
(Bezeichnung des Ereignisses: E)

Lösung

Abkürzungen: p: Kontrolle verläuft positiv – Maße sind innerhalb der Toleranzgrenzen – und n: Kontrolle verläuft negativ.

Zum Ereignis E gehören 4 der 8 Pfade (Elementarereignisse):

E = {pnn, npn, nnp, nnn}

Wir wenden die elementare Summenregel (vgl. S. 16) an und erhalten:

P(E) = 0,012 + 0,027 + 0,017 + 0,003 = 0,059

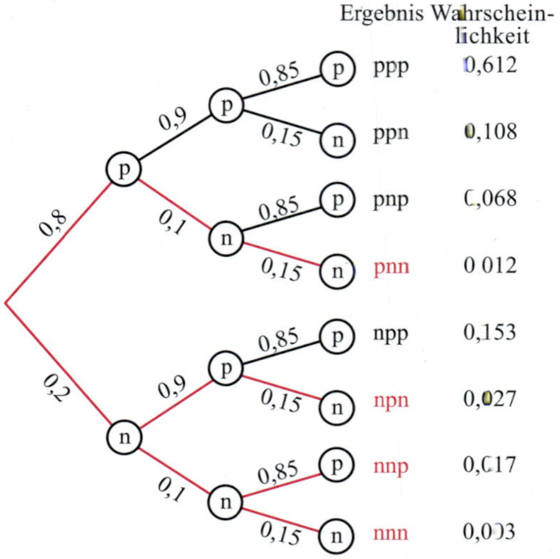

Damit ergibt sich eine zweite Pfadregel:

Pfadadditionsregel

Setzt sich bei einem mehrstufigen Zufallsversuch ein Ereignis aus verschiedenen Pfaden zusammen, dann erhält man die Wahrscheinlichkeit des Ereignisses durch Addition der einzelnen Pfadwahrscheinlichkeiten.

Hinweis zum Zeichnen von Baumdiagrammen:

In Aufgabe 2 kam es auf 4 der 8 Pfade an.

Es empfiehlt sich, bei mehrstufigen Zufallsversuchen die Baumdiagramme nicht vollständig zu zeichnen. Man beschränkt sich auf die Pfade, die man zur Bestimmung der Wahrscheinlichkeit des Ereignisses braucht:

Die Pfade nnp und nnn werden zum 2-stufigen Pfad nn zusammengefasst (nach der Aufgabenstellung ist eine dritte Kontrolle nicht notwendig).

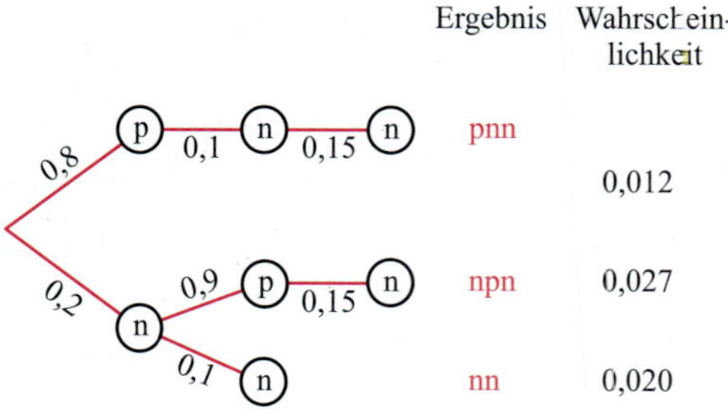

Übungen

5. In Aufgabe 2 konnte man die Kontrolle eines Werkstücks abbrechen, wenn die ersten beiden Prüfungen negativ verlaufen waren.

In welcher Reihenfolge sollte man Länge, Breite und Höhe kontrollieren, damit die Gesamtzahl der Kontrollen möglichst klein ist?

Zeichne für die verschiedenen Möglichkeiten vereinfachte Baumdiagramme.

6. Bei der Produktion von Porzellangefäßen sind erfahrungsgemäß 25 % der Gefäße wegen schlechter Form, 15 % wegen unsauberer Farbe und 20 % wegen ungleichmäßiger Oberfläche nicht I. Wahl. Ein Porzellangefäß ist II. Wahl, wenn es genau eine der drei Kontrollen nicht besteht; der Rest ist Ausschussware.

a) In welcher Reihenfolge werden die Kontrollen am besten durchgeführt?

b) Wie groß ist der Anteil an Gefäßen I. bzw. II. Wahl?

7. Bei der Produktion von Tongefäßen hat man erfahrungsgemäß 20 % Ausschuss, 50 % II. Wahl und 30 % I. Wahl. Wie groß ist die Wahrscheinlichkeit, dass bei der Herstellung von 4 Gefäßen

(1) drei brauchbare (I. oder II. Wahl), (2) zwei Tongefäße I. und zwei II. Wahl entstehen?

8. Bei einer Verkehrszählung wurde an einer Kontrollstelle festgestellt, dass 20 % der vorüberfahrenden Fahrzeuge LKW waren, 60 % PKW, 15 % Mopeds und Mofas und 5 % sonstige Fahrzeuge. Wie groß ist die Wahrscheinlichkeit, dass unter drei vorbeifahrenden Fahrzeugen

a) drei Mopeds oder Mofas, **b)** drei PKW,

c) zwei PKW und ein LKW, **d)** ein LKW, ein PKW und ein Moped sind?

9. Ein Ehepaar schließt einen Versicherungsvertrag ab, wonach in 30 Jahren ein bestimmter Betrag ausgezahlt wird, wenn beide noch leben. Derselbe Betrag wird an den jeweils Überlebenden ausgezahlt, wenn einer vorzeitig stirbt. Zum Zeitpunkt des Vertragsabschlusses ist der Mann 30 (35), die Frau 25 Jahre alt. Bestimme die Wahrscheinlichkeit, dass der Betrag

a) nach Vertragsablauf an das Ehepaar, **b)** nach 20 Jahren an die Frau,

c) nach 25 Jahren an den Mann geht.

10. Bei einem Multiple-Choice-Test hat man bei jedem Test-Item die Möglichkeit, zwischen mehreren vorgegebenen Antworten (Distraktoren) zu wählen. Wenn man nicht weiß, welche Antwort richtig ist, kann man sich aufs Raten verlegen. Wie groß ist die Wahrscheinlichkeit, dass man bei einem Test mit je 4 Distraktoren von 3 Fragen

(1) alle Antworten, (2) nur eine Antwort, (3) mindestens eine Antwort richtig rät?

Aufgabe 3 – Wahrscheinlichkeiten beim Ziehen mit und ohne Zurücklegen

In einem Gefäß (einer so genannten „Urne") befinden sich 5 rote, 3 blaue und 2 grüne Kugeln. 2 Kugeln werden gezogen

(1) mit Zurücklegen, (2) ohne Zurücklegen.

a) Zeichne jeweils ein Baumdiagramm und bestimme die Wahrscheinlichkeiten aller möglichen Ergebnisse. Erläutere die Unterschiede von (1) und (2).

b) Wie groß ist die Wahrscheinlichkeit, dass die beiden gezogenen Kugeln die gleiche Farbe haben?

Lösung

a) Beim *Ziehen mit Zurücklegen* (vgl. S. 15) wird durch das Zurücklegen der Kugel die ursprüngliche Zusammensetzung der Urne wiederhergestellt. Die Wahrscheinlichkeiten auf den einzelnen Stufen sind gleich; die Ergebnisse der 2. Ziehung sind *unabhängig* von den Ergebnissen der 1. Ziehung.

Beim *Ziehen ohne Zurücklegen* verändert sich durch die 1. Ziehung die Zusammensetzung der Urne; entsprechend verändern sich die Wahrscheinlichkeiten für die einzelnen Ergebnisse von der 1. zur 2. Stufe; die Ergebnisse der 2. Ziehung sind abhängig von den Ergebnissen der 1. Ziehung.

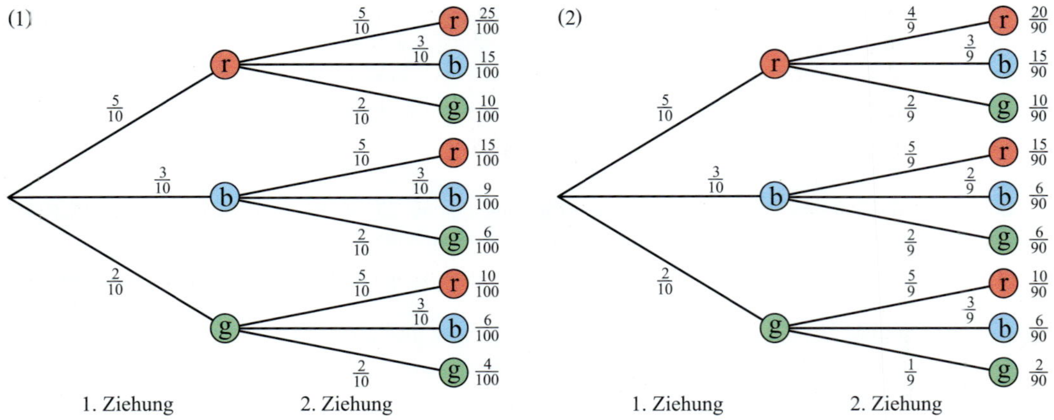

b) (1) Ziehen mit Zurücklegen: $P(rr, bb, gg) = \frac{25+9+4}{100} = \frac{38}{100} = 38\,\%$

(2) Ziehen ohne Zurücklegen: $P(rr, bb, gg) = \frac{20+6+2}{90} = \frac{28}{90} \approx 31\,\%$

Übungen

11. a) Ein Glücksrad mit 10 Feldern wird 3-mal gedreht; die Ziffern ergeben eine 3-stellige Zahl, die Glückszahl einer Lotterie.
Mit welcher Wahrscheinlichkeit besteht die Glückszahl
(1) aus lauter verschiedenen Ziffern;
(2) aus lauter gleichen Ziffern?

b) In einer Urne sind Kugeln mit den Zahlen 0, 1, 2, ..., 9 je dreimal vorhanden. Nacheinander werden 3 Kugeln ohne Zurücklegen gezogen. Welche Wahrscheinlichkeiten ergeben sich jetzt für die in a) beschriebenen Ereignisse (1) bzw. (2)?

12. Von den 28 Dominosteinen wird ein Stein zufällig gezogen und offen hingelegt. Danach wird ein zweiter Stein zufällig gezogen. Bestimme die Wahrscheinlichkeit, dass man den zweiten Stein an den ersten anlegen kann.

Anleitung:

Unterscheide auf der 1. Stufe Steine mit zwei verschiedenen bzw. gleichen Hälften.

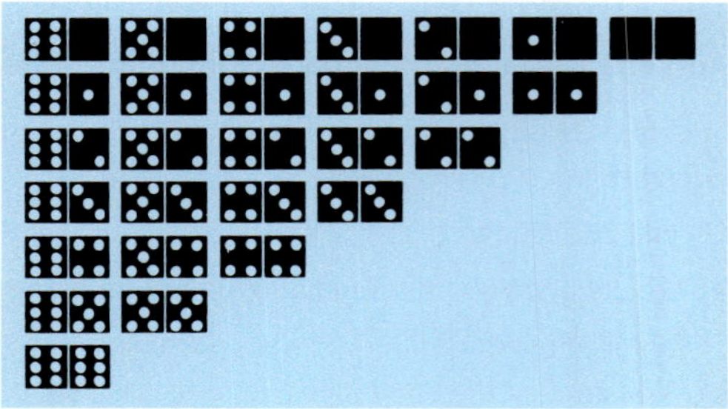

Aufgabe 4 – Gewinnchancen beim Ziehen ohne und mit Zurücklegen

(1) In einem Gefäß sind 10 Kugeln, 9 rote und 1 grüne. Andreas und Britta dürfen sich abwechselnd eine Kugel herausnehmen. Wer die grüne Kugel zieht, hat gewonnen.

(2) Auf einem Glücksrad sind 10 gleich große Sektoren, 9 rote und 1 grüner. Claudia und Daniel dürfen abwechselnd das Glücksrad drehen. Derjenige, bei dem als Erstem der Zeiger auf dem grünen Feld stehen bleibt, hat gewonnen.

Hat derjenige, der mit der Ziehung bzw. dem Drehen des Rads anfängt, die größeren Gewinnchancen?

Lösung

(1) Wir berechnen die Gewinnwahrscheinlichkeit für den Fall, dass Andreas anfängt:

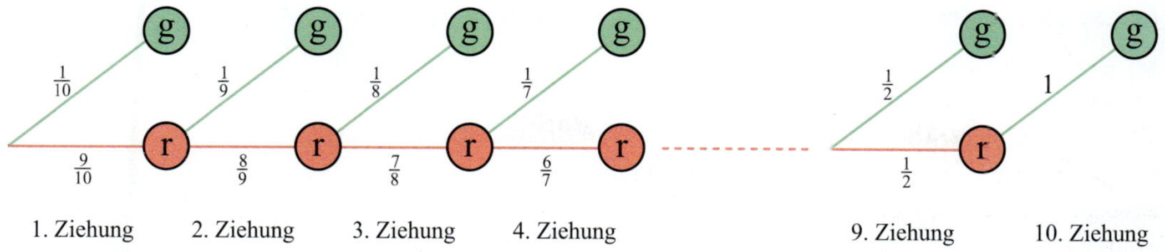

Andreas gewinnt, falls bei der 1. oder 3., 5., 7. oder 9. Ziehung die grüne Kugel gezogen wird. Nach Pfadmultiplikationsregel berechnen wir:

$$P(A) = \frac{1}{10} + \frac{9}{10} \cdot \frac{8}{9} \cdot \frac{1}{8} + \frac{9}{10} \cdot \frac{8}{9} \cdot \frac{7}{8} \cdot \frac{6}{7} \cdot \frac{1}{6} + \frac{9}{10} \cdot \frac{8}{9} \cdot \frac{7}{8} \cdot \frac{6}{7} \cdot \frac{5}{6} \cdot \frac{4}{5} \cdot \frac{1}{4} + \frac{9}{10} \cdot \frac{8}{9} \cdot \ldots \cdot \frac{3}{4} \cdot \frac{2}{3} \cdot \frac{1}{2}$$
$$= \frac{1}{10} + \frac{1}{10} + \frac{1}{10} + \frac{1}{10} + \frac{1}{10} = \frac{5}{10} = \frac{1}{2} = 50\,\%$$

Derjenige, der mit der Ziehung beginnt, hat die gleichen Gewinnchancen wie der zweite.

(2) Wir berechnen die Gewinnwahrscheinlichkeit für den Fall, dass Claudia anfängt:

$$P(C) = \frac{1}{10} + \left(\frac{9}{10}\right)^2 \cdot \frac{1}{10} + \left(\frac{9}{10}\right)^4 \cdot \frac{9}{10} + \ldots$$

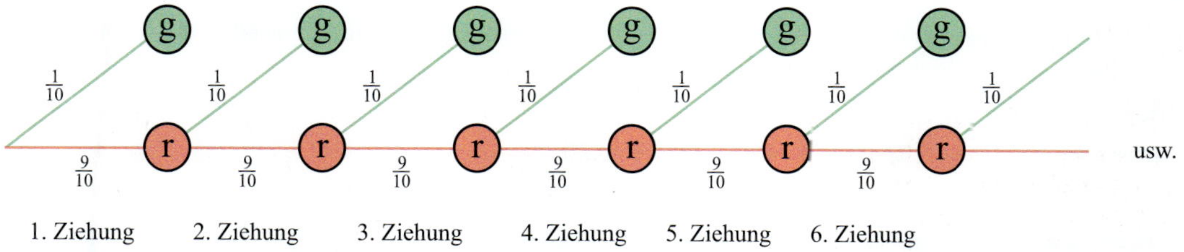

Da es theoretisch unendlich lange dauern kann, bis der Zeiger auf dem grünen Sektor stehen bleibt, muss hier eine Summe mit unendlich vielen Summanden berechnet werden. Für Daniel gilt:

$$P(D) = \frac{9}{10} \cdot \frac{1}{10} + \left(\frac{9}{10}\right)^3 \cdot \frac{1}{10} + \left(\frac{9}{10}\right)^5 \cdot \frac{1}{10} + \ldots = \frac{9}{10} \cdot \left[\frac{1}{10} + \left(\frac{9}{10}\right)^2 \cdot \frac{1}{10} + \left(\frac{9}{10}\right)^4 \cdot \frac{1}{10} + \ldots\right] = \frac{9}{10} \cdot P(C)$$

Da entweder Claudia oder Daniel gewinnt, also $P(C) + P(D) = 1$ sein muss, folgt:

$P(C) + \frac{9}{10} \cdot P(C) = 1$, also $\frac{19}{10} \cdot P(C) = 1$, d. h. $P(C) = \frac{19}{10} \approx 52{,}6\,\%$ und weiter $P(D) = \frac{9}{19} \approx 47{,}4\,\%$

Derjenige, der mit der Drehung des Rades beginnt, hat einen kleinen Vorteil gegenüber dem zweiten.

Übungen

13. Wie groß ist die Wahrscheinlichkeit, dass eine bestimmte Karte aus einem Spiel mit 32 (52) Karten

a) (1) als Erste, (2) als Zweite, (3) als Fünfte verteilt wird;

b) als eine Karte unter den ersten 5 verteilt wird?

14. a) Die Ziehung der Lottozahlen beim Spiel *6 aus 49* ist ein 6-stufiger Zufallsversuch ohne Zurücklegen. Bestimme die Wahrscheinlichkeit, dass eine bestimmte Zahl
(1) bei der 1. (2., 5.) Ziehung herausgegriffen wird;
(2) bei einer der sechs Ziehungen einer Wochenziehung herausgegriffen wird?

b) Mit welcher Wahrscheinlichkeit wird eine bestimmte in der letzten Wochenziehung des Zahlenlottos *6 aus 49* gezogene Zahl
(1) bei der nächsten (ersten) Wochenziehung wieder gezogen;
(2) erst bei der zweiten, dritten, vierten, ... Wochenziehung wieder gezogen?

15. Eva und Frank würfeln mit einem Tetraeder (Hexaeder, Oktaeder, Dodekaeder, Ikosaeder). Derjenige gewinnt, der als Erster eine Eins wirft. Bestimme die Gewinnchancen des Spielers, der beginnt.

Aufgabe 5 – Lauter verschiedene Ergebnisse – mindestens 2 gleiche Ergebnisse

Auf einem Glücksrad sind 10 gleich große Sektoren, die die Nummern 1, 2, 3, ..., 10 tragen. Es ist denkbar, dass bei k Drehungen des Glücksrads k verschiedene Ergebnisse (Zahlen) auftreten. Bestimme für k = 2, 3, 4, ..., 10 die Wahrscheinlichkeit für dieses Ereignis E_k.

Wie groß ist die Wahrscheinlichkeit für das Gegenereignis $\overline{E}_k$, dass bei k Drehungen mindestens zwei Ergebnisse gleich sind?

Wann lohnt es sich, darauf zu wetten, dass mindestens zwei gleiche Ergebnisse aufgetreten sind (d. h. für welches k ist $P(\overline{E}_k) > 50\,\%$)?

Lösung

k = 2: Nachdem der Zeiger beim 1. Drehen des Glücksrads auf einer Zahl stehen blieb, ist die Wahrscheinlichkeit $P(E_2) = \frac{9}{10} = 90\,\%$, dass er beim 2. Mal auf einem anderen Sektor stehen bleibt; die Wahrscheinlichkeit ist $P(\overline{E}_2) = \frac{1}{10}$, dass er wieder auf denselben Sektor zeigt.

k = 3: Für die 3. Runde bleiben noch andere 8 Felder, auf denen der Zeiger noch stehen bleiben kann, also
$P(E_3) = \frac{9}{10} \cdot \frac{8}{10} = \frac{72}{100} = 72\,\%$ und $P(\overline{E}_3) = 1 - \frac{72}{100} = 28\,\%$

k = 4: Analog ist $P(E_4) = \frac{9}{10} \cdot \frac{8}{10} \cdot \frac{7}{10} = \frac{504}{1000} = 50{,}4\,\%$ und $P(\overline{E}_4) = 1 - \frac{504}{1000} = 49{,}6\,\%$

Es ist erkennbar, dass schon bei k = 5 Runden die Wahrscheinlichkeit $P(\overline{E}_k)$ für die Wiederholung von mindestens einer der Zahlen bereits deutlich über 50 % liegt.

$P(E_5) = \frac{9}{10} \cdot \frac{8}{10} \cdot \frac{7}{10} \cdot \frac{6}{10} = \frac{3024}{10\,000} \approx 30\,\%$ und $P(\overline{E}_5) = 1 - \frac{3024}{10\,000} \approx 70\,\%$

Weiter sind: $P(\overline{E}_6) = 84{,}9\,\%$; $P(\overline{E}_7) = 94{,}0\,\%$; $P(\overline{E}_8) = 98{,}2\,\%$

Die Wahrscheinlichkeiten können auch mit dem GTR iterativ berechnet werden (MODE: seq).

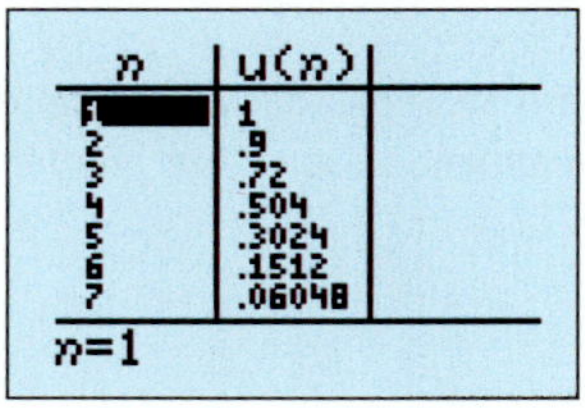

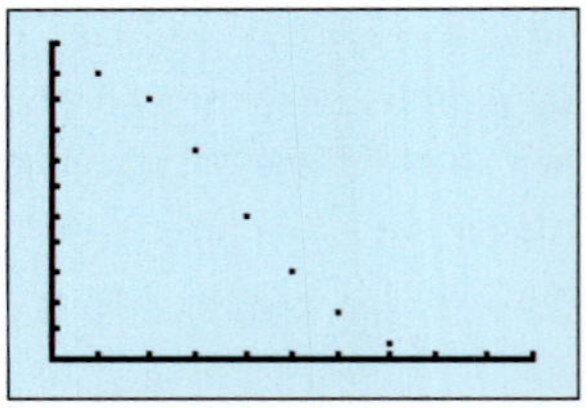

Wer sich mit diesem Problem vorher noch nie beschäftigt hatte, für den erscheinen die berechneten Wahrscheinlichkeiten $P(E_k)$ paradox klein bzw. $P(\overline{E}_k)$ paradox groß. Wiederholungen von Ergebnissen treten offensichtlich eher auf als man „gefühlsmäßig" vermutet. Dies zeigt sich auch bei anderen Einkleidungen.

Übungen

16. Bei wie vielen Würfen eines regelmäßigen Polyeders (Tetraeders, Hexaeders; Oktaeders, Dodekaeders, Ikosaeders) lohnt es sich darauf zu wetten, dass mindestens zwei gleiche Ergebnisse auftreten?

17. Die folgende Einkleidung ist die bekannteste. Bestätige die Behauptung.

Geburtstagsparadoxon

Werden 23 Personen zufällig ausgewählt, dann lohnt es sich darauf zu wetten, dass mindestens zwei darunter sind, die am gleichen Tag Geburtstag haben, da die Wahrscheinlichkeit für dieses Ereignis größer als 50 % ist.

Kapitel 2 | Vertiefung der Grundlagen

2.1 Baumdiagramme und Vierfeldertafeln

Täglich werden in der Zeitung statistische Zahlen veröffentlicht. Viele Texte mit solchen statistischen Angaben lassen sich unmittelbar in Form eines Baumdiagramms darstellen, z. B.

Neue Daten über die Erwerbstätigkeit in Deutschland

Wiesbaden (StBA) – 51,1 % der 82,49 Millionen Einwohner Deutschlands sind Frauen. Die Erwerbsquote (Anteil der Personen, die erwerbstätig sind oder aktiv eine Arbeitsstelle suchen) unter Frauen beträgt 42,3 %, unter Männern 55,1 %. Bei diesen Zahlen sind auch Personen unter 15 Jahren berücksichtigt, die nicht erwerbstätig sein können.

Zu solchen Erhebungen lässt sich immer ein *Zufallsversuch* angeben, hier z. B.:

Eine Person wird zufällig ausgewählt.

Wir untersuchen die Frage: Welche **Merkmale** sind im Artikel angesprochen, welche **Ausprägungen** dieser Merkmale sind erfasst?

Als erste Angabe finden wir in dem Zeitungsartikel eine Angabe über das Geschlecht der ausgewählten Person: 51,1 % der Einwohner sind Frauen; d. h. 48,9 % ist der Anteil der Männer.

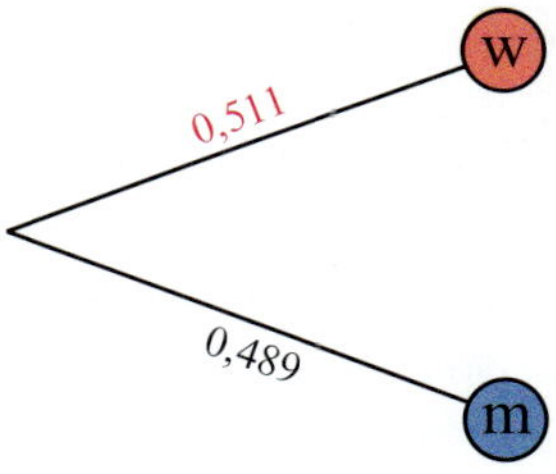

1. Merkmal: Geschlecht

Als zweites Merkmal wird die Erwerbstätigkeit angesprochen; die Erwerbsquote beträgt bei den Frauen 42,3 %, bei den Männern 55,1 %. Hieraus ergibt sich für die Personen, die weder erwerbstätig sind noch eine Arbeitsstelle suchen, ein Anteil von 57,7 % bei den Frauen bzw. von 44,9 % bei den Männern.

Im Unterschied zu den bisher erstellten Baumdiagrammen geht es hier nicht mehr um die zeitliche Abfolge von Vorgängen (z. B. 1. Versuch – 2. Versuch), sondern darum, dass *nacheinander* zwei Merkmale betrachtet werden.

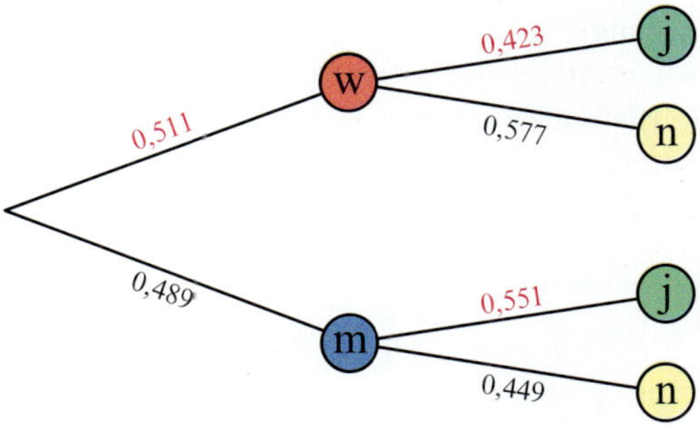

1. Merkmal: Geschlecht — *2. Merkmal:* Erwerbsperson

Die Daten des Zeitungsartikels wurden ursprünglich durch Rechnung aus einer Tabelle entnommen, die man auch als **Vierfeldertafel** bezeichnet.

Erwerbstätigkeit in Deutschland		Erwerbspersonen ja	nein	gesamt
Geschlecht	weiblich	17 814 000	24 346 000	42 160 000
	männlich	22 232 000	18 098 000	40 330 000
	gesamt	40 046 000	42 444 000	82 490 000

Der Name *Vier*-Felder-Tafel beruht auf der Tatsache, dass die Tabelle durch die *vier inneren Felder* festgelegt ist, da sich die *Randwerte* der Tabelle hieraus als Summen ergeben.

Die im Zeitungsartikel enthaltenen Prozentangaben errechnen sich als Quotienten:

Anteil der Frauen insgesamt:	42 160 000 : 82 490 000 = 0,511 = 51,1 %
Anteil der Erwerbspersonen unter den Frauen:	17 814 000 : 42 160 000 = 0,423 = 42,3 %
Anteil der Erwerbspersonen unter den Männern:	22 232 000 : 40 330 000 = 0,551 = 55,1 %

In **Vierfeldertafeln** werden statistische Angaben über zwei **Merkmale** festgehalten; bei diesen Merkmalen unterscheiden wir jeweils zwei **Merkmalsausprägungen.** Die Daten einer Vierfeldertafel lassen sich stets auch in Form eines Baumdiagramms darstellen: Bei einer Zufallsauswahl in der betrachteten Gesamtheit von Personen betrachten wir zunächst das eine, dann das andere Merkmal.

Welches der Merkmale wir zuerst betrachten, ist nicht festgelegt; daher gibt es zu jeder Vierfeldertafel zwei Baumdiagramme.

Die für ein Baumdiagramm benötigten Wahrscheinlichkeiten können wir auf der 1. Stufe aus den Randwerten ablesen, für die 2. Stufe muss der Quotient zugehöriger Werte gebildet werden.

Aufgabe 1 – Baumdiagramme zu einer Vierfeldertafel

Stelle die im nebenstehenden Artikel aufgeführten Daten in einer Vierfeldertafel zusammen und gib die beiden zugehörigen Baumdiagramme an. Welche Bedeutung haben die Pfadwahrscheinlichkeiten?

NRW: Jungen häufiger ohne Hauptschulabschluss als Mädchen

Düsseldorf (LDS NRW). Jungen beenden in NRW ihre Schulzeit häufiger ohne Hauptschulabschluss als Mädchen. Von den 105 524 Schülerinnen, die 2005 aus den allgemein bildenden Schulen in NRW entlassen wurden, ging etwa jede neunzehnte (5 441) ohne Schulabschluss ab. Bei den 108 313 männlichen Schulabgängern war es dagegen etwa jeder zwölfte (9 300).

Lösung

Wir unterscheiden die Merkmale *Geschlecht* (Ausprägungen: *weiblich, männlich*) und *Hauptschulabschluss* (Ausprägungen: *ja, nein*) und tragen die angegebenen Daten (rot) in eine Vierfeldertafel ein und ergänzen die fehlenden Werte (schwarz):

		Hauptschulabschluss		
		ja	nein	gesamt
Geschlecht	weiblich	100 083	5 441	105 524
	männlich	99 013	9 300	108 313
	gesamt	199 096	14 741	213 837

Zufallsversuch: Aus der *Gesamtheit aller Schulabgänger wird eine Person zufällig ausgewählt.*

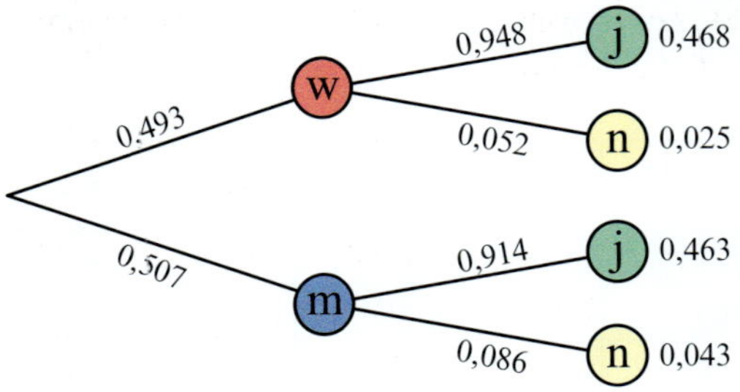

1. Merkmal: Geschlecht

2. Merkmal: Hauptschulabschluss

Im ersten Baumdiagramm betrachten wir zunächst das Merkmal *Geschlecht,* dann das Merkmal *Hauptschulabschluss:*

49,3 % der Schulabgänger waren Mädchen (105 524 : 213 837 = 0,493), also 50,7 % Jungen. Von den Mädchen erreichten 94,8 % den Hauptschulabschluss (100 083 : 105 524 = 0,948), von den Jungen 91,4 % (99 013 : 108 313 = 0,914).

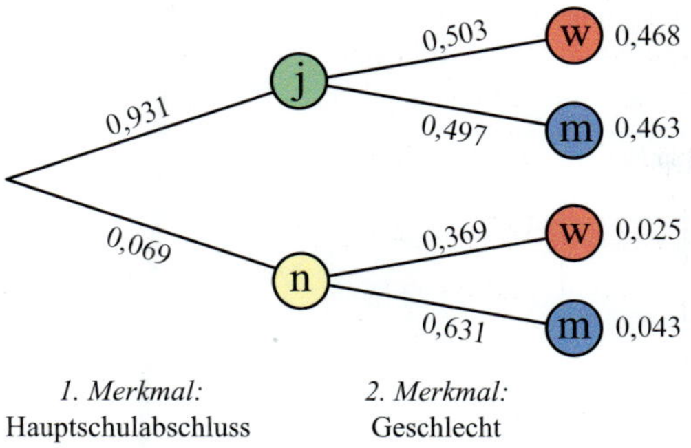

Im zweiten Baumdiagramm interessiert uns zunächst das Merkmal *Hauptschulabschluss,* dann das Merkmal *Geschlecht:*

93,1 % aller Schulabgänger erreichten den Hauptschulabschluss (199 096 : 213 837 = 0,931), davon 50,3 % Mädchen (100 083 : 199 096 = 0,503). Von den Jugendlichen ohne Hauptschulabschluss waren 63,1 % Jungen (9 300 : 14 741 = 0,631).

In beiden Baumdiagrammen treten gleiche Pfadwahrscheinlichkeiten auf; diese bestimmen die inneren Werte der Vierfeldertafel, wenn man hier statt der absoluten Häufigkeiten relative Häufigkeiten notiert.

		Hauptschulabschluss		
		ja	nein	gesamt
Geschlecht	weiblich	0,468	0,025	0,493
	männlich	0,463	0,043	0,507
	gesamt	0,931	0,069	1

Übungen

1. Übertrage den Zeitungstext in ein Baumdiagramm.

a)

Mehr als ein Viertel der Männer und Frauen sind Raucher

Trotz aller Warnungen vor den gesundheitlichen Gefahren des Rauchens verzichten viele Bundesbürger nicht darauf. So stuften sich 33,2 % der 34,1 Mio. männlichen Deutschen über 10 Jahren als regelmäßige oder gelegentliche Raucher ein, sowie 22,1 % der 36,3 Mio. Frauen dieser Altersgruppe.

b)

Jeder fünfte Ausländer in Deutschland ist hier geboren

Von den 6,72 Mio. in Deutschland lebenden Bürgern mit ausländischer Nationalität stammen 31,4 % aus EU-Ländern; von diesen sind 19,6 % in Deutschland geboren. Der Anteil der in Deutschland geborenen Bürger aus Nicht-EU-Ländern ist nur geringfügig höher; er beträgt 21,5%.

2. Schreibe einen Zeitungstext zum Baumdiagramm.

a) Ehelich/unehelich Geborene in Ost-/Westdeutschland

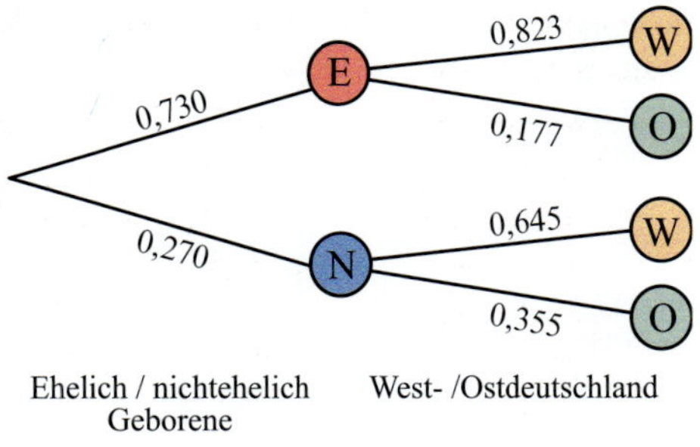

b) Art der nicht-ehelichen Lebensgemeinschaften in Ost-/Westdeutschland

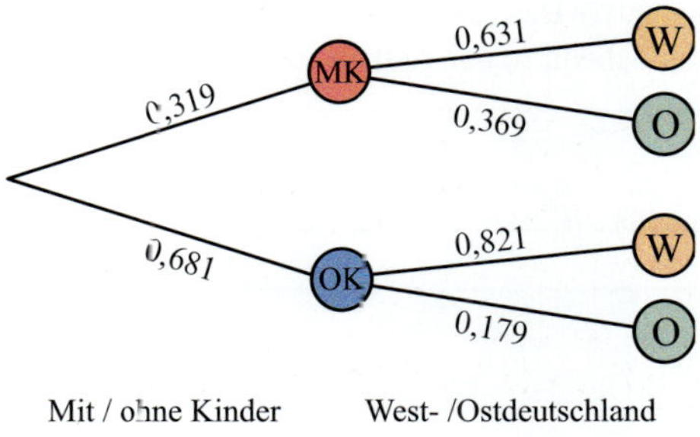

3. Ein Neugeborenes des Jahres 2003, dessen Eltern verheiratet sind, wird zufällig ausgewählt. Wie groß ist die Wahrscheinlichkeit, dass die Mutter des Kindes eine Deutsche ist? Bestimme die zu dieser Frage gehörende erste Stufe eines Baumdiagramms. Ergänze die zweite Stufe.

Geburtenstatistik 2003		Staatsangehörigkeit der Mutter		
		deutsch	ausländisch	gesamt
Staatsangehörigkeit des Vaters	deutsch	374 321	43 483	
	ausländisch	34 685	30 018	
	gesamt			

4. Ergänze die fehlenden Häufigkeiten in der Vierfeldertafel. Bestimme ein Baumdiagramm, bei der auf der 1. Stufe das Merkmal (1) *Geschlecht der Person* (2) *Familienstand* betrachtet wird.

		Familienstand		
		ledig	anderer	gesamt
Geschlecht	weiblich	15 523 000		
	männlich	18 208 000		40 356 000
gesamt				82 531 000

5.

34,5 % der 39,122 Mio. Haushalte in Deutschland liegen in Großstädten (über 100 000 Einwohner). Der Anteil der Einpersonenhaushalte beträgt deutschlandweit 37,2 %, in den Großstädten ist er sogar 46,5 %.

Gib die zugrundeliegende Vierfeldertafel an.

Stichwort: Kreis- und Balkendiagramme zur Vierfeldertafel

Statistische Daten aus Vierfeldertafeln kann man z. B. in Form von **Kreisdiagrammen** veranschaulichen. Wir benötigen hierfür ein Kreisdiagramm für die Gesamtheit und zwei kleinere für die Teilgesamtheiten (ggf. von unterschiedlicher Größe). Beispiel: Erwerbstätigkeit in Deutschland (vgl. S. 27).

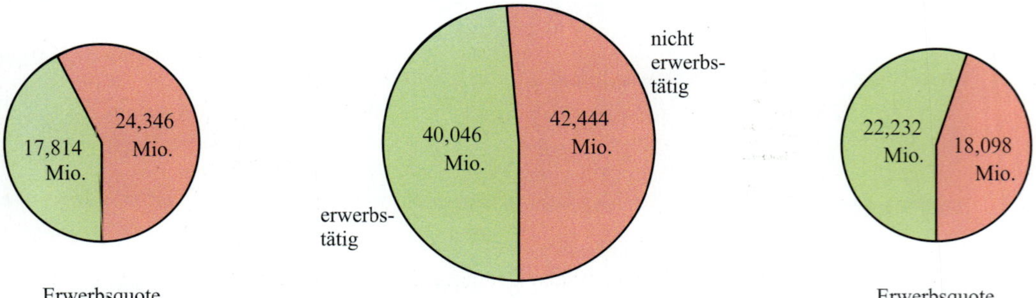

Erwerbsquote bei Frauen — Erwerbsquote insgesamt — Erwerbsquote bei Männern

Eine andere Darstellungsform ist durch das **Balkendiagramm** gegeben. Die einzelnen Rechtecke unterteilt man entsprechend zu den Anteilen der verschiedenen Merkmalsausprägungen:

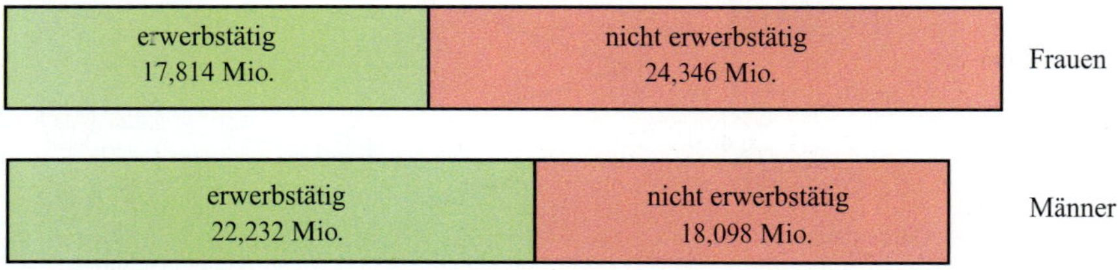

Aufgabe 2 – Unterschiedliche Interpretationen derselben Vierfeldertafel

Nach der Bundestagswahl 2005 erschienen die beiden folgenden Zeitungsartikel:

CDU/CSU kann sich auf ältere Wähler verlassen

Bei der Bundestagswahl 2005 erreichte die CDU/CSU mit einem Anteil von 35,2 % der Stimmen eines ihrer schlechtesten Ergebnisse. Die für sie abgegebenen Stimmen kamen zu 38,7 % von Wählerinnen und Wählern ab 60 Jahren. Bei den Wählern der übrigen Parteien machte diese Altersgruppe im Mittel nur 27,9 % des Stimmanteils aus.

Ältere Wähler bringen die CDU/CSU an die Regierung

Hätten in Deutschland nur die Bürgerinnen und Bürger ab 60 Jahren das Wahlrecht, dann hätte die CDU/CSU bei der Bundestagswahl 2005 ein deutlich besseres Ergebnis erzielt. Unter den älteren Wählerinnen und Wählern, die ein Wähleranteil von 31,7 % darstellen, erreichte sie einen Anteil von 42,9 %, während sie bei den jüngeren nur auf 31,6 % kam.

In beiden Artikeln wird mit unterschiedlichen Prozentangaben argumentiert. Ist einer der Artikel fehlerhaft?

Lösung

Um die Daten miteinander vergleichen zu können, bestimmen wir zunächst die zugehörigen Baumdiagramme und stellen jeweils die zugehörige Vierfeldertafel auf. Als Zufallsversuch betrachten wir:
Eine Person, die sich an der Wahl beteiligt hat, wird zufällig ausgesucht
sowie die beiden Merkmale:
Altersgruppe der Person (Ausprägungen: unter 60 Jahre/ab 60 Jahre) bzw.
gewählte Partei (Ausprägungen: CDU/CSU, andere Partei)

Baumdiagramm zum 1. Artikel

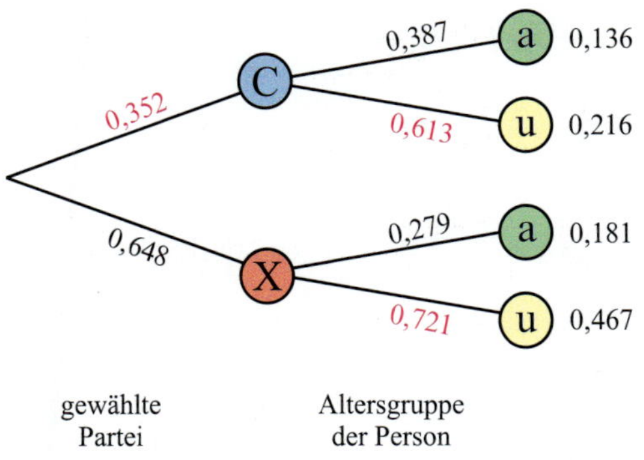

Baumdiagramm zum 2. Artikel

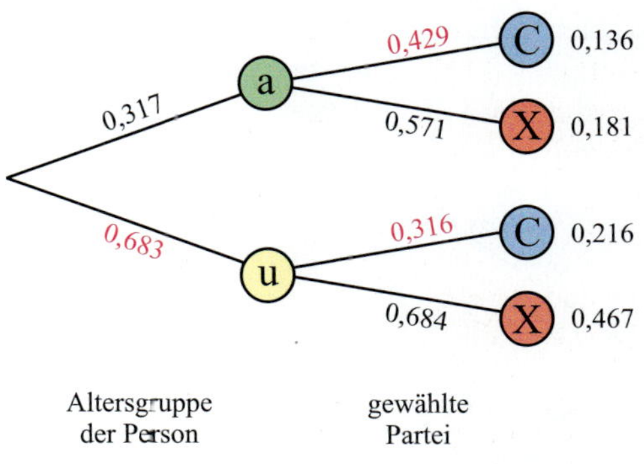

Die rot hervorgehobenen Daten sind dem betreffenden Zeitungsartikel entnommen; die zu 100 % fehlenden Anteile sind in Schwarz gedruckt. An den Pfadwahrscheinlichkeiten lesen wir ab: Beiden Artikeln liegen dieselben Daten zugrunde.

In der zugehörigen Vierfeldertafel können wir nur relative Häufigkeiten eintragen, da in keinem der Zeitungstexte die Gesamtzahl der Wähler enthalten ist.

		Altersgruppe		
		unter 60 Jahre	ab 60 Jahre	gesamt
gewählte Partei	CDU/CSU	21,6 %	13,6 %	35,2 %
	andere Partei	46,7 %	18,1 %	64,8 %
	gesamt	68,3 %	31,7 %	100 %

Die Prozentangaben in den beiden Artikeln beziehen sich jeweils auf unterschiedliche Gesamtheiten, z. B.

- 31,6 % ist der Anteil der CDU/CSU-Wähler unter allen Wählern unter 60 Jahren (d. h. die Wahrscheinlichkeit, dass die ausgewählte Person CDU/CSU-Wähler ist, beträgt 31,6 %, unter der Voraussetzung, dass man die Auswahl der Personen auf die jüngere Wählergruppe beschränkt)
- 61,3 % ist der Anteil der Wähler unter 60 Jahren unter allen CDU/CSU-Wählern (d. h. die Wahrscheinlichkeit, dass die ausgewählte Person jünger ist als 60 Jahre, beträgt 61,3 %, unter der Voraussetzung, dass man die Auswahl der Personen auf die CDU/CSU-Wähler beschränkt)

Man muss also genauestens darauf achten, auf welche Gesamtheit von Merkmalsträgern eine Aussage bezogen ist. In der Stochastik ist es üblich, hier von der einschränkenden **Bedingung** zu sprechen; die Wahrscheinlichkeiten werden als **bedingte Wahrscheinlichkeiten** bezeichnet.

Vierfeldertafeln und Bedingte Wahrscheinlichkeiten

Zu einer Vierfeldertafel gehören immer zwei Baumdiagramme; die beiden Baumdiagramme unterscheiden sich dadurch, dass die beiden Merkmale vertauscht sind und dass es sich um verschiedene **bedingte Wahrscheinlichkeiten** handelt. Das eine Baumdiagramm wird als das **umgekehrte Baumdiagramm** zum anderen bezeichnet.

Betrachten wir z. B. die beiden Merkmale E und F mit den (sich gegenseitig ergänzenden und ausschließenden) Ausprägungen E_1 und E_2 bzw. F_1 und F_2, dann gehören zu der folgenden Vierfeldertafel die darunter abgebildeten Baumdiagramme.

		Merkmal F		
		F_1	F_2	gesamt
Merkmal E	E_1	$P(E_1 \cap F_1)$	$P(E_1 \cap F_2)$	$P(E_1)$
	E_2	$P(E_2 \cap F_1)$	$P(E_2 \cap F_2)$	$P(E_2)$
	gesamt	$P(F_1)$	$P(F_2)$	100 %

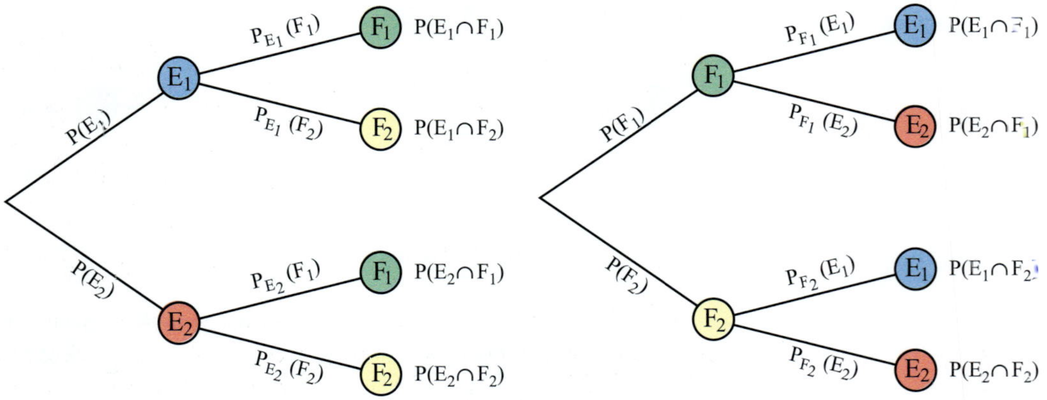

Die Wahrscheinlichkeiten für die 2. Stufe der Baumdiagramme erhält man durch Quotientenbildung in der Vierfeldertafel (innerhalb einer Zeile bzw. Spalte – blau unterlegte Felder in der Vierfeldertafel):

$P_{E_1}(F_1) = \dfrac{P(E_1 \cap F_1)}{P(E_1)}$ Wahrscheinlichkeit für F_1 unter der Bedingung E_1 bzw.

$P_{F_1}(E_1) = \dfrac{P(E_1 \cap F_1)}{P(F_1)}$ Wahrscheinlichkeit für E_1 unter der Bedingung F_1

Übungen

6. Betrachte in Aufgabe 2 die Merkmale:
Merkmal E: *gewählte Partei* (E_1: CDU/CSU, E_2: andere Partei)
Merkmal F: *Altersgruppe der Person* (F_1: unter 60 J., F_2: ab 60 J.)
Welche Wahrscheinlichkeit wird beschrieben (in Worten)? Wie groß ist diese?

(1) $P_{E_1}(F_1)$ (2) $P_{E_2}(F_1)$ (3) $P_{F_1}(E_1)$ (4) $P_{F_1}(E_2)$ (5) $P_{E_1}(F_2)$ (6) $P_{F_2}(E_1)$

7. Welche Daten kann man dem umgekehrten Baumdiagramm entnehmen?

Schreibe einen geeigneten Text über diese Daten.

Wird der Lehrerberuf zunehmend ein Frauen-Beruf?

11,3 % der Absolventen einer Hochschule in Deutschland legen eine Lehramtsprüfung ab; von diesen sind 71,8 % Frauen. Bei den übrigen Hochschulprüfungen beträgt der Frauenanteil nur 43,9 %.

8. Stelle die Daten in einem Baumdiagramm dar. Was lässt sich am umgekehrten Baumdiagramm ablesen?

Niedrigerer Ausländeranteil in Ostdeutschland

83,7 % der Gesamtbevölkerung Deutschlands lebt in den alten Bundesländern einschl. Berlin; während im Westen der Anteil ausländischer Mitbürger 10,1 % beträgt, liegt er im Osten bei 2,4 %.

9. Eine an einer Hochschule in Deutschland eingeschriebene Person werde zufällig ausgewählt. Wie groß ist die Wahrscheinlichkeit, dass diese Person
(1) Mathematik, Natur- oder Ingenieurwissenschaften studiert,
(2) eine Studentin im sprach- oder kulturwissenschaftlichen Bereich ist,
(3) Human- oder Veterinärmedizin studiert, wenn bekannt ist, dass es sich um eine Frau handelt,
(4) ein Mann ist, wenn bekannt ist, dass sich die Person in der Rechts-, Wirtschafts- und Sozialwissenschaftlichen Fakultät eingeschrieben hat?

Studiengang	Anzahl der Studierenden	Frauenquote
Sprach- und Kulturwissenschaften	418 909	70,0 %
Rechts-, Wirtschafts-, Sozialwissenschaften	613 781	48,6 %
Mathematik, Natur-, Ingenieurwissenschaften	682 499	28,8 %
Human-, Veterinärmedizin	111 644	62,7 %
sonstiges Fach	150 145	57,4 %

10. Zeige, dass die beiden Artikel auf denselben statistischen Daten beruhen. Auf welche Veränderungen wollten die Autoren der beiden Artikel besonders aufmerksam machen?

Abiturientenzahlen steigen

32 % der jungen Erwachsenen, die ihre Schulzeit beendet haben, erreichen heutzutage die allgemeine Hochschulreife. Bei 45 % dieser Jugendlichen hatte auch mindestens ein Elternteil diesen Schulabschluss. Unter den übrigen Jugendlichen hatten 10 % mindestens ein Elternteil, welches das Abitur geschafft hatte.

Unterschiedliche Bildungschancen

67 % der Kinder, bei denen mindestens ein Elternteil die allgemeine Hochschulreife erreicht hatte, schaffen selbst das Abitur. 78 % der Kinder, deren Eltern ohne diesen höchsten schulischen Abschluss waren, erreichen diesen ebenfalls nicht. Die Abiturientenquote in der Elterngeneration betrug 21 %.

11. Ergänze die Zahlen der Vierfeldertafel und bestimme die beiden zugehörigen Baumdiagramme. Schreibe passende Zeitungsartikel zur folgenden Statistik über Hauptverursacher von Unfällen mit Personenschäden.

		Geschlecht		
		männlich	weiblich	gesamt
Altersgruppe	bis unter 25 Jahre	41 121	21 728	
	25 Jahre und älter			
	gesamt	147 313	79 904	

12. a) Stelle die Daten des Zeitungsartikels in einer Vierfeldertafel und in einem Baumdiagramm zusammen.

b) Welche Daten kann man dem umgekehrten Baumdiagramm entnehmen? Schreibe einen Zeitungstext über diese Daten.

c) Ein Unfall mit Personenschaden werde zufällig aus dem Jahresbericht ausgewählt. Wie groß ist die Wahrscheinlichkeit, dass dieser Unfall

(1) unter Alkoholeinwirkung geschah, wenn bekannt ist, dass er zwischen 4 Uhr morgens und 18 Uhr abends stattfand;

(2) zwischen 4 Uhr morgens und 18 Uhr abends stattfand, wenn bekannt ist, dass kein Alkohol im Spiel war?

Polizei warnt vor Alkohol am Steuer

In Deutschland wurden im vergangenen Jahr insgesamt ca. 390 000 Unfälle mit Personenschaden registriert, davon waren 10,2 % durch Alkohol verursacht. Während sich 24,6 % der Verkehrsunfälle ohne Alkoholeinfluss in der Zeit zwischen 18 Uhr abends und 4 Uhr morgens ereigneten, fiel bei den Alkohol-Unfällen ein Anteil von 68,0 % in diesen Zeitraum.

13. Bei Infektionskrankheiten ist es wichtig, dass man schnell die Art der Krankheit erkennt, damit man sie bekämpfen kann. Hierzu führt man Schnelltests durch, die allerdings Mängel haben: Manchmal wird eine Krankheit angezeigt, obwohl sie nicht vorliegt; gelegentlich wird eine Krankheit nicht angezeigt, obwohl sie vorhanden ist.

Bei der HIV-Diagnostik sind die Empfindlichkeit *(Sensitivität)* des Tests, vor allem aber die Zuverlässigkeit positiver Testergebnisse *(Spezifität)* von besonderer Bedeutung. Man kann heute davon ausgehen, dass etwa 0,1 % der Bevölkerung der Bundesrepublik HIV-infiziert ist.

GIB AIDS
KEINE
CHANCE

Die vorliegenden Testverfahren zum Nachweis der Infektion haben mittlerweile eine hohe Sicherheit (Sensitivität): Bei 99,9 % der tatsächlich Infizierten erfolgt positive Testreaktion; nur bei 0,3 % der nicht-infizierten Testpersonen wird irrtümlich eine Infektion angezeigt (Spezifität 99,7 %).

a) Angenommen, eine Person werde zufällig ausgewählt: Wie groß ist die Wahrscheinlichkeit dafür, dass bei Vorliegen eines positiven Testergebnisses tatsächlich eine HIV-Infektion vorliegt? Wie groß ist die Wahrscheinlichkeit, dass bei negativem Testergebnis dennoch eine Infektion vorliegt? Warum erscheint das Rechenergebnis so paradox?

b) Die Qualität der HIV-Tests ist in den letzten Jahren ständig verbessert worden. Noch 1990 ging man von 99,8 % positiver Testreaktion bei Infizierten und 1 % bei Nicht-Infizierten aus. Vergleiche die bedingten Wahrscheinlichkeiten.

c) Wenn ein HIV-Test positiv verlaufen ist, wird er bei der betreffenden Person noch einmal durchgeführt. Was lässt sich sagen, wenn auch dieser Test eine positive Reaktion zeigt?

2.2 Kombinatorische Probleme

Aufgabe 1 – Ziehen mit und ohne Zurücklegen

Ein Lehrer hat für seinen Kurs 5 Freikarten für ein Konzert; im Kurs sind 20 Schülerinnen und Schüler. Wie viele Möglichkeiten hat er, diese Freikarten zu verteilen?

(1) Die Karten können verlost werden (Ziehen ohne Zurücklegen).

(2) Für das Verteilen kann ein Glücksrad mit 20 gleich großen Sektoren benutzt werden (Ziehen mit Zurücklegen).

Lösung

Wir könnten den Vorgang mithilfe eines Baumdiagramms darstellen, das allerdings wegen der großen Zahl der Möglichkeiten sehr unübersichtlich würde:

(1) Los

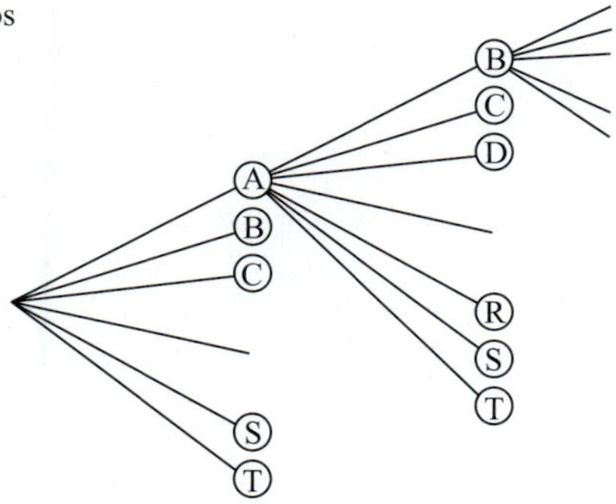

(2) Glücksrad

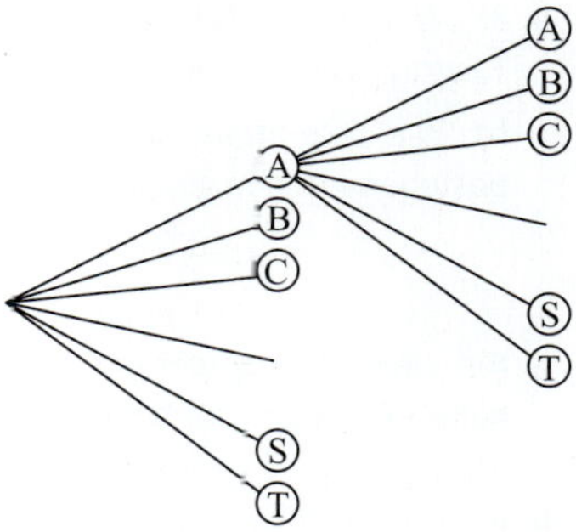

Wenn z. B. die 1. Karte durch Los oder Glücksrad an den Schüler A geht, dann hat er beim Ziehen ohne Zurücklegen keine Möglichkeit, auf der 2. Stufe des Verlosungsvorgangs eine Karte zu erhalten. Beim Glücksrad (Ziehen mit Zurücklegen) dagegen kann er auch in der 2. Stufe eine Karte erhalten. Insgesamt gibt es für den Lehrer

(1) beim Ziehen ohne Zurücklegen
$\underbrace{20 \cdot 19 \cdot 18 \cdot 17 \cdot 16}_{5\ Faktoren} = 1\,860\,480$ Möglichkeiten

(2) beim Ziehen mit Zurücklegen
$\underbrace{20 \cdot 20 \cdot 20 \cdot 20 \cdot 20}_{5\ Faktoren} = 3\,200\,000$ Möglichkeiten

An der Darstellung durch Baumdiagramme können wir folgende Regeln ablesen:

Allgemeines Zählprinzip:

Besteht ein Zufallsversuch aus k Stufen und ist die Anzahl der möglichen Ergebnisse auf den einzelnen Stufen $m_1, m_2, \ldots, m_k$, dann hat der Zufallsversuch insgesamt $m_1 \cdot m_2 \cdot \ldots \cdot m_k$ verschiedene mögliche Ergebnisse.

Spezialfall: Ziehen ohne Zurücklegen

Ein k-stufiger Zufallsversuch mit n verschiedenen Ergebnissen auf der 1. Stufe, n – 1 auf der 2. Stufe usw. hat insgesamt $\underbrace{n \cdot (n-1) \cdot \ldots \cdot (n-k+1)}_{k\ Faktoren}$ verschiedene mögliche Ergebnisse.

Falls n = k (vollständiges Leeren der Urne) sind dies $n \cdot (n-1) \cdot \ldots \cdot 3 \cdot 2 \cdot 1$ Möglichkeiten.

Spezialfall: Ziehen mit Zurücklegen

Ein k-stufiger Zufallsversuch mit n verschiedenen Ergebnissen auf jeder Stufe hat insgesamt $\underbrace{n \cdot n \cdot \ldots \cdot n}_{k\ Faktoren} = n^k$ verschiedene mögliche Ergebnisse.

Übungen

1. Auf einem Erhebungsbogen werden die Merkmale Geschlecht (2 Merkmalsausprägungen), Alter (4 Ausprägungen), Familienstand (4), Konfession (3), Schulbildung (4), Wohnortgröße (4) und Bundesland (16 Ausprägungen) betrachtet. Wie viele unterschiedlich ausgefüllte Erhebungsbogen kann es höchstens geben?

2. Wie viele verschiedene Ergebnisse hat man beim 3fachen, 4fachen Würfeln? Welche Wahrscheinlichkeit kommt jedem dieser Ergebnisse zu?

3. a) Wie viele verschiedene Tipps gibt es beim Fußballtoto (13-er Wette)?

b) Wie viele vollständig falsche Tipps gibt es?

4. a) Wie viele verschiedene 6-stellige Telefonnummern gibt es (theoretisch)?

b) Wie viele dieser Telefonnummern bestehen nur aus geraden Ziffern?

5. Auf einer Tagung werden 18 Vorträge gehalten, von denen je 3 parallel laufen. Wie viele Möglichkeiten haben Tagungsteilnehmer, ihr eigenes Programm zusammenzustellen?

6. In einem Gefäß sind 7 unterscheidbare Kugeln. Wir ziehen eine Kugel und legen sie wieder zurück. Wie viele Ergebnisse hat dieser Zufallsversuch, wenn wir 4-mal ziehen?

7. Ein Würfel wird viermal geworfen. Wie viele Ergebnisse gehören zum Ereignis *4 verschiedene Augenzahlen?* Welche Wahrscheinlichkeit hat dieses Ereignis?

8. Bei einem Test soll ein Hellseher sagen, in welcher Reihenfolge eine andere Person 5 Dinge angeordnet hat.
Wie groß ist die Wahrscheinlichkeit, dass die Testperson die Reihenfolge richtig rät, ohne hellseherisch begabt zu sein?

9. Ein Unternehmer hat 8 Lastwagen, die er für 5 Aufträge einsetzen kann.
Wie viele Möglichkeiten hat er, wenn er je einen Lastwagen pro Auftrag benötigt?

10. Ein Handelsvertreter hat 10 Kunden zu besuchen.

a) Wie viele Möglichkeiten gibt es, diese Tour durchzuführen?

b) Wie viele Additionen von Streckenlängen sind nötig, um die kürzeste Rundstrecke zu finden?

11. Auf dem Kundenparkplatz einer Firma können 20 Fahrzeuge parken. Auf wie viele Arten können die Parkplätze besetzt werden, wenn

a) 16, **b)** 20, **c)** 30 Kunden gleichzeitig kommen?

12. An einem 100-m-Lauf nehmen 8 Läufer teil. Wie viele Möglichkeiten für die Platzierung gibt es?

13. Wie viele Möglichkeiten gibt es, 1, 2, 3, 4, 5, 6, 7, 8, 9, 10, 11, 12 Bücher auf einem Bücherbrett anzuordnen?

Aufgabe 2 – Anzahl der Möglichkeiten bei der Lottoziehung

a) Beim Lottospiel *6 aus 49* werden nacheinander 6 Kugeln aus dem Ziehungsgefäß mit 49 nummerierten Kugeln gezogen. Wie viele mögliche Ziehungen gibt es?

b) Die Fernsehansagerin legt die gezogenen Kugeln so hin, dass am Ende der Ziehung die Glückszahlen in aufsteigender Reihenfolge liegen. Angenommen, die Zahlen 5, 7, 14, 23, 31, 44 sind die Glückszahlen einer Lottoziehung. Von wie vielen Ziehungen könnte eine solche Reihe von Glückszahlen stammen?

c) Um Zeit zu sparen, könnte man die Lottoziehung auch so durchführen, dass der Ziehungsbeamte 6 Kugeln auf einen Griff aus dem Ziehungsgefäß herausnimmt (denn die Reihenfolge der Ziehung spielt anschließend keine Rolle mehr). Wie viele verschiedene Lottoziehungen *auf einen Griff* sind möglich?

Lösung

a) Nach dem allgemeinen Zählprinzip sind bei diesem 6-stufigen Ziehungsvorgang

$49 \cdot 48 \cdot 47 \cdot 46 \cdot 45 \cdot 44$ Ziehungen möglich. ← *6 Faktoren*

b) Für die 1. Ziehung kommen alle 6 Glückszahlen in Frage, für die 2. Ziehung dann noch 5 Zahlen, für die 3. Ziehung noch 4 usw., also insgesamt

$6 \cdot 5 \cdot 4 \cdot 3 \cdot 2 \cdot 1$ ← *6 Faktoren*

c) Das Ziehen auf einen Griff ist nichts anderes als in a) und b) beschrieben wurde:
Erst werden die 6 Glückszahlen gezogen, dabei erhält man eine von $49 \cdot 48 \cdot 47 \cdot 46 \cdot 45 \cdot 44$ Möglichkeiten. Von diesen stimmen aber jeweils $6 \cdot 5 \cdot 4 \cdot 3 \cdot 2 \cdot 1$ überein, wenn man die Ziehungsreihenfolge nicht mehr beachtet, sondern z. B. die Zahlen der Größe nach sortiert. Also gibt es

$$\frac{49 \cdot 48 \cdot 47 \cdot 46 \cdot 45 \cdot 44}{6 \cdot 5 \cdot 4 \cdot 3 \cdot 2 \cdot 1} = 13\,983\,816$$ ← *in Zähler und Nenner je 6 Faktoren*

verschiedene Möglichkeiten für die 6 Glückszahlen des Lottospiels und damit für die Lottotipps.

> Beim **Ziehen auf einen Griff** (Lottoziehung) kommt es nicht auf die Reihenfolge der Ziehung an. Werden k Kugeln aus einer Gesamtheit von n Kugeln gezogen, so gibt es für diese **Stichprobennahme**
>
> $$\frac{n \cdot (n-1) \cdot \ldots \cdot (n-k+1)}{k \cdot (k-1) \cdot \ldots \cdot 1}$$ Möglichkeiten. ← *in Zähler und Nenner je k Faktoren*

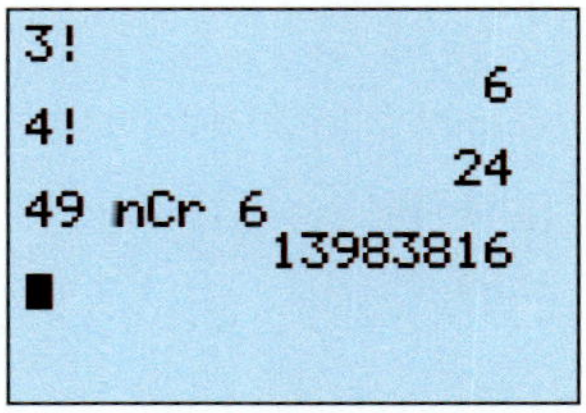

Zur Abkürzung verwenden wir folgende Schreibweisen:

$2! = 2 \cdot 1 = 2$ (lies: 2 Fakultät) $4! = 4 \cdot 3 \cdot 2 \cdot 1 = 24$

$3! = 3 \cdot 2 \cdot 1 = 6$ $5! = 5 \cdot 4 \cdot 3 \cdot 2 \cdot 1 = 120$

allgemein: $n! = n \cdot (n-1) \cdot \ldots \cdot 3 \cdot 2 \cdot 1$

Man definiert auch: $1! = 1$ $0! = 1$

Damit vereinfacht sich die Schreibweise für die Anzahl der Möglichkeiten

beim Ziehen ohne Zurücklegen: $n \cdot (n-1) \cdot \ldots \cdot (n-k+1) = \frac{n!}{(n-k)!}$

beim vollständige Leeren einer Urne: $n!$

beim Ziehen auf einen Griff: $\frac{n \cdot (n-1) \cdot \ldots \cdot (n-k+1)}{k \cdot (k-1) \cdot \ldots \cdot 1} = \frac{n!}{(n-k)!k!} = \binom{n}{k}$ (lies: n über k)

Da es sich um eine Anzahl von Möglichkeiten handelt, lässt sich der vermeintliche Bruch stets restlos kürzen, so dass (nur noch) eine natürliche Zahl übrig bleibt.

Beispiel: $$\frac{49 \cdot \overset{1}{\cancel{48}} \cdot 47 \cdot 46 \cdot 45 \cdot 44}{\underset{1}{\cancel{6}} \cdot 5 \cdot \underset{1}{\cancel{4}} \cdot 3 \cdot \underset{1}{\cancel{2}} \cdot 1} = \frac{49 \cdot 47 \cdot 46 \cdot \overset{3}{\cancel{45}} \cdot 44}{\underset{1}{\cancel{5}} \cdot \underset{1}{\cancel{3}}} = 13\,983\,816$$

Die Terme $\binom{n}{k}$ heißen **Binomialkoeffizienten,** da sie bei den *binomischen Formeln* eine wichtige Rolle spielen (s. unten). Wir finden die Zahlen auch im PASCALschen Dreieck vor.

$$\binom{0}{0}$$
$$\binom{1}{0} \quad \binom{1}{1}$$
$$\binom{2}{0} \quad \binom{2}{1} \quad \binom{2}{2}$$
$$\binom{3}{0} \quad \binom{3}{1} \quad \binom{3}{2} \quad \binom{3}{3}$$

1
1 1
1 2 1
1 3 3 1

BLAISE PASCAL (1623–1662)

Die Binomialkoeffizienten kann man also bestimmen, indem man die Terme $\frac{n \cdot (n-1) \cdot (n-2) \cdot \ldots \cdot (n-k+1)}{k \cdot (k-1) \cdot (k-2) \cdot \ldots \cdot 1}$ ausrechnet oder schrittweise mit dem PASCALschen Dreieck entwickelt.

Konstruktionsprinzipien des PASCALschen Dreiecks

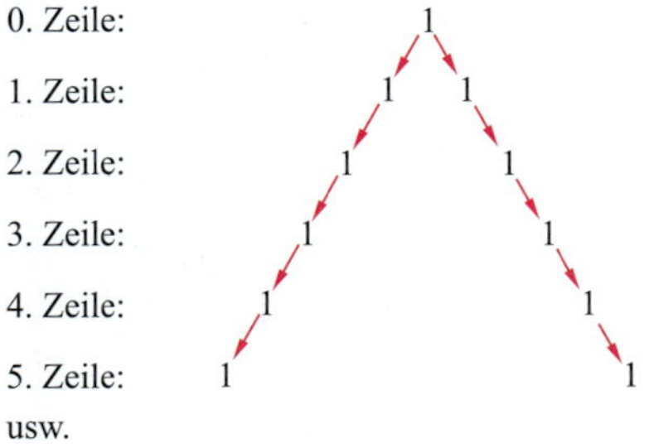

Am Anfang und am Ende jeder Zeile steht eine Eins.

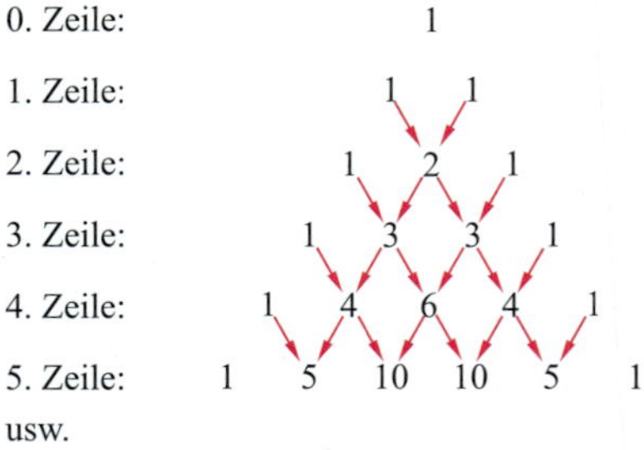

Addiert man zwei benachbarte Zahlen, so erhält man eine Zahl der nächsten Zeile.

Diese Zahlen treten in den binomischen Formeln als *Koeffizienten* auf:

$(a+b)^2 = \mathbf{1}\,a^2 + \mathbf{2}\,ab + \mathbf{1}\,b^2$
$(a+b)^3 = \mathbf{1}\,a^3 + \mathbf{3}\,a^2b + \mathbf{3}\,ab^2 + \mathbf{1}\,b^3$
$(a+b)^4 = \mathbf{1}\,a^4 + \mathbf{4}\,a^3b + \mathbf{6}\,a^2b^2 + \mathbf{4}\,ab^3 + \mathbf{1}\,b^4$
$(a+b)^5 = \mathbf{1}\,a^5 + \mathbf{5}\,a^4b + \mathbf{10}\,a^3b^2 + \mathbf{10}\,a^2b^3 + \mathbf{5}\,ab^4 + \mathbf{1}\,b^5$

Übungen

14. Entwickle das PASCALsche Dreieck bis zur 10. Zeile: $\binom{10}{0} \ldots \binom{10}{10}$

15. Entwickle die binomischen Terme:

a) $(x+1)^5$ **c)** $(x+1)^7$ **e)** $(a-b)^3$
b) $(x-1)^5$ **d)** $(x-1)^4$ **f)** $(a-b)^4$

Das PASCALsche Dreieck war bereits vor PASCAL bekannt – die Briefmarke zeigt eine chinesische Schrift aus dem Jahr 1303.

Zusammenfassung

Anzahl der Möglichkeiten bei k Ziehungen aus einer Gesamtheit mit n Kugeln

Ziehen mit Zurücklegen: n^k

Ziehen ohne Zurücklegen: $\frac{n!}{(n-k)!}$

Ziehen auf einen Griff: $\binom{n}{k} = \frac{n!}{(n-k)!\,k!}$

Aufgabe 3 – Gewinnränge beim Lottospiel

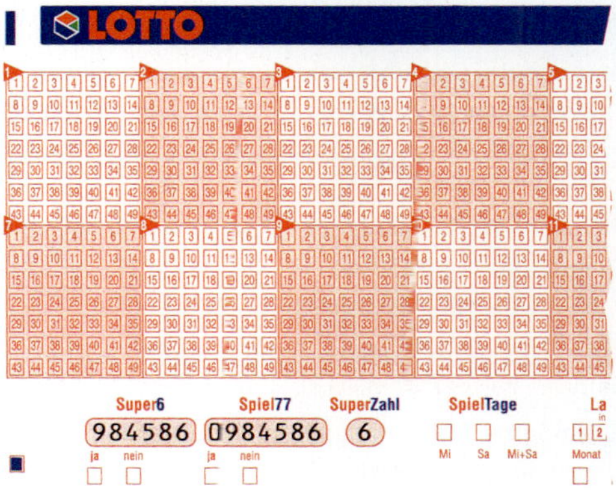

Beim Lottospiel *6 aus 49* gibt es folgende Gewinnränge:

(1) 6 Richtige
(2) 5 Richtige mit Zusatzzahl*)
(3) 5 Richtige
(4) 4 Richtige mit Zusatzzahl*)
(5) 4 Richtige
(6) 3 Richtige mit Zusatzzahl*)
(7) 3 Richtige

*) Nach den 6 Glückszahlen wird aus den verbleibenden 43 Kugeln eine weitere Kugel gezogen.

Wie viele Möglichkeiten gibt es, in diesen Rängen zu gewinnen? Wie groß ist demnach die Wahrscheinlichkeit für einen Gewinn in einem dieser Ränge?

Lösung

Betrachten wir z. B. (4): 4 Richtige bedeutet, dass von den 6 Glückszahlen 4 getippt werden, allerdings auch 2 Zahlen von den 43 Zahlen, mit denen man nicht gewinnt.

Hierfür gibt es insgesamt $\binom{6}{4} \cdot \binom{43}{2}$ Möglichkeiten, denn jede der $\binom{6}{4}$ Möglichkeiten für 4 „richtig“ angekreuzte Zahlen kann mit jeder der $\binom{43}{2}$ Möglichkeiten für 2 „falsch“ angekreuzte Zahlen kombiniert werden. Dies sind $15 \cdot 903 = 13\,545$ Möglichkeiten, d. h. es gibt 13 545 verschiedene Tipps, bei denen man in diesem Rang gewinnen könnte. Im Vergleich zu den 13 983 816 möglichen Tipps insgesamt ist das eine geringe Anzahl; der Anteil beträgt nur $\frac{13\,545}{13\,983\,816} \approx 0{,}000\,97 = 0{,}097\,\% \approx 0{,}1\,\%$.

Betrachten wir z. B. (6): 3 Zahlen sind richtig, 2 (völlig) falsch, 1 Zahl stimmt mit der Zusatzzahl überein. Daher gibt es insgesamt $\binom{6}{3} \cdot \binom{42}{2} \cdot \binom{1}{1} = 20 \cdot 861 = 17\,220$ Möglichkeiten.

Anzahl der Möglichkeiten für 3 „richtig“ angekreuzte Zahlen (3 aus 6)

Anzahl der Möglichkeiten für 2 „falsch“ angekreuzte Zahlen (2 aus 42)

Anzahl der Möglichkeiten für die Zusatzzahl (1 aus 1)

Die Wahrscheinlichkeit, in diesem Rang zu gewinnen, beträgt auch nur $\frac{17\,220}{13\,983\,816} \approx 0{,}00123 \approx 0{,}1\,\%$.
Analog berechnen wir:

Gewinnränge	Anzahl der verschiedenen möglichen Tipps	Wahrscheinlichkeit, in dem Rang zu gewinnen	Die Chancen zu gewinnen stehen
(1) 6 Richtige	1	$\frac{1}{13\,983\,816} \approx 0{,}000007\,\%$	1 : 13 983 816
(2) 5 Richtige m. Z.	$\binom{6}{5} \cdot \binom{42}{0} \cdot \binom{1}{1} = 6$	$\frac{6}{13\,983\,816} \approx 0{,}00004\,\%$	1 : 2 330 636
(3) 5 Richtige	$\binom{6}{5} \cdot \binom{42}{1} \cdot \binom{1}{0} = 252$	$\frac{252}{13\,983\,816} \approx 0{,}002\,\%$	1 : 55 491
(4) 4 Richtige m. Z.	$\binom{6}{4} \cdot \binom{42}{1} \cdot \binom{1}{1} = 630$	$\frac{630}{13\,983\,816} \approx 0{,}005\,\%$	1 : 22 197
(5) 4 Richtige	$\binom{6}{4} \cdot \binom{42}{2} \cdot \binom{1}{0} = 12\,915$	$\frac{12\,915}{13\,983\,816} \approx 0{,}09\,\%$	1 : 1 083
(6) 3 Richtige m. Z.	$\binom{6}{3} \cdot \binom{42}{2} \cdot \binom{1}{1} = 17\,220$	$\frac{17\,220}{13\,983\,816} \approx 0{,}1\,\%$	1 : 812
(7) 3 Richtige	$\binom{6}{3} \cdot \binom{42}{3} \cdot \binom{1}{0} = 229\,600$	$\frac{229\,600}{13\,983\,816} \approx 1{,}6\,\%$	1 : 61

Übungen

16. In einer Gesamtheit von 30 Stücken befinden sich 15 Stücke I. Wahl, 10 Stücke II. Wahl, 5 Stücke, die unbrauchbar sind. Wie groß ist die Wahrscheinlichkeit, 3 Stücke I. Wahl, 2 Stücke II. Wahl und 1 unbrauchbares Stück bei einer Stichprobe vom Umfang 6 zu ziehen?

17. An einem Besuch im Landtag können insgesamt 20 Schüler aus 4 Parallelklassen teilnehmen.
Aus Klasse a möchten 8, aus Klasse b 7, aus Klasse c 9 und aus Klasse d 6 Schüler teilnehmen.
Wie viele Möglichkeiten gibt es, wenn

(1) aus jeder Klasse 5 Schüler fahren dürfen, (2) unter den 30 Interessenten 20 ausgelost werden?

18. Bei einer Meinungsumfrage in einer Klassenstufe von 100 Schülern (aus 4 Klassen mit je 25 Schülern) soll eine Stichprobe vom Umfang 20 genommen werden.
Wie viele Möglichkeiten der Stichprobennahme gibt es, wenn

a) diese 20 unter den 100 ausgelost werden, **b)** 5 aus jeder Klasse ausgelost werden,

c) unter den 60 Jungen dieses Jahrgangs 12 Jungen und unter den 40 Mädchen dieses Jahrgangs 8 Mädchen ausgelost werden?

19. Zehn Schüler, die einen Jahrgang wiederholen müssen, können auf fünf Klassen (a, b, c d, e) verteilt werden. Wie viele Möglichkeiten der Einteilung gibt es, wenn

a) in jede Klasse 2 Schüler kommen sollen,

b) in Klasse a 3 Schüler, in Klasse b 5 Schüler und in Klasse c 2 Schüler,

c) in Klasse a 5 Schüler, in Klasse b 2 Schüler und in Klasse c 3 Schüler,

d) in eine der Klassen 6 Schüler und in eine andere Klasse 4 Schüler?

20. Wie groß ist die Wahrscheinlichkeit, im Fußball-Toto (vgl. S. 36) durch bloßes Raten

a) im 2. Rang (12 Richtige), **b)** im 3. Rang (11 Richtige) zu gewinnen?

21. Beim Skatspiel werden an die drei Spieler je 10 Karten verteilt, 2 werden im *Skat* abgelegt.

a) Wie viele verschiedene Skatblätter kann ein Spieler erhalten?

b) Wie viele Möglichkeiten gibt es, die 32 Karten an die 3 Spieler und in den *Skat* zu verteilen? Spielt die Art der Verteilung eine Rolle?

22. Wie groß ist die Wahrscheinlichkeit, dass

a) unter den 10 Karten, die ein Skatspieler erhält (vgl. Übung 22),
(1) zwei, (2) drei, (3) vier Asse sind,

b) unter den 2 Karten im *Skat* (1) kein, (2) ein As ist?

23. In anderen europäischen Ländern werden z.T. auch andere Lottospiele angeboten. Vergleiche die Gewinnchancen in den ersten drei Rängen (ohne Berücksichtigung einer Zusatzzahl):

(1) Schweden: *7 aus 35*
(2) Polen: *5 aus 35*
(3) Schweiz: *6 aus 42*
(4) Niederlande: *6 aus 41*

24. In New York/USA wird das Lottospiel *Take Five* angeboten: 5 von 39 Zahlen sind anzukreuzen. Begründe die Gewinnchancen.

PRIZE LEVELS AND CHANCES OF WINNING

PRIZE LEVEL	NUMBER OF WINNING NUMBERS MATCHED ON ONE GAME PANEL	CHANCES OF WINNING ON ONE GAME PANEL
First	5	1: 575,757
Second	4	1: 3,387
Third	3	1: 103
Bonus (Free play)	2	1: 9.6

Overall Chances of Winning on a $1 play — 1:8.7

2.3 Zufallsgrößen und deren Verteilungen

Bereits in früheren Abschnitten hatten wir uns mit Fragen der folgenden Art beschäftigt:

- Wie groß ist die Wahrscheinlichkeit für Augensumme k beim 2fachen Werfen eines Würfels?
- Wie groß ist die Wahrscheinlichkeit beim Lottospiel „6 aus 49“ k richtige Zahlen auszuwählen?
- Wie groß ist die Wahrscheinlichkeit, dass ein Wettspiel nach k Runden beendet ist?

In all diesen Beispielen geht es nicht um die Wahrscheinlichkeit *einzelner* Ergebnisse, sondern um die Wahrscheinlichkeit oft mehrerer Ergebnisse, die sich zusammenfassen lassen, weil sie gemeinsame Eigenschaften haben (gleiche Bedingungen erfüllen).

Beispiel: Augensumme beim 2fachen Würfeln

Wir können eine Tabelle aufstellen: In der 1. Spalte notieren wir die möglichen Augensummen dieses Zufallsversuchs; in der 2. Spalte die zu diesen Werten gehörenden Ergebnisse. Zählen wir diese Ergebnisse ab, die alle die gleiche Wahrscheinlichkeit haben, so erhalten wir die Wahrscheinlichkeit des Ereignisses „Die Augensumme ist k“.
Das Anlegen einer Tabelle mit allen möglichen Ergebnissen erleichtert den Überblick über den Zufallsversuch und die interessierende Größe *Augensumme.* Durch diese Größe *Augensumme* erhält die Ergebnismenge S aller möglichen Ergebnisse des Zufallsversuchs eine neue Struktur:

Augensumme k	zugehörige Ergebnisse	Wahrscheinlichkeit für Augensumme k
2	11	1/36
3	12, 21	2/36
4	13, 22, 31	3/36
5	14, 23, 32, 41	4/36
6	15, 24, 33, 42, 51	5/36
7	16, 25, 34, 43, 52, 61	6/36
8	26, 35, 44, 53, 62	5/36
9	36, 45, 54, 63	4/36
10	46, 55, 64	3/36
11	56, 65	2/36
12	66	1/36

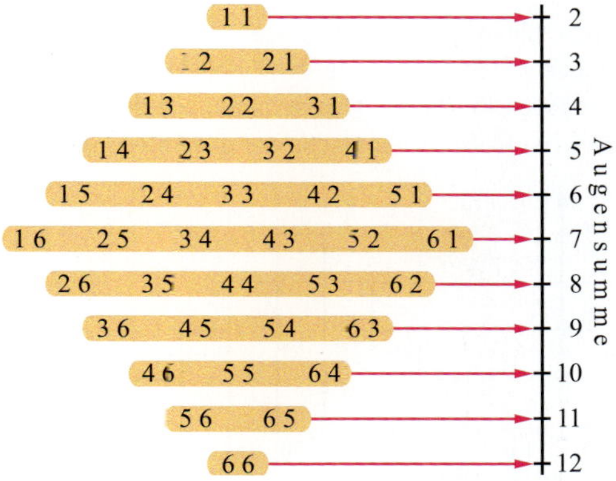

Die in der Grafik dargestellte Zuordnung (Funktion) wird als **Zufallsgröße** bezeichnet. Im Folgenden werden wir dann folgende (Kurz-)Schreibweisen benutzen, z. B.

Zufallsgröße **X:** *Augensumme beim 2fachen Würfeln*

Ereignis **X = 5:** enthält alle Ergebnisse a, für die X(a) = 5 gilt,

also X = 5 beschreibt die Ergebnisse 14, 23, 32, 41, denn X(14) = 5 und X(23) = X(32) = X(41) = 5.

Wahrscheinlichkeit **P(X = 5):** gibt die Wahrscheinlichkeit des Ereignisses X = 5 an,

also: $P(X = 5) = \frac{4}{36}$

> Eine **Zufallsgröße** X ist eine Funktion, die jedem Ergebnis eines Zufallsversuchs eine reelle Zahl zuordnet. Das Ereignis **X = k** enthält alle Ergebnisse a, für die X(a) = k gilt.
> Die Wahrscheinlichkeiten **P(X = k),** mit denen die einzelnen Werte der Zufallsgröße auftreten, gibt man oft in Tabellenform an; eine solche Tabelle, die die Zuordnung k → P(X = k) enthält, heißt (Wahrscheinlichkeits-)**Verteilung der Zufallsgröße** X.

Lassen sich die Wahrscheinlichkeiten P(X = k) durch eine gemeinsame Formel berechnen, dann beschreibt man die Verteilung von X auch mit Hilfe dieser Formel.

Beispiel:

Zufallsgröße X: *Anzahl der richtigen Tipps beim Lottospiel „6 aus 49“*

gemeinsame Formel:

$$P(X = k) = \frac{\binom{6}{k}\binom{43}{6-k}}{\binom{49}{6}}$$

k	P(X = k)
0	$\frac{\binom{6}{0}\binom{43}{6}}{\binom{49}{6}} = \frac{6\,096\,454}{13\,983\,816} = 43{,}60\%$
1	$\frac{\binom{6}{1}\binom{43}{5}}{\binom{49}{6}} = \frac{5\,775\,588}{13\,983\,816} = 41{,}30\%$
2	$\frac{\binom{6}{2}\binom{43}{4}}{\binom{49}{6}} = \frac{1\,851\,150}{13\,983\,816} = 13{,}23\%$
3	$\frac{\binom{6}{3}\binom{43}{3}}{\binom{49}{6}} = \frac{246\,820}{13\,983\,816} = 1{,}77\%$
⋮	⋮ vgl. S. 39

Da alle möglichen Ergebnisse des Zufallsversuchs erfasst werden, muss die Summe *aller Wahrscheinlichkeiten* (letzte Spalte) immer gleich 1 sein (Kontrollrechnung!).

Wahrscheinlichkeitsverteilungen können durch **Histogramme** veranschaulicht werden: Auf der horizontalen Achse werden die Werte der Zufallsgröße X abgetragen, auf der vertikalen die zugehörigen Wahrscheinlichkeiten P(X = k). Die Rechtecke haben alle die Breite 1, die Höhe der Rechtecke entspricht den Wahrscheinlichkeiten. Die Maßzahl der Fläche der gesamten Figur ist gleich 1.

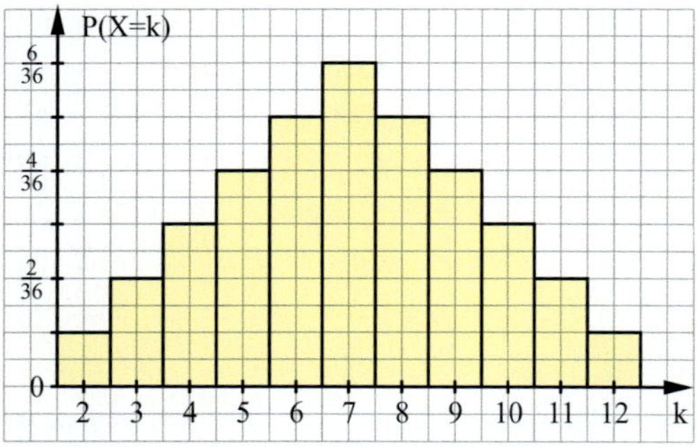

Histogramm zur Verteilung der Zufallsgröße X: *Augensumme beim 2fachen Würfeln*

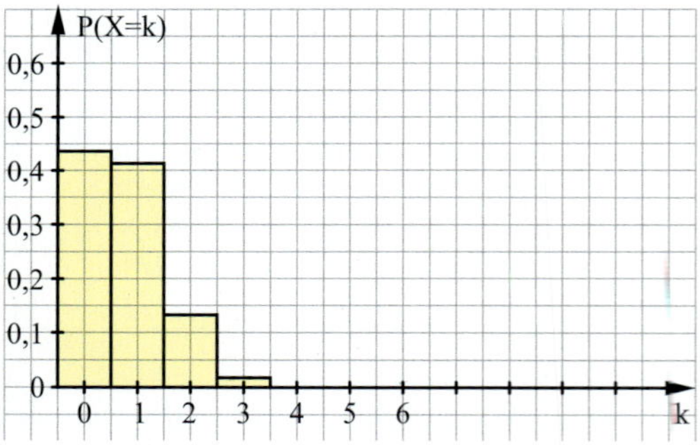

Histogramm zur Verteilung der Zufallsgröße X: *Anzahl der richtigen Tipps bei „6 aus 49“*

Aufgabe 1 – Bestimmung der Verteilung einer Zufallsgröße

Ein Würfel (reguläres Hexaeder) und ein reguläres Oktaeder werden geworfen.

a) Bestimme die Verteilung der Zufallsgröße X: *Augensumme von Hexaeder und Oktaeder* und zeichne das zugehörige Histogramm.

b) Mit welcher Wahrscheinlichkeit ist die Augensumme
(1) höchstens gleich 4 [7, 9, 12, 14],
(2) größer als 7?

Lösung

a) Analog zum Einführungsbeispiel legen wir eine Tabelle an. Bei den Ergebnissen notieren wir die Augenzahl des Hexaeders an 1. Stelle, die des Oktaeders an 2. Stelle. Das Histogramm können wir auch mithilfe des GTR zeichnen.

Augensumme	zugehörige Ergebnisse	P(X = k)
2	11	1/48
3	12, 21	2/48
4	13, 22, 31	3/48
5	14, 23, 32, 41	4/48
6	15, 24, 33, 42, 51	5/48
7	16, 25, 34, 43, 52, 61	6/48
8	17, 26, 35, 44, 53, 62	6/48
9	18, 27, 36, 45, 54, 63	6/48
10	28, 37, 46, 55, 64	5/48
11	38, 47, 56, 65	4/48
12	48, 57, 66	3/48
13	58, 67	2/48
14	68	1/48

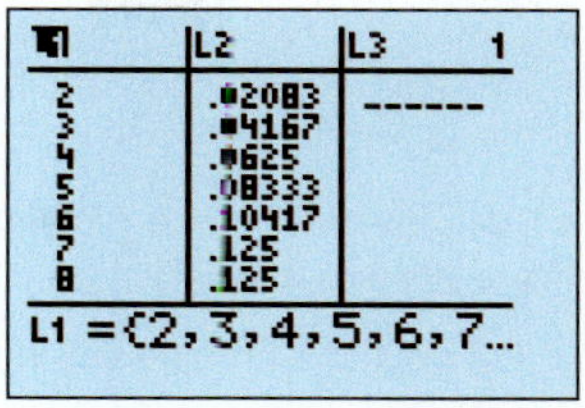

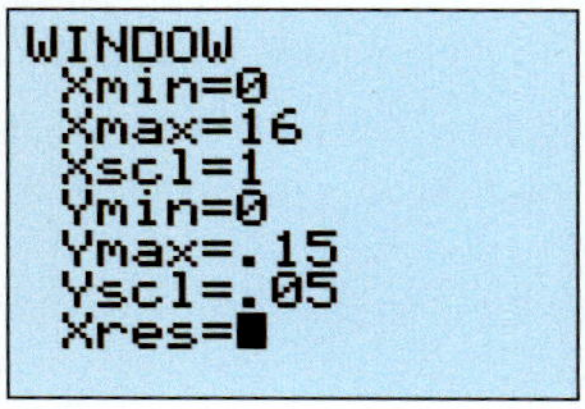

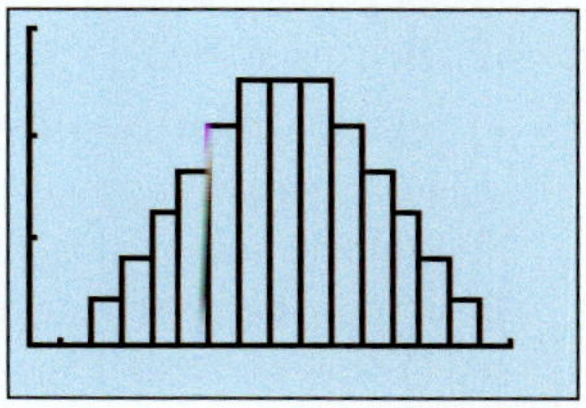

b) Um die Wahrscheinlichkeit für die angegebenen Ergebnisse zu bestimmen, müssen wir Wahrscheinlichkeiten aus der Tabelle addieren, z.B.

$P(X \leq 4) = P(X = 2) + P(X = 3) + P(X = 4)$

(1) Da wir mehrere solcher Rechnungen durchführen müssen, lohnt es sich, die o.a. Tabelle um eine Spalte zu ergänzen. Der GTR erzeugt diese Spalte mithilfe des cumSum-Befehls.

k	P(X = k)	P(X ≤ k)	
2	1/48	1/48	
3	2/48	3/48	
4	3/48	6/48	$\rightarrow P(X \leq 4) = \frac{6}{48}$
5	4/48	10/48	
6	5/48	15/48	
7	6/48	21/48	$\rightarrow P(X \leq 7) = \frac{21}{48}$
8	6/48	27/48	
9	6/48	33/48	$\rightarrow P(X \leq 9) = \frac{33}{48}$
10	5/48	38/48	
11	4/48	42/48	
12	3/48	45/48	$\rightarrow P(X \leq 12) = \frac{45}{48}$
13	2/48	47/48	
14	1/48	48/48	$\rightarrow P(X \leq 14) = \frac{48}{48} = 1$

(2) Nach der Komplementärregel ist: $P(X > 7) = 1 - P(X \leq 7) = 1 - \frac{21}{48} = \frac{27}{48}$

> Eine Tabelle mit den fortlaufend addierten Wahrscheinlichkeiten einer Verteilung heißt **kumulierte Verteilung einer Zufallsgröße.**

Übungen

1. a) Bestimme die Verteilung der Zufallsgröße X: *Augensumme beim 2fachen Wurf eines Tetraeders.* Stelle die Verteilung in einem Histogramm dar. Bestimme auch die kumulierte Verteilung von X.

b) Gib die Wahrscheinlichkeit folgender Ereignisse an: Die Augensumme ist

(1) höchstens 6
(2) kleiner als 5
(3) größer als 4
(4) mindestens 6
(5) größer als 3 und kleiner als 7
(6) mindestens 4 und höchstens 7

2. Bestimme die Verteilung der Zufallsgröße X: *Augensumme für den Wurf von regulären Polyedern.* Zeichne das zugehörige Histogramm.

a) 2 Oktaeder **b)** 2 Dodekaeder **c)** 2 Ikosaeder **d)** Tetraeder und Hexaeder **e)** 3 Tetraeder

3. Die Zufallsgröße X: *Augensumme* kann sowohl beim Werfen zweier regulärer Hexaeder als auch beim Werfen eines regulären Tetraeders und eines regulären Oktaeders die Werte k = 2, 3, 4, ..., 12 annehmen.

a) Stimmen auch die Verteilungen überein? Zeichne die Histogramme mit gleichen Einheiten auf der vertikalen Achse.

b) Welche Ereignisse sind bei welchen Polyedern eher wahrscheinlich?
(1) Augensumme 4
(2) Augensumme 7
(3) Augensumme kleiner als 7
(4) gerade Augensumme

c) Beim Werfen zweier regulärer Oktaeder können die Augensummen k = 2, 3, 4, ..., 16 auftreten; diese Augensummen sind auch beim gemeinsamen Wurf eines regulären Tetraeders und eines regulären Dodekaeders möglich.
Bestimme die Verteilung der Zufallsgröße X: *Augensumme* und zeichne Histogramme mit gleichen Einheiten auf der vertikalen Achse.

4. Bestimme die Verteilung der Zufallsgröße X.

a) X: *Summe der Augenzahlen beim 3fachen Würfeln*

b) X: *Maximum der Augenzahlen beim 2fachen Würfeln*
Beispiel: X = 3 beschreibt die Ergebnisse 13, 23, 33, 32, 31, denn 3 ist jeweils die größte Augenzahl.

c) X: *Minimum der Augenzahlen beim 2fachen Würfeln*

d) X: *Maximum der Augenzahlen beim 3fachen Würfeln*

e) X: *Unterschied der Augenzahlen beim 2fachen Würfeln*
Beispiel: X = 2 beschreibt die Ergebnisse 13, 24, 35, 46, 64, 53, 42, 31.

5. In einem Gefäß sind 30 Kugeln, die von 1 bis 30 nummeriert sind. Eine Kugel wird zufällig gezogen. Bestimme die Verteilung der Zufallsgröße: X: *Anzahl der Teiler*

6. Die Zufallsgröße X sei definiert durch X: *Quersumme einer zufällig ausgesuchten zweistelligen Zahl*

Welches Ereignis hat eine größere Wahrscheinlichkeit?

(1) *Die Quersumme ist gerade* oder *Die Quersumme ist ungerade*
(2) *Die Quersumme ist größer als 9 ($X > 9$)* oder *Die Quersumme ist kleiner als 10 ($X < 10$)*
(3) *Die Quersumme ist größer als 6 und kleiner als 13 ($6 < X < 13$)* oder *Die Quersumme ist kleiner als 7 oder größer als 12 ($X < 7 \vee X > 12$)*

7. A und B vereinbaren ein Würfelspiel: Zeigt der Würfel von A eine kleinere Augenzahl als der Würfel von B, dann muss A an B 1 € zahlen und umgekehrt. Zeigen beide Würfel gleiche Anzahl, dann gewinnt keiner.
Betrachte die Zufallsgröße X: *Gewinn in € des Spielers A in einer Spielrunde.* Die Zufallsgröße X kann also die Werte –1, 0 und +1 annehmen.
Bestimme die Verteilung der Zufallsgröße X.

8. Bei einem Knobelspiel mit einer Münze setzen die beiden Mitspieler auf *Wappen* bzw. *Zahl.* Es gewinnt derjenige, dessen Seite zuerst insgesamt dreimal auftritt.
Gib die Verteilung der Zufallsgröße X: *Anzahl der notwendigen Runden* an. Zeichne dazu ein Baumdiagramm und lies hieran die benötigten Wahrscheinlichkeiten ab.

9. Auf einem Glücksrad stehen die Zahlen 1, 2, 3. Der Zeiger bleibt auf den Feldern mit Wahrscheinlichkeit $\frac{1}{2}, \frac{1}{3}, \frac{1}{6}$ stehen.

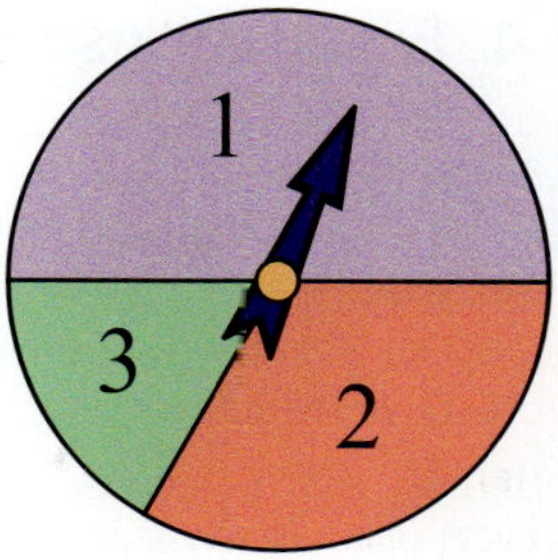

a) Das Glücksrad werde 2-mal [3-mal] gedreht. Bestimme die Verteilung der Zufallsgröße X: *Summe der Zahlen.* Zeichne hierfür das zugehörige Baumdiagramm.

b) Das Glücksrad werde so lange gedreht, bis die Summe der Zahlen größer ist als 5; das Glücksrad muss also mindestens 2-mal, höchstens aber 6-mal gedreht werden. Bestimme die Verteilung der Zufallsgröße X: *Anzahl der notwendigen Spielrunden.*

10. Ein Würfel werde so lange geworfen, bis die Augenzahl 6 fällt. Betrachte die Zufallsgröße X: *Anzahl der Würfe, bis Augenzahl 6 fällt.*

a) Begründe mit Hilfe eines geeigneten Baumdiagramms: $P(X = k) = \left(\frac{5}{6}\right)^{k-1} \cdot \frac{1}{6}$ für k = 1, 2, 3, ...

b) Lege eine Tabelle an für k = 1, 2, 3, ..., 15. Ergänze die Tabelle um eine Spalte für $P(X \leq k)$.

c) Begründe mit Hilfe des Baumdiagramms aus a), dass $P(X \leq k) = 1 - \left(\frac{5}{6}\right)^k$.

d) Wie oft muß man würfeln, damit mit einer Wahrscheinlichkeit von mehr als 90% mindestens eine Sechs gefallen ist?

11. Unter den 6 Glückszahlen einer Wochenziehung des Lottospiels „6 aus 49" können k = 0, 1, 2, ..., 6 gerade (bzw. ungerade) Zahlen sein.
Bestimme die Verteilung der Zufallsgröße X: *Anzahl der geraden Glückszahlen einer Wochenziehung.*

Begründe: Es gilt $P(X = k) = \frac{\binom{24}{k}\binom{25}{6-k}}{\binom{49}{6}}$. Zeichne das zugehörige Histogramm.

12. Beim Lottospiel „3 aus 10" werden 3 Glückszahlen gezogen. Betrachte die Zufallsgröße X: *Maximum der Glückszahlen.*
Beispiel: X = 4 beschreibt alle Ziehungsergebnisse, bei denen 4 die größte gezogene Glückszahl ist, also (1, 2, 4), (1, 3, 4), (2, 3, 4).

Begründe: $P(X = k) = \frac{\binom{k-1}{2}}{\binom{10}{3}}$ für k = 3, 4, ..., 10

13. a) Die Wahrscheinlichkeit P_1, dass die Zahl 1 als kleinste der 6 Gewinnzahlen beim Lottospiel *„6 aus 49"* gezogen wird, beträgt $P_1 = \frac{\binom{48}{5}}{\binom{49}{6}}$. Begründe dies.

b) Zeige analog zu a):
Die Wahrscheinlichkeit P_k. dass die Zahl k als kleinste der 6 Gewinnzahlen beim Lottospiel *„6 aus 49"* gezogen wird, beträgt $P_k = \frac{\binom{49-k}{5}}{\binom{49}{6}}$.

c) Die Wahrscheinlichkeiten $P_1, P_2, ..., P_{44}$ können als Wahrscheinlichkeiten einer Verteilung aufgefasst werden. Welche Zufallsgröße wird hier betrachtet?

d) Die Wahrscheinlichkeit $\overline{P}_k$, dass die Zahl k als größte der 6 Gewinnzahlen gezogen wird, ist genauso groß wie die Wahrscheinlichkeit, dass die Zahl 50 - k als kleinste gezogen wird

z. B. k = 49: $\overline{P}_{49} = \frac{\binom{48}{5}}{\binom{49}{6}} = P_1$

Begründe dies allgemein.

2.4 Erwartungswert einer Zufallsgröße

In Abschnitt 2.3 interessierten uns bei den Zufallsversuchen bestimmte Werte, die die Zufallsgrößen annehmen konnten: Augensummen, Summen von Zahlen, Anzahl von Spielrunden. Jede dieser Zufallsgrößen beschreibt einen Zufallsversuch unter einem bestimmten Aspekt; zu ein und demselben Zufallsversuch können verschiedene Zufallsgrößen betrachtet werden. Die Verteilungen der Zufallsgrößen geben Auskunft darüber, wie häufig die einzelnen Werte auftreten werden.

Wirft man z. B. 60-mal zwei Würfel, dann wird man ungefähr 10-mal die Augensumme 7 haben, denn $P(X = 7) = \frac{6}{36} = \frac{1}{6}$, Häufigkeitsinterpretation: $60 \cdot \frac{1}{6} = 10$.

Ungefähr 27-mal wird eine Augensumme zwischen 6 und 8 einschließlich auftreten, denn $P(6 \leq X \leq 8) = P(X = 6) + P(X = 7) + P(X = 8) = \frac{16}{36}$, Häufigkeitsinterpretation: $60 \cdot \frac{16}{36} \approx 27$.

Wir wollen uns nun mit der Frage beschäftigen, welche Werte *im Mittel* auftreten werden.

Beispiel 1: Augensumme beim 2fachen Würfeln

Da das Histogramm der Verteilung der Zufallsgröße X symmetrisch ist zu k = 7, erwarten wir im Mittel die Augensumme 7; Augensumme 6 wird ausgeglichen durch Augensumme 8, die mit denselben Wahrscheinlichkeiten auftreten, Augensumme 5 durch Augensumme 9 usw.

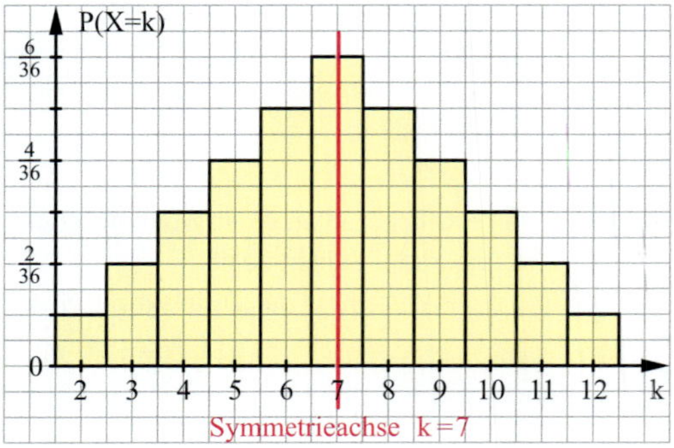

Beispiel 2: Augenzahl beim 1fachen Würfeln

Die Verteilung ist symmetrisch zu k = 3,5, ein Wert, der gar nicht als Ergebnis des Zufallsversuchs auftreten kann. Trotzdem können wir sagen: Der Mittelwert der Augenzahlen ist 3,5.

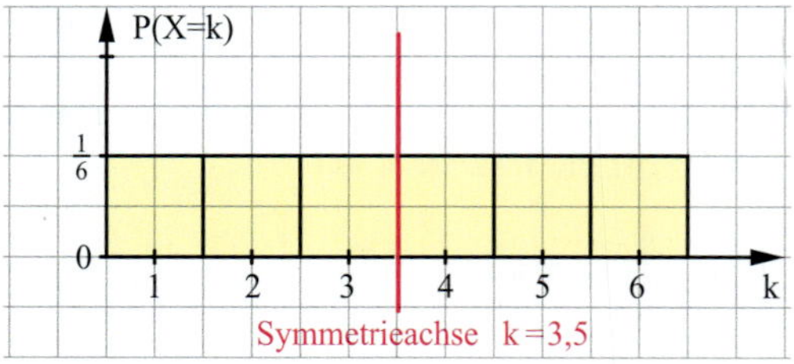

Beispiel 3: Mittlerer Gewinn

Auf den Sektoren eines Glücksrades steht, welchen Betrag (in €) man gewinnt, wenn der Zeiger auf diesem Feld stehen bleibt. Welcher Betrag wird im Mittel ausgezahlt?

Wir lesen ab, dass die Zufallsgröße X: *Gewinn in €* folgende Verteilung hat:

k	P(X = k)
0	$\frac{3}{12}$
1	$\frac{5}{12}$
2	$\frac{3}{12}$
4	$\frac{1}{12}$

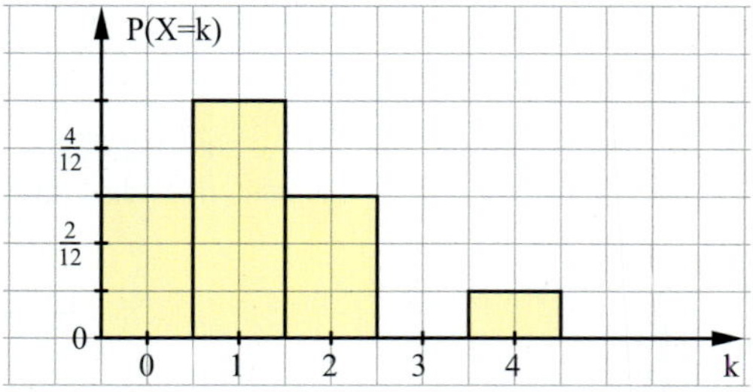

Das zugehörige Histogramm ist nicht symmetrisch. Wo liegt hier der Mittelwert?

Mit Hilfe der Häufigkeitsinterpretation überlegen wir: Bei z.B. n = 120 Versuchsdurchführungen werden ungefähr 30-mal 0 €, 50-mal 1 €, 30-mal 2 € und 10-mal 4 € ausgezahlt, insgesamt 150 €, d.h. im Mittel pro Spiel 1,25 € !

Wir erhalten denselben Mittelwert, wenn wir eine andere Anzahl n von Versuchsdurchführungen betrachten, denn zuerst (bei der Häufigkeitsinterpretation) multiplizieren wir die einzelnen Wahrscheinlichkeiten mit der Anzahl n, am Ende der Rechnung dividieren wir die Summe wieder durch n, um den Mittelwert zu erhalten. Das führt zur nebenstehenden vereinfachten Rechnung.

k	$P(X = k)$	$k \cdot P(X = k)$
0	$\frac{3}{12}$	0
1	$\frac{5}{12}$	$\frac{5}{12}$
2	$\frac{3}{12}$	$\frac{6}{12}$
4	$\frac{1}{12}$	$\frac{4}{12}$
Summe:	$\frac{12}{12} = 1$	$\frac{15}{12} = 1{,}25$

Kontrollrechnung

Beispiel 4: Mittelwert von Häufigkeitsverteilungen

Die in Beispiel 3 erläuterte Berechnung des Mittelwerts zu einer Wahrscheinlichkeitsverteilung kennen wir aus der Mittelwertbestimmung einer empirischen *Häufigkeitsverteilung,* z.B. entnehmen wir den Fußballstatistiken, wie viele von den 306 Spielen der Spielzeit 2006/2007 mit k = 0, 1, 2, ... Toren ausgegangen sind.

Anzahl der Tore k	Anzahl der Spiele mit k Toren	jeweilige Gesamtzahl der Tore
0	24	0
1	45	45
2	76	152
3	68	204
4	50	200
5	27	135
6	12	72
7	3	21
8	1	8
Summe:	306 Spiele	837 Tore

Im Mittel fielen also $\frac{837}{306} \approx 2{,}7$ Tore pro Spiel. Ersetzt man in der mittleren Spalte die *„Anzahl der Spiele“* durch den *„Anteil der Spiele“,* also z.B. 24 durch $\frac{24}{306}$, dann erhalten wir denselben Mittelwert 2,7 direkt aus der letzten Spalte der Tabelle.

$$\frac{24 \cdot 0 + 45 \cdot 1 + \ldots + 3 \cdot 7 + 1 \cdot 8}{306} = \frac{837}{306} \approx 2{,}7$$

$$\frac{24}{306} \cdot 0 + \frac{45}{306} \cdot 1 + \ldots + \frac{3}{306} \cdot 7 + \frac{1}{306} \cdot 8 \approx 2{,}7$$

Der Mittelwert der Verteilung kann auch mithilfe eines GTR berechnet werden:

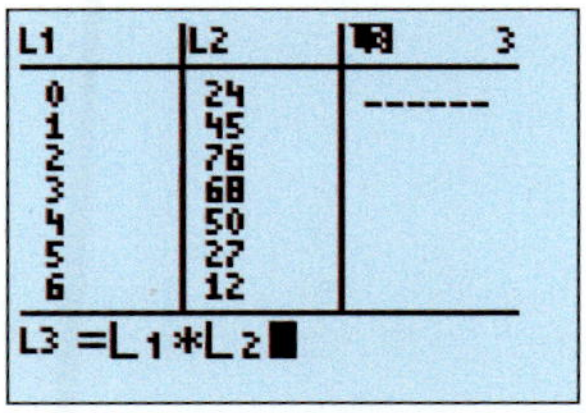

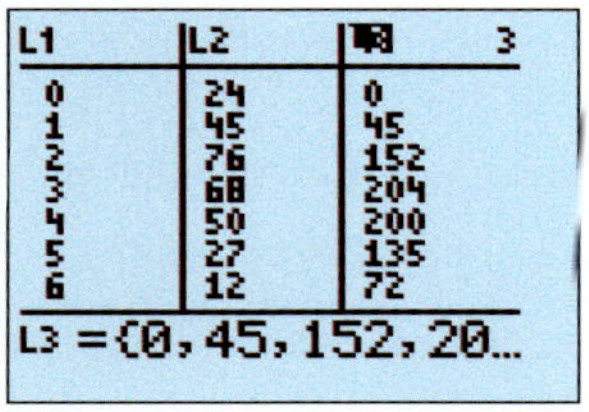

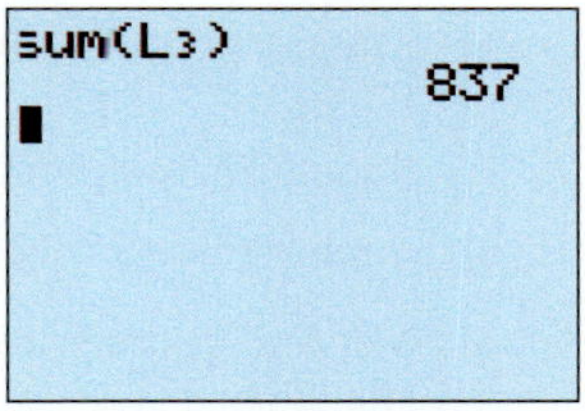

Kann eine Zufallsgröße X die Werte $a_1, a_2, \ldots, a_m$ annehmen, dann heißt die Summe von Produkten

$a_1 \cdot P(X = a_1) + a_2 \cdot P(X = a_2) + \ldots + a_m \cdot P(X = a_m)$

Erwartungswert der Zufallsgröße X und wird mit E(X) oder auch mit μ (lies: mü) bezeichnet. Die Berechnung erfolgt am einfachsten mit Hilfe der Verteilungstabelle.
Der Erwartungswert einer Zufallsgröße ist ein Wert, den man bei häufiger Versuchsdurchführung ungefähr als Mittelwert erhalten wird (Häufigkeitsinterpretation).

a_i	$P(X = a_i)$	$a_i \cdot P(X = a_i)$
a_1	$P(X = a_1)$	$a_1 \cdot P(X = a_1)$
a_2	$P(X = a_2)$	$a_2 \cdot P(X = a_2)$
⋮	⋮	⋮
a_m	$P(X = a_m)$	$a_m \cdot P(X = a_m)$
	1	E(X)

Übungen

1. **a)** Bestimme den Erwartungswert der Zufallsgröße X: *Augenzahl beim 1fachen Würfeln mit einem Hexaeder.*
Wie ergibt sich hieraus der Erwartungswert der Zufallsgröße Y: *Augensumme beim 2fachen Würfeln?*

b) Bestimme die Erwartungswerte der Augenzahlen beim 1fachen Werfen eines regulären Tetraeders, Oktaeders, Dodekaeders, Ikosaeders. Leite hieraus ab, wie groß die Erwartungswerte für die jeweilige Augensumme beim 2fachen [3fachen] Werfen sind.

2. **a)** A und B werfen drei Münzen. Für jedes Wappen, das oben liegt, zahlt A an B 1 €. Bestimme die Verteilung der Zufallsgröße X: *Betrag (in €), den A an B zahlt* sowie den Erwartungswert E(X).

b) Ein Spiel wird als *fair* bezeichnet, wenn der *mittlere Gewinn* 0 € ist; B muss also vor dem Spiel einen entsprechenden Einsatz an A zahlen. Wie hoch ist dieser Einsatz?
Notiere jetzt auch die (veränderte) Verteilung der Zufallsgröße Y: *Gewinn von B (in €),* die diesen Einsatz berücksichtigt. Zeige: E(Y) = 0.

3. **a)** A und B vereinbaren ein Würfelspiel mit zwei Würfeln. Falls mindestens ein Würfel die Augenzahl 5 oder 6 zeigt, zahlt B an A 1 €, sonst zahlt A an B.
Ist dies eine *faire* Spielregel? Mit welchem Gewinn kann Spieler A pro Spiel rechnen?

b) Wird die Spielregel in a) fairer, wenn man mit drei Würfeln spielt?

4. In einem Karton sind 6 Lämpchen, davon sind 3 defekt. Wie oft muss man im Mittel ziehen (ohne Zurücklegen) bis man

(1) ein brauchbares Lämpchen, (2) zwei brauchbare Lämpchen gezogen hat?

5. A und B vereinbaren, eine Münze so lange zu werfen, bis Wappen erscheint, maximal jedoch 5-mal.
A zahlt an B für jeden notwendigen Wurf 1 €; ist nach dem 5. Wurf noch kein Wappen eingetreten, muss A 7 € bezahlen.
Wie groß muss der Einsatz von B sein, damit die Spielregel fair ist?

6. In einer Lotterie gewinnt man mit 5% der Lose 10 €, mit 10% 5 € und mit 20% der Lose 1 €. Was müssen die Lose kosten, damit der Lotterieveranstalter

a) insgesamt keinen Gewinn hat,

b) im Mittel pro Los 0,50 € verdient?

7. Für ein Schulfest soll ein Glücksrad gebaut werden, mit dem ein faires Spiel möglich ist.

a) Welcher Einsatz ist beim Glücksrad 1 bzw. 2 notwendig?

b) Wie viele Sektoren müssen beim Glücksrad 3 die Aufschrift „1“ (€) bzw. „3“ (€) tragen, damit das Spiel bei einem Einsatz von 1 € ein faires Spiel ist?

Glücksrad 1

Glücksrad 2

Glücksrad 3

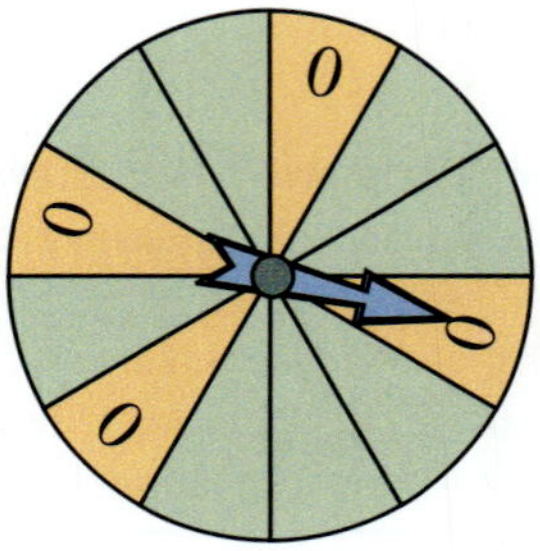

8. Mit Hilfe der Sterbetafel von Seite 11 lässt sich die *mittlere Lebenserwartung* abschätzen.
P(X = k) sei die Wahrscheinlichkeit, dass eine zufällig ausgesuchte Person das Alter k, aber nicht mehr das Alter k + 5 bzw. k + 10 erreicht.

Für männliche Personen ergibt sich dann Verteilung und Erwartungswert wie in der Tabelle rechts.

Bestimme Verteilung und Erwartungswert für weibliche Personen.

k	P(X = k)	k · P(X = k)
0	0,00574	0,000
10	0,00281	0,028
20	0,00643	0,129
30	0,00931	0,279
40	0,02634	1,054
50	0,02643	1,322
55	0,03831	2,107
60	0,05493	3,296
65	0,07877	5,120
70	0,11413	7,989
75	0,15156	11,367
80	0,17857	14,286
85	0,16204	13,773
90	0,10346	9,311
95	0,03503	3,328
100	(<) 0,00614	(<) 0,614
105	...	...
		E(X) > 74,002

9. Schätze wie in Übung 8 die frühere mittlere Lebenserwartung für männliche (weibliche) Personen; verwende die Tabelle auf S. 12.

10. Eine Haftpflichtversicherung stellt fest, dass 80 % der Versicherungsnehmer in den letzten drei Jahren keine Schadensmeldung abgegeben haben, 15 % eine, 3 % zwei und je 1 % drei bzw. vier Schadensmeldungen. Angenommen, die Verteilung bei den Schadensmeldungen bleibt gleich:

Mit wie vielen Schadensmeldungen pro Versicherungsnehmer wird die Versicherung in den nächsten drei Jahren rechnen können?

11. In einem Volleyballturnier treffen zwei gleich starke Mannschaften aufeinander.
Ein *Match* gilt als gewonnen, wenn eine Mannschaft drei (zwei) Spiele zu ihren Gunsten entscheidet.
Bestimme den Erwartungswert für die Anzahl der durchzuführenden Spiele.

12. Bei einem Wettspiel wird vereinbart, dass die Mannschaft gewonnen hat, die zuerst 5 Punkte errungen hat. Beim Stand von 3 : 2 für eine Mannschaft muss das Spiel unterbrochen werden. Man einigt sich darauf, den Preis, den der Sieger erhalten sollte, entsprechend den Chancen aufzuteilen. Dazu soll für die restlichen Spielrunden eine Münze geworfen werden.

a) Bestimme die Wahrscheinlichkeit, dass die erste bzw. die zweite Mannschaft gewonnen hätte.

b) Bestimme den Erwartungswert für die Anzahl der ausstehenden Spielrunden.

c) Bestimme die Wahrscheinlichkeit für den Sieg der ersten Mannschaft bzw. den Erwartungswert der Anzahl der ausstehenden Spielrunden, wenn das Spiel beim Stand von 4 : 2 [3 : 1; 4 : 3] für die erste Mannschaft abgebrochen wird.

13. a) Beim Zahlenlotto *„6 aus 49"* kann man in jeder Tippreihe 0, 1, 2, ..., 6 Richtige haben. Wie viele Richtige kann man im Mittel erwarten?

b) In den einzelnen Gewinnrängen konnte man im vergangenen Jahr durchschnittlich die nebenstehenden Beträge gewinnen. Bestimme den Erwartungswert des Auszahlungsbetrags.
(Hinweis: Entnimm die Wahrscheinlichkeiten aus der Tabelle auf S. 39.)

6 Richtige	493956,00 €
5 Richtige mit Zusatzzahl	47084,84 €
5 Richtige	2864,12 €
4 Richtige mit Zusatzzahl	172,55 €
4 Richtige	41,63 €
3 Richtige mit Zusatzzahl	25,23 €
3 Richtige	10,04 €

Kapitel 3 | Binomialverteilungen

3.1 Bernoulli-Versuche

Im Folgenden werden wir fast ausschließlich einen Typ von Zufallsversuchen betrachten, der eine besonders einfache Struktur besitzt:

Bei **Bernoulli-Versuchen** unterscheiden wir (willkürlich) nur zwei Ergebnisse; das eine nennen wir Erfolg, das andere Misserfolg. Wichtig ist, dass sich bei einem mehrstufigen Zufallsversuch die Wahrscheinlichkeit für einen Erfolg bzw. Misserfolg von Stufe zu Stufe *nicht* verändert; d. h. das Ergebnis einer Versuchsdurchführung hat keinen Einfluss auf das Ergebnis der nächsten Stufe.
Die Wahrscheinlichkeit für einen Erfolg wird als **Erfolgswahrscheinlichkeit p** bezeichnet, die Wahrscheinlichkeit für einen Misserfolg als **Misserfolgswahrscheinlichkeit q**, wobei $q = 1 - p$.

Viele Zufallsversuche lassen sich als Bernoulli-Versuche auffassen: Man betrachtet von verschiedenen Ausprägungen eines Merkmals nur *eine* Ausprägung und bezeichnet diese als *Erfolg,* wenn sie auftritt; alle übrigen Ausprägungen werden (zusammengefasst) als *Misserfolg* angesehen.

Jacob Bernoulli (1654–1705)

Beispiel 1: Zu Beginn des Spiels „Mensch ärgere Dich nicht“ wünscht man, *Augenzahl 6* zu würfeln. Später kommt es vor, dass *Augenzahl 1* oder *Augenzahl kleiner 4* von Interesse ist. Entsprechend wird man das eine oder das andere als *Erfolg* ansehen.

Beispiel 2: Untersucht man die Blutgruppenzugehörigkeit von Personen einer Bevölkerungsgruppe, dann kann einmal die Blutgruppe A, ein andermal die Blutgruppe B oder 0 oder AB von Interesse sein. Man wird dann das Auftreten der einen oder der anderen Blutgruppe je nach Bedarf als *Erfolg* bezeichnen.

Beispiel 3: In Geburtsstatistiken bestimmt man die relativen Häufigkeiten für Jungengeburten, um die Wahrscheinlichkeit für eine Jungengeburt zu schätzen. Die Bezeichnungen Erfolg und Misserfolg sind auch hier willkürliche Zuordnungen.

Da es bei Bernoulli-Versuchen nur darauf ankommt, ob ein bestimmtes Ergebnis *(Erfolg)* auftritt oder nicht, interessiert uns bei n-stufigen Bernoulli-Versuchen vor allem, wie viele Erfolge eingetreten sind oder eintreten werden, d. h. im Allgemeinen betrachten wir die Zufallsgröße:

X: *Anzahl der Erfolge beim n-stufigen Bernoulli-Versuch mit Erfolgswahrscheinlichkeit p*

Aufgabe 1 – Ereignisse bei Bernoulli-Versuchen

Betrachte die folgenden 3-stufigen Zufallsversuche:

(1) Eine Münze werde 3-mal geworfen. *Wappen* werde als Erfolg angesehen.

(2) Ein Würfel werde 3-mal geworfen. *Augenzahl 6* werde als Erfolg angesehen.

a) Begründe: Beide Zufallsversuche sind 3-stufige Bernoulli-Versuche und können mit dem gleichen Baumdiagramm dargestellt werden.

Zeichne dieses Baumdiagramm; unterscheide die Ergebnisse E (Erfolg) und M (Misserfolg).

b) Welche Wahrscheinlichkeiten haben die einzelnen Pfade?

c) Bestimme die Verteilung der Zufallsgröße X: *Anzahl der Erfolge beim 3-stufigen* BERNOULLI-*Versuch mit Erfolgswahrscheinlichkeit p* allgemein bzw. speziell im Falle (1), (2).

Zeichne die zugehörigen Histogramme.

Lösung

a) (1) Beim 3fachen Münzwurf unterscheiden wir auf jeder Stufe Wappen (Erfolg) und Zahl (Misserfolg); die Wahrscheinlichkeit für einen Erfolg verändert sich von Stufe zu Stufe nicht; es gilt immer $p = \frac{1}{2}$ (und $q = \frac{1}{2}$).

(2) Beim 3fachen Würfeln hat das Auftreten einer 6 (Erfolg) auf einer Stufe keinen Einfluss auf die nächste Stufe; tritt eine andere Augenzahl als 6 auf, sehen wir dies als Misserfolg an; hier ist $p = \frac{1}{6}$ und $q = 1 - \frac{1}{6} = \frac{5}{6}$.

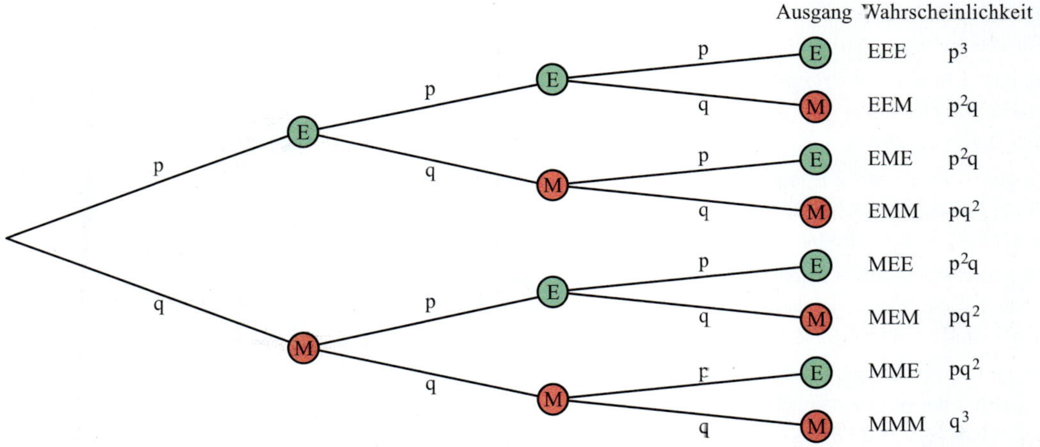

b) Der Pfad mit 3 Erfolgen hat die Wahrscheinlichkeit p^3, die Pfade mit 2 Erfolgen jeweils die Wahrscheinlichkeit p^2q, die Pfade mit 1 Erfolg jeweils die Wahrscheinlichkeit pq^2, der Pfad mit lauter Misserfolgen hat die Wahrscheinlichkeit q^3.

c)

Anzahl k der Erfolge	Zugehörige Ergebnisse	P(X = k) allgemein	P(X = k) (1) Münzwurf	P(X = k) (2) Würfeln
0	MMM	q^3	$\left(\frac{1}{2}\right)^3 = \frac{1}{8}$	$\left(\frac{5}{6}\right)^3 = \frac{125}{216}$
1	EMM,MEM,MME	$3pq^2$	$3 \cdot \left(\frac{1}{2}\right)^3 = \frac{3}{8}$	$3 \cdot \frac{1}{6} \cdot \left(\frac{5}{6}\right)^2 = \frac{75}{216}$
2	EEM,EME,MEE	$3p^2q$	$3 \cdot \left(\frac{1}{2}\right)^3 = \frac{3}{8}$	$3 \cdot \left(\frac{1}{6}\right)^2 \cdot \frac{5}{6} = \frac{15}{216}$
3	EEE	p^3	$\left(\frac{1}{2}\right)^3 = \frac{1}{8}$	$\left(\frac{1}{6}\right)^3 = \frac{1}{216}$

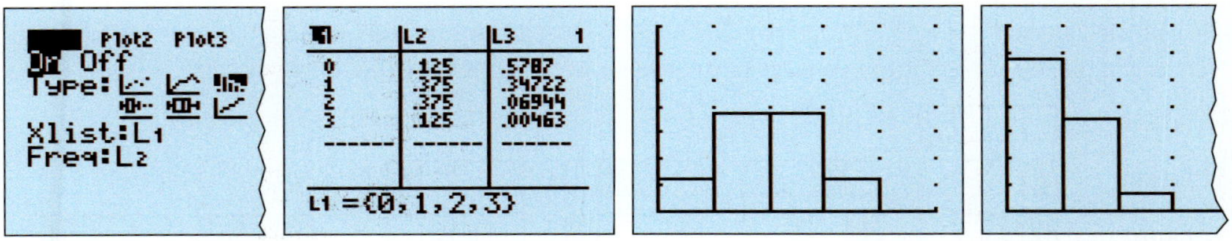

Aufgabe 2 – Term für die Berechnung von Wahrscheinlichkeiten

Ein Reißnagel werde 4-mal geworfen; die Lage ⊥ werde als Erfolg angesehen; die Erfolgswahrscheinlichkeit sei $p = 0{,}4$.

a) Stelle den Zufallsversuch im Baumdiagramm dar. Welche Wahrscheinlichkeit hat ein Pfad mit k Erfolgen? Wie viele Pfade gibt es mit k Erfolgen? ($k = 0, 1, \ldots, 4$)
Woher sind diese Anzahlen bekannt? Welche kombinatorische Frage steckt dahinter?

b) Gib die Verteilung der Zufallsgröße X: *Anzahl der Erfolge* an und zeichne ein Histogramm.

c) Verallgemeinere die Überlegungen für einen beliebigen n-stufigen BERNOULLI-Versuch mit Erfolgswahrscheinlichkeit p. Stelle eine Formel auf.

Lösung

a) Mit Hilfe der Pfadmultiplikationsregel berechnen wir die Wahrscheinlichkeiten der einzelnen Pfade. Wir stellen fest:

Es gibt 1 Pfad mit 4 Erfolgen; dieser hat die Wahrscheinlichkeit:
$p^4 = 0{,}4^4 = 0{,}0256$

Es gibt 4 Pfade mit 3 Erfolgen; jeder dieser Pfade hat die Wahrscheinlichkeit:
$p^3 q = 0{,}4^3 \cdot 0{,}6 = 0{,}0384$

Es gibt 6 Pfade mit 2 Erfolgen; jeder dieser Pfade hat die Wahrscheinlichkeit:
$p^2 q^2 = 0{,}4^2 \cdot 0{,}6^2 = 0{,}0576$

Es gibt 4 Pfade mit 1 Erfolg; jeder dieser Pfade hat die Wahrscheinlichkeit:
$p q^3 = 0{,}4 \cdot 0{,}6^3 = 0{,}0864$

Es gibt 1 Pfad mit 0 Erfolgen (lauter Misserfolge); dieser Pfad hat die Wahrscheinlichkeit:
$q^4 = 0{,}6^4 = 0{,}1296$

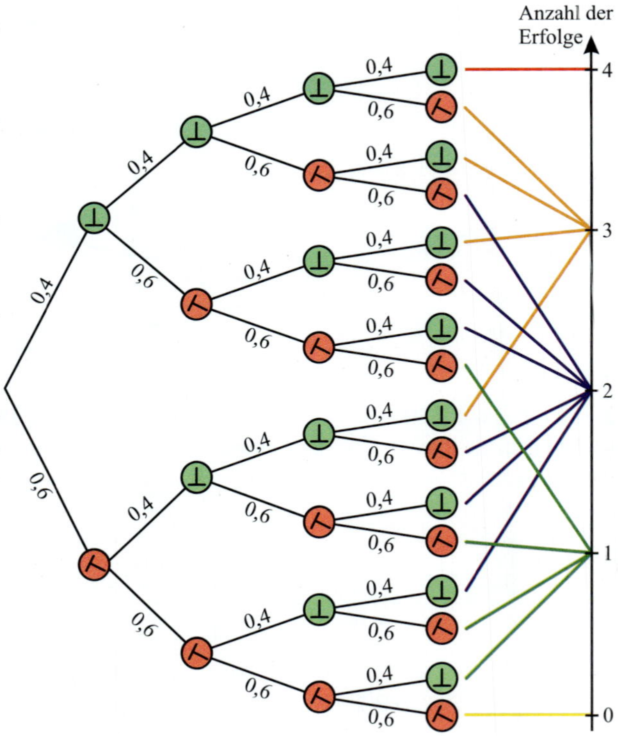

Die Anzahl der Pfade, die jeweils zu den Ereignissen X = 4, 3, 2, 1, 0 gehören, kennen wir aus der 4. Zeile des PASCALschen Dreiecks:

Es sind die Zahlen: $\binom{4}{4} = 1$, $\binom{4}{3} = 4$, $\binom{4}{2} = 6$, $\binom{4}{1} = 4$ und $\binom{4}{0} = 1$. Diese Anzahlen geben an, wie viele Möglichkeiten es gibt, bei einem 4-stufigen Versuch k Stufen auszuwählen, auf denen ein Erfolg eintritt:

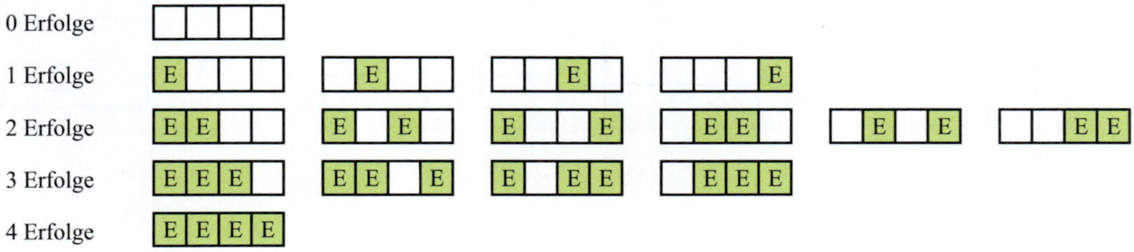

b)

k	P(X = k)
0	$1 \cdot q^4 = 0{,}1296$
1	$4 \cdot pq^3 = 0{,}3456$
2	$6 \cdot p^2q^2 = 0{,}3456$
3	$4 \cdot p^3q = 0{,}1536$
4	$1 \cdot p^4 = 0{,}0256$

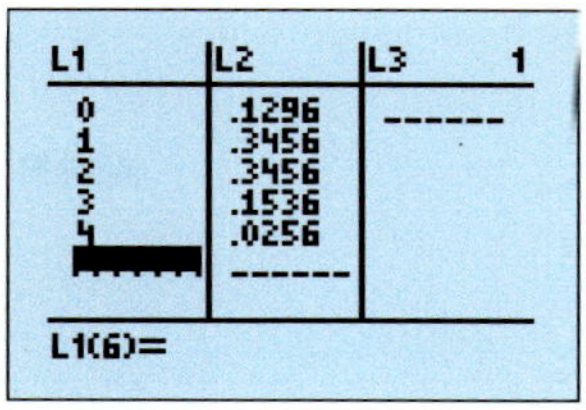

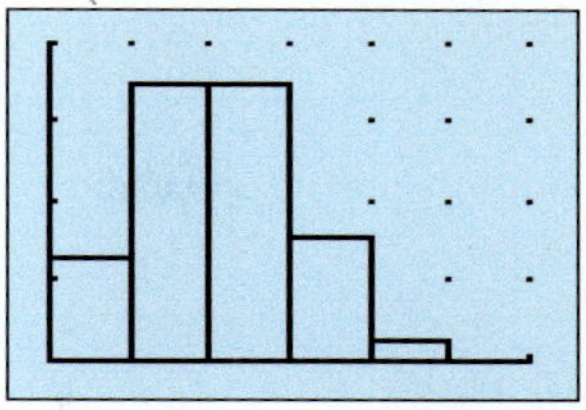

c) Bei einem n-stufigen BERNOULLI-Versuch mit Erfolgswahrscheinlichkeit p hat gemäß Pfadmultiplikationsregel ein Pfad mit k Erfolgen (und n − k Misserfolgen) die Wahrscheinlichkeit $p^k q^{n-k}$.
Es gibt $\binom{n}{k}$ solcher Pfade mit k Erfolgen, denn es gibt $\binom{n}{k}$ Möglichkeiten, k der n Stufen auszuwählen, auf denen ein Erfolg eintritt. Daher gilt:

Wahrscheinlichkeit bei BERNOULLI-Versuchen

Die Wahrscheinlichkeit für k Erfolge bei einem n-stufigen BERNOULLI-Versuch mit Erfolgswahrscheinlichkeit p (und Misserfolgswahrscheinlichkeit q = 1 − p) ist:

$P(X = k) = \binom{n}{k} p^k q^{n-k}$ (k = 0, 1, 2, …, n)

Aufgabe 3 – Zusammenhang mit den binomischen Formeln

a) Bestimme die Verteilung der Zufallsgröße X für einen 3-stufigen BERNOULLI-Versuch mit der Erfolgswahrscheinlichkeit p = 0,4.

b) Welcher Zusammenhang besteht mit dem Term $(0{,}6 + 0{,}4)^3$?

c) Welcher Zusammenhang besteht für beliebiges n und beliebiges p?

Lösung

a)

k	P(X = k)
0	$1 \cdot 0{,}4^0 \cdot 0{,}6^3 = 0{,}216$
1	$3 \cdot 0{,}4^1 \cdot 0{,}6^2 = 0{,}432$
2	$3 \cdot 0{,}4^2 \cdot 0{,}6^1 = 0{,}288$
3	$1 \cdot 0{,}4^3 \cdot 0{,}6^0 = 0{,}064$

b) In der rechten Spalte stehen genau die Terme, die man auch erhält, wenn man den binomischen Term $(0{,}6 + 0{,}4)^3$ ausrechnet.

$(0{,}6 + 0{,}4)^3$
$= 1 \cdot 0{,}6^3 \cdot 0{,}4^0 + 3 \cdot 0{,}6^2 \cdot 0{,}4^1$
$+ 3 \cdot 0{,}6^1 \cdot 0{,}4^2 + 1 \cdot 0{,}6^0 \cdot 0{,}4^3$

c) Die Entwicklung des Terms $(p + q)^n$ als Summe entspricht der Verteilung der Zufallsgröße X:

k	P(X = k)
0	$\binom{n}{0} p^0 q^n$
1	$\binom{n}{1} p^1 q^{n-1}$
2	$\binom{n}{2} p^2 q^{n-2}$
3	$\binom{n}{3} p^3 q^{n-3}$
⋮	⋮
n − 1	$\binom{n-1}{n} p^{n-1} q^1$
n	$\binom{n}{n} p^n q^0$

Die Verteilungen von BERNOULLI-Versuchen heißen daher **Binomialverteilungen:**

Die zu einem n-stufigen BERNOULLI-Versuch mit der Erfolgswahrscheinlichkeit p gehörige Verteilung heißt **Binomialverteilung mit den Parametern n und p**. Die zugehörige Zufallsgröße *X* heißt **binomialverteilt**.

Mit dem Befehl binompdf erhält man nach Eingabe von Werten für die Parameter n und p die zugehörige Binomialverteilung im GTR.

Übungen

1. Beschreibe den Zufallsversuch so, dass er als Bernoulli-Versuch interpretiert werden kann. Gib gegebenenfalls die Anzahl der Stufen n und die (eine) Erfolgswahrscheinlichkeit p an.

(1) 10 Münzen werden gleichzeitig geworfen.
(2) Bei 10 Glühbirnen wird die Lebensdauer überprüft.
(3) 100 Personen werden befragt, welche Partei sie wählen würden, wenn am nächsten Sonntag Wahlen wären.
(4) In einem Krankenhaus werden im Jahr 320 Kinder geboren.
(5) Am Ende eines Fließbandes werden Geräte auf ihre Funktionsfähigkeit hin überprüft.
(6) Claudia kreuzt beim Lottotipp immer ihre Lieblingszahl an und hofft darauf, dass sie bei der Wochenziehung gezogen wird.

2. Eine Münze werde 5-mal geworfen.

a) Bestimme die Verteilung der Zufallsgröße X: *Anzahl der Wappen* sowie deren kumulierte Verteilung.

b) Mit welcher Wahrscheinlichkeit hat man
(1) höchstens 3-mal Wappen, (3) mindestens 1-mal Wappen,
(2) weniger als 3-mal Wappen, (4) mehr als 1-mal Wappen?

3. Untersuche den Zusammenhang mit den binomischen Formeln: Das Baumdiagramm rechts lässt sich wie folgt interpretieren:

Um $(a + b)^4$ auszurechnen, muss man die Klammern $(a + b)\,(a + b)\,(a + b)\,(a + b)$ ausmultiplizieren.

Welcher Zusammenhang besteht mit einem Bernoulli-Versuch?

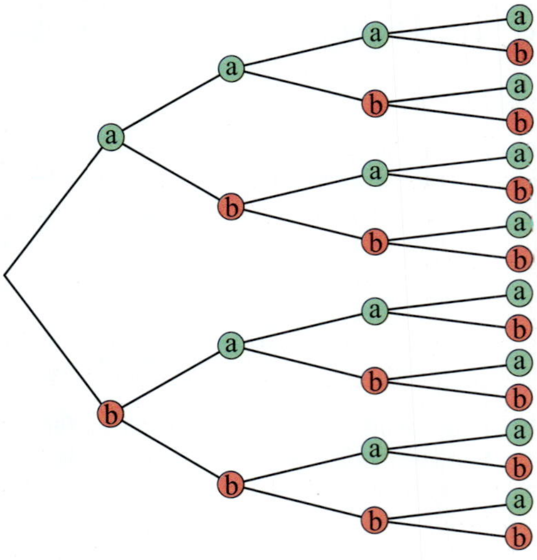

4. Ein reguläres Tetraeder werde 6-mal geworfen.

a) Bestimme die Verteilung der Zufallsgröße X: *Anzahl der Einsen.*
Zeichne das zugehörige Histogramm.

b) Welche Wahrscheinlichkeit hat das Ereignis
(1) mindestens eine Eins, (3) höchstens 5 Einsen,
(2) mehr als 3 Einsen, (4) lauter Einsen?

5. Wenn man eine Münze viermal wirft, kann man nach dem 3. Wurf den Zwischenstand feststellen.

a) Welche Situation muss nach dem 3. Wurf gegeben sein, damit nach dem 4. Wurf
(1) dreimal Wappen (2) nullmal (viermal) Wappen vorliegt?
Gib jeweils die Wahrscheinlichkeit für das Ereignis nach dem 3. bzw. 4. Wurf an.

b) Beschreibe jeweils den Zusammenhang mit dem Aufbau des Pascalschen Dreiecks.

c) Erläutere analog zu a), b): Wie kommt es zu 7-mal Wappen beim 10fachen Münzwurf?

6. Bestimme die Binomialverteilung für

a) $n = 4$ und $p = 0{,}3$;
b) $n = 5$ und $p = 0{,}4$;
c) $n = 6$ und $p = 0{,}6$;
d) $n = 7$ und $p = 0{,}75$.

7. Das Diagramm im Bild links beschreibt einen 5-stufigen BERNOULLI-Versuch. Erläutere dies.

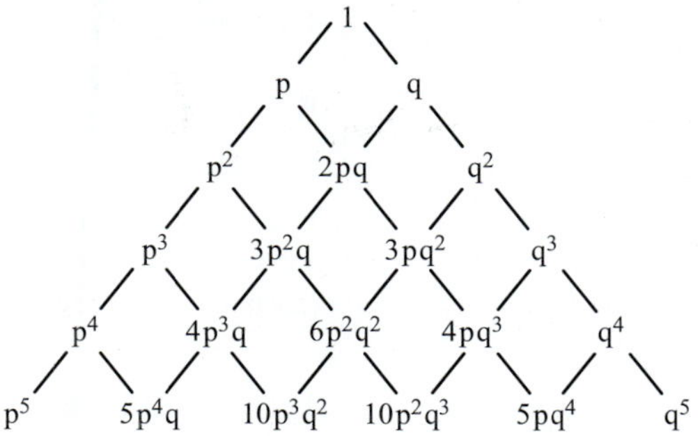

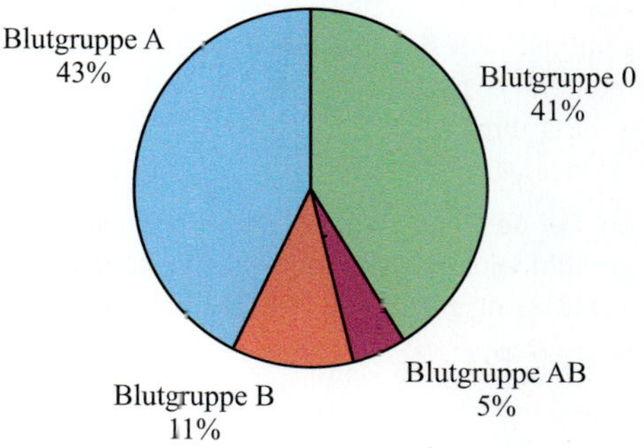

8. In Mitteleuropa sind die Blutgruppen verteilt wie im Kreisdiagramm oben rechts dargestellt. 5 Personen werden zufällig ausgewählt und deren Blutgruppe bestimmt.

Mit welcher Wahrscheinlichkeit sind hierunter

(1) 3 Personen mit Blutgruppe A,
(2) mehr als 1 Person mit Blutgruppe 0,
(3) 4 Personen, die nicht Blutgruppe B haben,
(4) keine Person mit Blutgruppe AB?

9. Entwickle den binomischen Term und interpretiere die Summanden:

a) $(p + q)^6$ **b)** $(0{,}5 + 0{,}5)^8$ **c)** $\left(\frac{1}{6} + \frac{5}{6}\right)^9$

3.2 Anwendung der Binomialverteilung

Wesentliche Voraussetzung für die Anwendung eines **Binomialmodells**, d. h. die Berechnung von Wahrscheinlichkeiten nach Binomialansatz, ist die Konstanz der Wahrscheinlichkeit für ein bestimmtes interessierendes Ergebnis; dies schließt ein, dass die einzelnen Stufen voneinander *unabhängig* sind.

Aufgabe 1 – BERNOULLI-Versuche und Ziehen ohne Zurücklegen

Eine Schule wird von 500 Schülerinnen und 500 Schülern besucht; für ein Interview sollen davon 8 ausgewählt werden. Die Auswahl geschieht

(1) als Ziehen ohne Wiederholung, indem willkürlich 8 Karteikarten aus der Schülerdatei herausgegriffen werden,

(2) als Ziehen mit Wiederholung, indem der Zufallsgenerator des Schulcomputers 8-mal unabhängig voneinander eine Person aus der Schülerdatei auswählt.

Wie groß ist in den Fällen (1) bzw. (2) die Wahrscheinlichkeit, dass bei der Auswahl genauso viele Mädchen wie Jungen herausgegriffen werden? Vergleiche diese Werte miteinander.

Lösung

Wir untersuchen die Zufallsgröße X: *Anzahl der Mädchen;* das interessierende Ereignis lässt sich mit X = 4 beschreiben.

(1) Um die Wahrscheinlichkeit zu berechnen, betrachten wir die Teilgesamtheiten der Mädchen und die der Jungen, von denen jeweils 4 herausgegriffen werden: Hierfür gibt es jeweils $\binom{500}{4}$ Möglichkeiten; aus der Gesamtheit aller Schüler/innen wird eine Stichprobe vom Umfang 8 genommen. Daher gilt:

$P(X = 4) = \frac{\binom{500}{4} \cdot \binom{500}{4}}{\binom{1000}{8}} \approx 27{,}45\,\%$

(2) Bei der Auswahl durch einen Zufallsgenerator kann es vorkommen, dass dieselbe Person zweimal ausgesucht wird. Die Wahrscheinlichkeit, dass ein Mädchen bzw. ein Junge „ausgelost“ wird, ist bei jedem Auswahlvorgang gleich $\frac{500}{1000} = \frac{1}{2}$. Es handelt sich also um einen 8-stufigen BERNOULLI-Versuch mit p = 0,5.

Hier gilt: $P(X = 4) = \binom{8}{4} \cdot 0{,}5^4 \cdot 0{,}5^4 \approx 27{,}34\,\%$

Offensichtlich ist der Unterschied nur gering. Da die Gesamtheiten (1000 Schülerinnen und Schüler) groß sind im Vergleich zur Stichprobe (8 Schülerinnen und Schüler), spielt es praktisch keine Rolle, ob man mit oder ohne Wiederholung/Zurücklegen zieht.

BERNOULLI-Versuche und Ziehen ohne Zurücklegen

Ziehen ohne Zurücklegen kann man näherungsweise als BERNOULLI-Versuch auffassen, wenn das Zahlenverhältnis **Umfang der Gesamtheit : Umfang der Stichprobe** groß ist.

Konsequenz:

Bei Meinungsumfragen oder ähnlichen Erhebungen kann man Wahrscheinlichkeitsberechnungen näherungsweise mithilfe eines Binomialansatzes vornehmen. Daher spricht man bei BERNOULLI-Versuchen oft vom **Stichprobenumfang** (statt von der Anzahl der Stufen) und vom **Stichprobenergebnis** (statt von der Anzahl der Erfolge). Nimmt man eine Stichprobe aus einer (großen) Gesamtheit, dann ergibt sich die Erfolgswahrscheinlichkeit für den Zufallsversuch aus dem betreffenden **Anteil der Gesamtheit**.

Beispiel: In Aufgabe 1 wurde ein 8-stufiger Zufallsversuch betrachtet (*Stichprobenumfang* n = 8); das interessierende *Stichprobenergebnis* war X = 4 (4 Erfolge); dem Zufallsversuch lag die Erfolgswahrscheinlichkeit $p = \frac{1}{2}$ zugrunde (*Anteil in der Gesamtheit:* $p = \frac{500}{1000}$).

Übungen

1. Bestimme in Aufgabe 1 auch die Wahrscheinlichkeit für die Ergebnisse X = 0, 1, 2, 3 (die Anzahl der Mädchen in der Stichprobe beträgt 0, 1, 2, 3).

2. In einer Urne sind n Kugeln, davon 20 % weiße und 80 % schwarze Kugeln. 5 Kugeln werden
(1) mit Zurücklegen, (2) ohne Zurücklegen gezogen.
Betrachte das Ereignis: *Eine Kugel ist weiß.* Für welche n kann man den Unterschied zwischen (1) und (2) vernachlässigen? Berechne dazu die Wahrscheinlichkeit für n = 10, 100, 1000 (n = 20, 200, 2000).

3. Aus der Tagesproduktion von 1000 Transistoren werden 10 zur Kontrolle ausgewählt. Erfahrungsgemäß ist 1% der produzierten Teile nicht brauchbar. Begründe, warum hier ein Binomialansatz möglich ist, obwohl sicherlich ohne Zurücklegen gezogen wird.

Vergleiche die entsprechenden Wahrscheinlichkeiten für das Ereignis: *Keiner (höchstens einer) der kontrollierten Transistoren ist defekt.*

Aufgabe 2 – Kugel-Fächer-Modell

Vergleiche die folgenden Situationen; stelle die gemeinsame Struktur des zugrunde liegenden Zufallsversuchs heraus. Bestimme die gesuchten Wahrscheinlichkeiten.

(1) Beim Roulettespiel bleibt eine Kugel zufällig auf einem der 37 Felder mit den Nummern 0, 1, 2, ..., 36 liegen. Wir beobachten 50 Runden dieses Spiels.
Mit welcher Wahrscheinlichkeit wird die Kugel auf einem bestimmten Feld, z.B. Feld Nr. 7, 0-mal, 1-mal, 2-mal, 3-mal, mehr als 3-mal liegen bleiben?

(2) Zu einer Serie von Sammelbildern gehören 37 Motive; jeweils ein Bild ist einer Kaugummipackung beigefügt. (Die Verteilung der Bilder auf die Kaugummipackungen erfolgt mit gleicher Häufigkeit und ist gut gemischt.) Wir kaufen 50 Kaugummipackungen.
Mit welcher Wahrscheinlichkeit wird ein bestimmtes Bild, z. B. Bild Nr. 7, 0-mal, 1-mal, 2-mal, 3-mal, mehr als 3-mal den 50 Packungen beigefügt sein?

(3) In einem Text von 37 Seiten sind insgesamt 50 Druckfehler enthalten; diese sind zufällig über den ganzen Text verteilt.
Mit welcher Wahrscheinlichkeit sind auf einer bestimmten Seite, z.B. Seite 7 des Textes, 0, 1, 2, 3, mehr als 3 Druckfehler vorhanden?

Lösung

Über die Gleichheit der angegebenen Zahlen und Ähnlichkeit der Fragestellungen hinaus lassen sich die drei Situationen gemeinsam wie folgt beschreiben:
50-mal wird eine Zufallsentscheidung getroffen, welches von 37 möglichen Ergebnissen realisiert wird:

- Die Roulettekugel kann auf einem der 37 Felder liegenbleiben.
- Für eine Kaugummipackung kann eines von 37 verschiedenen Bildern ausgesucht werden.
- Für jeden der 50 Druckfehler besteht die Auswahl zwischen 37 verschiedenen Seiten.

In allen drei Situationen wird entweder ein bestimmtes Feld/ein bestimmtes Sammelbild/eine bestimmte Seite ausgewählt (Erfolg) oder nicht ausgewählt (Misserfolg). Daher lassen sich alle drei Situationen als 50-stufige Bernoulli-Versuche mit Erfolgswahrscheinlichkeit $p = \frac{1}{37}$ interpretieren. Die gesuchten Wahrscheinlichkeiten sind:

$P(X = 0) = \binom{50}{0}\left(\frac{1}{37}\right)^0\left(\frac{36}{37}\right)^{50} \approx 25{,}4\,\%$

$P(X = 1) = \binom{50}{1}\left(\frac{1}{37}\right)^1\left(\frac{36}{37}\right)^{49} \approx 35{,}3\,\%$

$P(X = 2) = \binom{50}{2}\left(\frac{1}{37}\right)^2\left(\frac{36}{37}\right)^{48} \approx 24{,}0\,\%$

$P(X = 3) = \binom{50}{3}\left(\frac{1}{37}\right)^3\left(\frac{36}{37}\right)^{47} \approx 10{,}7\,\%$

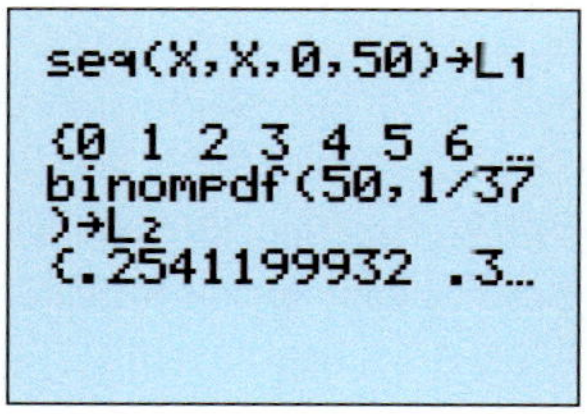

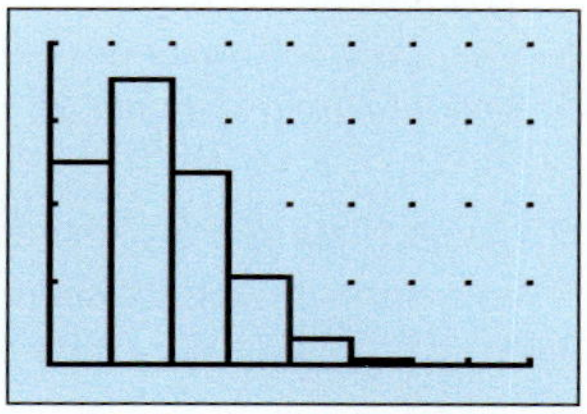

Nach Komplementärregel ist dann:

$P(X > 3) = 1 - P(X \le 3) \approx 100\,\% - 95{,}4\,\% \approx 4{,}6\,\%$

Alle drei Situationen lassen sich mit dem gleichen stochastischen Modell beschreiben:

Kugel-Fächer-Modell

Zufallsversuch: n Kugeln werden zufällig auf m Fächer verteilt.
Zufallsgröße X: *Anzahl der Kugeln in einem bestimmten* (*aber beliebigen*) *Fach*

Der Zufallsversuch lässt sich interpretieren als n-stufiger Bernoulli-Versuch mit Erfolgswahrscheinlichkeit $p = \frac{1}{m}$, d. h. die Berechnung von Wahrscheinlichkeiten erfolgt nach dem Binomialansatz:

P(in das Fach werden k Kugeln verteilt) =
$P(X = k) = \binom{n}{k} \cdot \left(\frac{1}{m}\right)^k \cdot \left(\frac{m-1}{m}\right)^{n-k}$

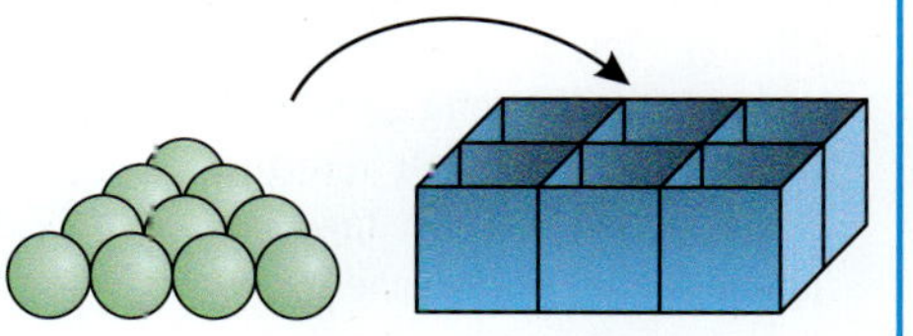

n Kugeln m Fächer

Die nach dem Binomialansatz berechneten Wahrscheinlichkeiten lassen sich durch Anwendung der **Häufigkeitsinterpretation** veranschaulichen:

Beispiel: Roulette (vergleiche Aufgabe 2 (1))

Die Wahrscheinlichkeit, dass die Roulettekugel in 50 Spielen mit Wahrscheinlichkeit 25,4 % nicht auf Feld Nr. 7 liegen bleibt, gilt nicht nur für das Feld Nr. 7, sondern für jedes der 37 Felder, d. h. nach 50 Spielen wird die Roulettekugel auf ca. 25,4 % der 37 Felder keinmal liegen bleiben, das sind $37 \cdot 0{,}254 \approx 9{,}4$ Felder.

Entsprechend interpretieren wir die übrigen Wahrscheinlichkeiten:

Eigenschaft: Die Kugel bleibt ... liegen	Wahrscheinlichkeit	Häufigkeitsinterpretation
keinmal	25,4 %	ca. 9 Felder
einmal	35,3 %	ca. 13 Felder
zweimal	24,0 %	ca. 9 Felder
dreimal	10,7 %	ca. 4 Felder
mehr als dreimal	4,6 %	ca. 2 Felder
Summe (Kontrollrechnung)	100 %	37 Felder

Dass sich bei Zufallsversuchen Ergebnisse so oft wiederholen (können) – hier: in 50 Spielen bleibt die Kugel bei ca. 2 Feldern mehr als 3-mal liegen – ist eine überraschende Erkenntnis, die man durch Experimente leicht überprüfen kann.

Zufallsprozesse enthalten mehr Wiederholungen als man vermutet!

Übungen

4. Beschreibe die folgenden bekannten Zufallsversuche mit Hilfe des Kugel-Fächer-Modells. Was sind hier Kugeln bzw. Fächer? Wie groß sind n bzw. p?

(1) Ein Würfel wird 20-mal geworfen.
(2) Zwei Tetraeder werden 30-mal geworfen.
(3) In einem Kurs mit 25 Schülerinnen und Schülern werden 50 Gutscheine verlost.

5. In den Teig von 50 Rosinenbrötchen werden 100 Rosinen geknetet. Wie viele Rosinenbrötchen verdienen die Bezeichnung, da sie mindestens eine Rosine enthalten?

6. In einer Schule sind 1000 Schülerinnen und Schüler.

a) Wie groß ist die Wahrscheinlichkeit, dass an einem bestimmten Tag des Jahres, z. B. dem 25. 2., keiner, einer, zwei, drei, mehr als drei Geburtstag haben?

b) Schätze aufgrund von a), wie viele Tage es ungefähr im Jahr gibt, an denen keiner, einer, zwei, drei, mehr als drei Geburtstag haben.

7. Wie groß ist die Wahrscheinlichkeit, dass sich an einem bestimmten Tag des Jahres keine, eine, mehr als eine solche „gefährliche Begegnung in der Luft" ereignet? Schätze die Anzahl der Tage eines Jahres ohne gefährliche Begegnung (mit einer, mit mehr als einer Begegnung).

24 gefährliche Begegnungen in der Luft

Offenbach. (dpa) Im deutschen Luftraum hat es im vergangenen Jahr 24 Beinahe-Zusammenstöße gegeben. Die Zahl der gefährlichen Begegnungen von Flugzeugen sei damit auf „besonders niedrigem Niveau" geblieben, teilte die Deutsche Flugsicherung (DFS) gestern in Offenbach mit.

8. *Schätzung der Anzahl der Stufen*
Beim Roulettespiel bleibt die Kugel auf einem der 37 Felder (mit den Nummern 0, 1, 2, ..., 36) stehen.

a) Mit welcher Wahrscheinlichkeit wird die Kugel in n Runden keinmal auf dem Feld mit der 0 liegen bleiben?

b) Nach n Runden stellt man fest, dass die Kugel auf 10 der 37 Felder noch nicht liegen geblieben ist. Schätze, wie oft das Spiel durchgeführt wurde.

9. In der Fußball-Bundesliga wurden in der Spielzeit 2006/2007 in 306 Spielen insgesamt 837 Tore geschossen. Interpretiere die gesamte Spielzeit als 837-stufigen BERNOULLI-Versuch mit $p = \frac{1}{306}$. Wie viele der 306 Spiele müssten nach diesem Ansatz mit 0 Toren, 1 Tor, 2 Toren, ... ausgegangen sein? Vergleiche diese geschätzten Anzahlen mit den tatsächlichen Häufigkeiten (Tabelle Seite 47).

10. Blumensamen kann leicht durch Unkrautsamen verunreinigt werden.

a) 100 Unkrautsamen gelangen in die Abfüllmenge von 100 Samentüten.
(1) Mit welcher Wahrscheinlichkeit sind in einer zufällig herausgegriffenen Tüte 0, 1, 2, mehr als 2 Unkrautsamen?

(2) Wie viele Packungen etwa werden 0, 1, 2, mehr als 2 Unkrautsamen enthalten?

b) Von 100 Tüten enthielten 50 keinen Unkrautsamen. Schätze die Anzahl der Unkrautsamen, die zufällig auf die 100 Tüten verteilt werden.

11. a) In einem Ort wird pro Jahr durchschnittlich 1000-mal die Feuerwehr alarmiert. Schätze die Anzahl der Tage des Jahres ohne Feuerwehr-Alarm.

b) In einem anderen Ort vergehen ungefähr 100 Tage im Jahr ohne Feuerwehr-Alarm. Schätze die Gesamtzahl der Feuerwehr-Alarme pro Jahr.

12. a) Vergleiche die folgenden Wahrscheinlichkeiten von Ereignissen miteinander. Was fällt auf?
(1) 365 Personen werden zufällig ausgewählt. Mit welcher Wahrscheinlichkeit haben 0 [1, mehr als 1] Personen an einem bestimmten Tag des Jahres Geburtstag? Wie viele Tage wird es ungefähr geben, an denen keiner, einer, mehr als einer Geburtstag hat?

(2) Ein Roulette-Rad (mit 37 Feldern) wird 37-mal gedreht. Mit welcher Wahrscheinlichkeit bleibt die Kugel auf einem bestimmten Feld 0-mal [1-mal, mehr als 1-mal] liegen? Auf wie vielen Feldern ungefähr wird die Kugel keinmal, einmal, mehr als einmal liegen bleiben?

(3) Auf ein Quadratgitter mit 10 × 10 Feldern fallen zufällig 100 Regentropfen. Mit welcher Wahrscheinlichkeit fallen in ein bestimmtes Feld 0 [1, mehr als 1] Regentropfen? Wie viele der Felder bleiben trocken?

b) Man kann zeigen:

Führt man einen Zufallsversuch mit n verschiedenen gleichwahrscheinlichen Ergebnissen n-mal durch, dann erwarten wir für jedes der möglichen Ergebnisse, dass es *im Mittel* einmal auftritt.
Tatsächlich treten jedoch ca. 37 % der Ergebnisse keinmal auf, ca. 37% der Ergebnisse genau einmal und ca. 26% der Ergebnisse mehr als einmal.

Formuliere diese Gesetzmäßigkeit unter Verwendung des Kugel-Fächer-Modells.

Aufgabe 3 – Auslastungsmodell

In einem Büro sind 10 Personen tätig, von denen jede im Mittel für 10 Minuten pro Stunde an einem Kopiergerät arbeiten muss.
Wenn sich die Personen absprechen, genügen offensichtlich 3 Kopiergeräte für das Büro. Die Arbeit am Kopiergerät fällt aber zu unterschiedlichen Zeitpunkten an und kann unterschiedlich lange dauern. Wie viele Kopiergeräte sollten zur Verfügung stehen? Genügen 3, 4, 5 Geräte, ohne dass für die Mitarbeiter unnötige Wartezeiten entstehen?

Welche Annahmen müssen gemacht werden, damit man den Vorgang als 10-stufigen Bernoulli-Versuch interpretieren kann? Welche Zufallsgröße ist zu betrachten?
Welche Erfolgswahrscheinlichkeit ergibt sich aus dem o. a. Text?

Lösung

Wenn die 10 Personen unabhängig voneinander arbeiten, kann zu einem beliebigen Zeitpunkt geprüft werden, ob ein Mitarbeiter am Kopiergerät arbeiten muss oder nicht. Die interessierende Zufallsgröße ist also

X: *Anzahl der Personen, die zu diesem Zeitpunkt für ihre Arbeit ein Kopiergerät benötigen.*

Die Erfolgswahrscheinlichkeit beträgt $p = \frac{10}{60} = \frac{1}{6}$, da jede Person im Mittel während 10 von 60 Minuten das Kopiergerät benutzen muss.
3 (4, 5) Kopiergeräte genügen, wenn *nicht mehr als* 3 (4, 5) Personen gleichzeitig das Kopiergerät für ihre Arbeit benötigen, d. h. dass *höchstens* 3 (4, 5) Mitarbeiter an das Kopiergerät müssen. Wir benötigen also Werte der kumulierten Binomialverteilung für $n = 10$; $p = \frac{1}{6}$.

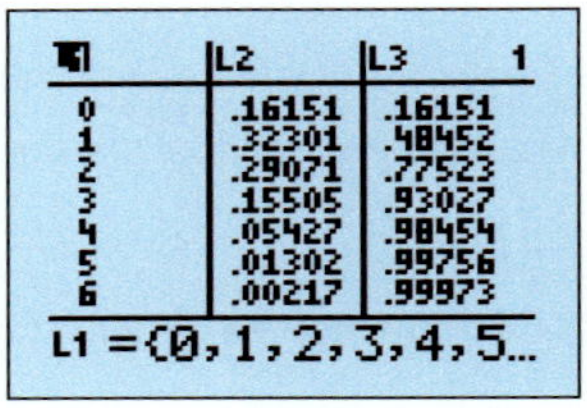

Wir lesen z. B. ab:
$P(X > 5) = 1 - 0.998 = 0{,}002$
Wenn 5 Kopiergeräte zur Verfügung stehen, kommt es nur in 0,2 % der Fälle vor, dass diese Anzahl nicht ausreicht, da zu diesem Zeitpunkt mehr als 5 Kopiergeräte benötigt werden.

Analog entnehmen wir der Tabelle: Wenn 3 Geräte zur Verfügung stehen, treten in 7,0 % der Fälle Engpässe auf, bei 4 Geräten in 1,5 % der Fälle.

Anmerkung zum Auslastungsmodell: Bei dem angewandten Modell wird die Situation stark vereinfacht; sofern jedoch die Unabhängigkeit der Benutzung von Maschinen u. ä. gewährleistet ist, kann man sich mit Hilfe der o. a. Rechnung eine grobe Vorstellung von der Situation verschaffen.

Übungen

13. In einer Reifenhandlung arbeiten 5 Monteure, die eine Maschine zum Lösen und Festziehen der Radmuttern durchschnittlich für 24 Minuten pro Stunde benötigen. Wie groß ist die Wahrscheinlichkeit, dass zu einem beliebigen Zeitpunkt zwei (drei, fünf) Maschinen benötigt werden?

14. Eine Firma hat 3 Telefonleitungen, die von 8 Sachbearbeitern benutzt werden. Jeder telefoniert im Mittel 12 Minuten pro Stunde. Mit welcher Wahrscheinlichkeit reichen die 3 Leitungen aus?

15. In einem Warenlager stehen 5 Mitarbeiter für die Ausgabe von Geräten zur Verfügung. Für die Ausführung eines Auftrags benötigen sie durchschnittlich 10 Minuten. Während der Öffnungszeiten am Vormittag von 8 Uhr bis 12 Uhr kommen im Mittel 100 Kunden.
Kommt es oft vor, dass Kunden warten müssen?

3.3 Kumulierte Binomialverteilung – Intervall-Wahrscheinlichkeiten

Bei der Lösung von Aufgabe 3 auf Seite 60 haben wir die Wahrscheinlichkeit fortlaufend addiert, um so herauszufinden, mit welcher Wahrscheinlichkeit 5 Kopiergeräte genügen. Die Wahrscheinlichkeit für höchstens k Erfolge kann man am GTR auch direkt ablesen.

Mit dem Befehl binomcdf erhält man nach Eingabe von Werten für die Parameter n, p und k die zugehörige (kumulierte) Wahrscheinlichkeit für höchstens k Erfolge. (Der Buchstabe „c" im Befehlswort steht für *cumulative*).

Beispiel: $n = 10$, $p = \frac{1}{6}$

$P(X \le 4) = \text{binomcdf}\,(10, \frac{1}{6}, 4) \approx 0{,}985$

$P(X \le 5) = \text{binomcdf}\,(10, \frac{1}{6}, 5) \approx 0{,}998$

Lässt man die Angabe eines Wertes für k weg, so erhält man die gesamte kumulierte Binomialverteilung.

Mithilfe dieser kumulierten Binomialverteilungen können wir Wahrscheinlichkeiten für Intervalle berechnen.

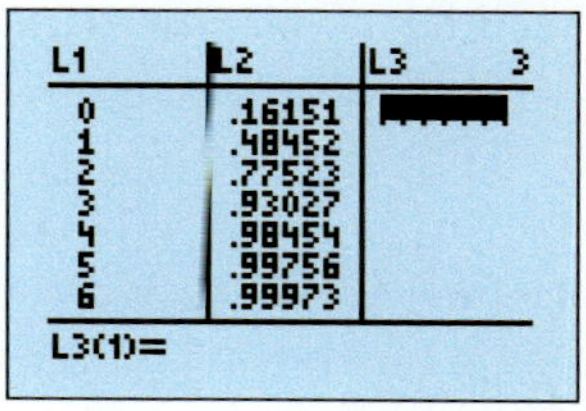

Aufgabe 1

Ein Blumenhändler gibt für seine Blumenzwiebeln eine 90%-Keimgarantie. Jemand kauft eine Packung mit 40 Zwiebeln. Mit welcher Wahrscheinlichkeit keimen

(1) höchstens 30, (2) mindestens 32, (3) weniger als 37, (4) mehr als 37,

(5) mindestens 34, höchstens 38, (6) mehr als 35, aber weniger als 39

der gekauften Zwiebeln?

Lösung

Wir betrachten die Zufallsgröße X: *Anzahl der Blumenzwiebeln, die keimen* und beachten, dass wir mithilfe des Befehls binomcdf(n, p, k) die kumulierten Wahrscheinlichkeiten bis maximal k Erfolge erhalten:

(1) $P(X \le 30) = \text{binomcdf}(40, 0.9, 30) = 0{,}005$

(2) $P(X \ge 32) = P(32, 33, \ldots, 40) = 1 - P(0, 1, \ldots, 31)$
$= 1 - P(X \le 31) = 1 - \text{binomcdf}(40, 0.9, 31) = 0{,}985$

(3) $P(X < 37) = P(X \le 36) = \text{binomcdf}(40, 0.9, 36) = 0{,}577$

(4) $P(X > 37) = P(X = 38, 39, 40) = 1 - P(X = 0, 1, \ldots, 37)$
$= 1 - \text{binomcdf}(40, 0.9, 37) = 0{,}223$

(5) $P(34 \le X \le 38) = P(X = 34, 35, 36, 37, 38) = P(X \le 38) - P(X \le 33)$
$= \text{binomcdf}(40, 0.9, 38) - \text{binomcdf}(40, 0.9, 33) = 0{,}820$

(6) $P(35 < X < 39) = P(36 \le X \le 38)$
$= \text{binomcdf}(40, 0.9, 38) - \text{binomcdf}(40, 0.9, 35) = 0{,}549$

Zusammenfassung: Berechnung von Intervall-Wahrscheinlichkeiten

$P(X \geq a) = 1 - P(X \leq a - 1)$	$P(a \leq X \leq b) = P(X \leq b) - P(X \leq a - 1)$
$P(X < a) = P(X \leq a - 1)$	$P(a < X < b) = P(X \leq b - 1) - P(X \leq a)$

Übungen

1. Eine Münze wird 100-mal geworfen. Mit welcher Wahrscheinlichkeit hat man

a) mindestens 45- und höchstens 55-mal,
b) mindestens 40- und höchstens 60-mal,
c) weniger als 55-mal,
d) mehr als 55-mal Wappen?

2. Ein Multiple-Choice-Test besteht aus 50 Items (Aufgaben), bei denen jeweils nur eine von fünf Antworten richtig ist. Mit welcher Wahrscheinlichkeit kann man durch bloßes Raten

a) mehr als 20,
b) mindestens 10 und höchstens 20,
c) weniger als 10,
d) genau 12 Items richtig beantworten?

3. Bestimme die folgenden Wahrscheinlichkeiten.

a) $n = 10;\ p = 0{,}5$: $P(X < 4)$
b) $n = 25;\ p = \frac{1}{6}$: $P(X > 5)$
c) $n = 10,\ p = 0{,}6$: $P(X \geq 7)$
d) $n = 50,\ p = 0{,}7$: $P(X \leq 41)$
e) $n = 100;\ p = 0{,}2$: $P(X \leq 23)$
f) $n = 10;\ p = 0{,}1$: $P(X > 0)$
g) $n = 10,\ p = 0{,}75$: $P(3 \leq X \leq 8)$
h) $n = 25,\ p = 0{,}9$: $P(18 \leq X \leq 21)$
i) $n = 50,\ p = 0{,}6$: $P(30 \leq X \leq 40)$
j) $n = 100,\ p = 0{,}8$: $P(70 < X < 78)$
k) $n = 50,\ p = \frac{2}{3}$: $P(30 < X < 38)$
l) $n = 100,\ p = \frac{5}{6}$: $P(80 \leq X \leq 84)$

4. Begründe: $P(X = k) = P(X \leq k) - P(X \leq k - 1)$

5. In 90 % der Haushalte in Deutschland ist ein Kühlschrank vorhanden. Eine Befragung wird in 100 zufällig ausgesuchten Haushalten durchgeführt. Wie groß ist die Wahrscheinlichkeit, dass man in

a) genau 90, **b)** mindestens 90, **c)** mehr als 90 Haushalten einen Kühlschrank vorfindet?

6. Bei Meinungsbefragungen werden erfahrungsgemäß nur ca. 80% der ausgesuchten Personen angetroffen. Mit welcher Wahrscheinlichkeit werden von 100 ausgesuchten Personen

(1) mehr als 85 angetroffen, (2) mehr als 75 angetroffen?

7. Für Jugendliche ist es heutzutage fast selbstverständlich, dass sie eine Fahrerlaubnis für PKW erwerben. Nach Angaben des Kraftfahrt-Bundesamtes in Flensburg sind die Anteile für verschiedene Altersgruppen und für Frauen und Männer sehr unterschiedlich.

Altersgruppe	Männer	Frauen
zw. 18 und 40 Jahre	ca. 90 %	ca. 90 %
zw. 40 und 60 Jahre	ca. 92 %	ca. 83 %
zw. 60 und 75 Jahre	ca. 90 %	ca. 65 %

Bei einer Zufallsstichprobe unter 200 (100) Personen einer der Gruppen der Tabelle werden diese gefragt, ob sie eine Fahrerlaubnis für PKW besitzen. Mit welcher Wahrscheinlichkeit können mehr als drei Viertel der Befragten die Frage mit „Ja“ beantworten?

8. In der Kantine einer Firma nehmen erfahrungsgemäß durchschnittlich 60 der 100 Angestellten ihr Mittagessen ein. Mit welcher Wahrscheinlichkeit werden an einem zufällig ausgewählten Tag

a) mehr als 60, **b)** weniger als 60, **c)** weniger als 70,
d) mindestens 70, **e)** genau 70 Personen in der Kantine essen?

3.4 Eigenschaften von Binomialverteilungen

Bei BERNOULLI-Versuchen unterscheiden wir nur zwei Arten von Ergebnissen, die wir willkürlich als Erfolg bzw. Misserfolg bezeichnen. Vertauscht man die Bezeichnungen Erfolg und Misserfolg, so müssen auch Erfolgs- und Misserfolgswahrscheinlichkeiten vertauscht werden.

Aufgabe 1 – Symmetrie- und Spiegelungseigenschaften

a) Bestimme die Verteilung der Zufallsgröße

X: *Anzahl der Erfolge beim 10-stufigen BERNOULLI-Versuch mit Erfolgswahrscheinlichkeit* $p_1 = 0{,}7$.

b) Begründe: Man erhält das Histogramm für eine Erfolgswahrscheinlichkeit p_1 durch Spiegelung des Histogramms von $p_2 = 1 - p_1$ an der Geraden $k = \frac{n}{2}$.

c) Begründe: Histogramme für $p = 0{,}5$ sind symmetrisch zur Geraden $k = \frac{n}{2}$. Betrachte als Beispiele die Histogramme für $n = 10$, $n = 25$ und $n = 100$ auf dem GTR.

Lösung

a) Was man bei einem BERNOULLI-Versuch als Erfolg und was man als Misserfolg bezeichnet, ist willkürlich: *k Erfolge mit Erfolgswahrscheinlichkeit* $p_1 = 0{,}7$ beschreibt dasselbe Ereignis wie *10–k Erfolge mit Erfolgswahrscheinlichkeit* $p_2 = 0{,}3$.

Wenn wir also die Binomialverteilung für $n = 10$, $p_2 = 0{,}3$ kennen, haben wir gleichzeitig auch die Binomialverteilung für $n = 10$, $p_1 = 0{,}7$.

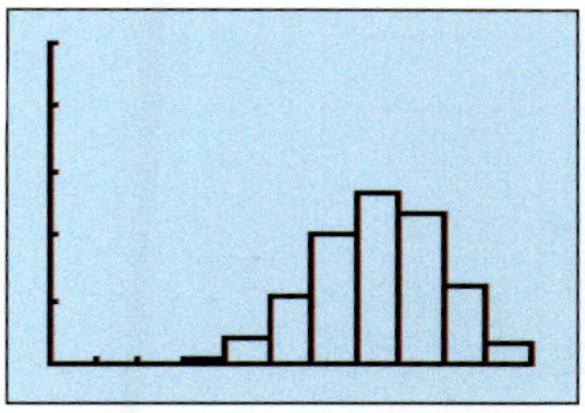

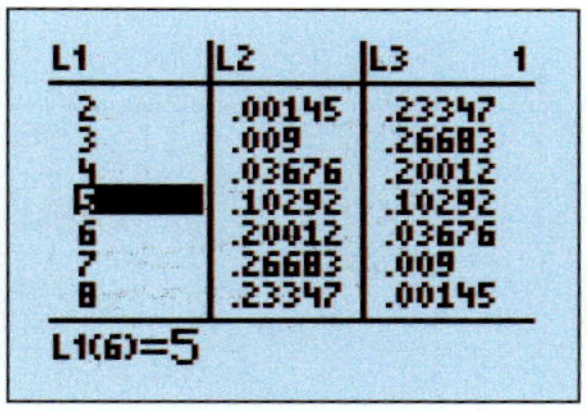

L1	L2	L3 1
2	.00145	.23347
3	.009	.26683
4	.03676	.20012
5	.10292	.10292
6	.20012	.03676
7	.26683	.009
8	.23347	.00145

L1(6)=5

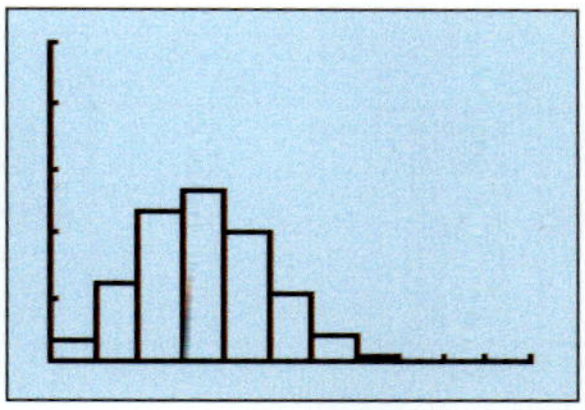

b) Wie im Beispiel a) stimmen die Wahrscheinlichkeiten in den Verteilungstabellen bis auf die Reihenfolge überein. k Erfolge mit Erfolgswahrscheinlichkeit p_1 und $n - k$ Erfolge mit Erfolgswahrscheinlichkeit $p_2 = 1 - p_1$ beschreiben dasselbe Ereignis.
Für eine Erfolgswahrscheinlichkeit p_1 werden die gleichen Rechtecke wie bei $p_2 = 1 - p_1$ gezeichnet, nur in entgegengesetzter Richtung; dies entspricht einer Spiegelung in der Mitte des Intervalls 0, ..., n, also bei $k = \frac{n}{2}$.

c) Für eine Erfolgswahrscheinlichkeit $p = 0{,}5$ ist auch die Misserfolgswahrscheinlichkeit $q = 0{,}5$. Beim Spiegeln des Histogramms für $p = 0{,}5$ an der Geraden $k = \frac{n}{2}$ stimmen das gespiegelte und das ursprüngliche Histogramm überein, d. h. die Figur ist symmetrisch zu $k = \frac{n}{2}$.

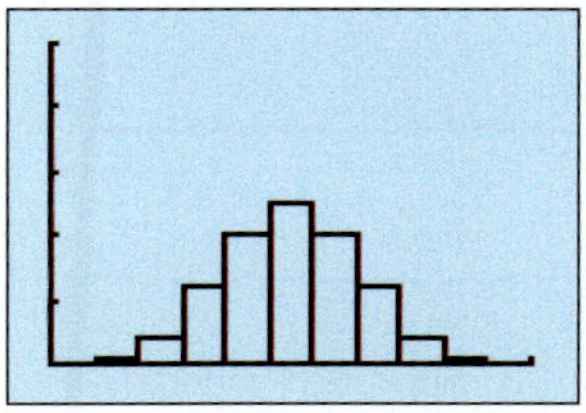

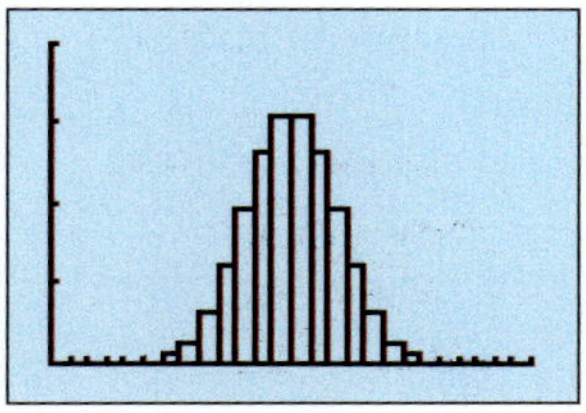

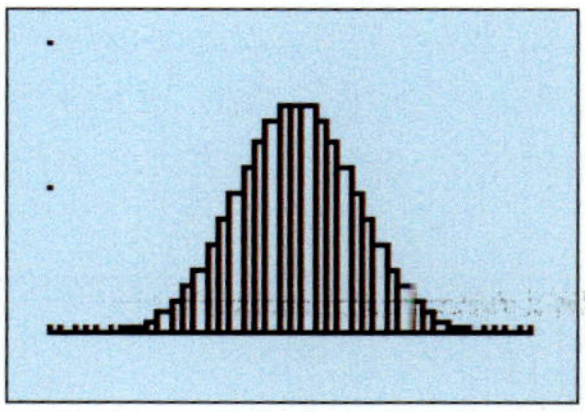

Technischer Hinweis zu den Histogrammen auf dem GTR: Wegen der beschränkten Auflösung des Displays können maximal 48 Rechtecke nebeneinander gezeichnet werden. Entsprechend muss das Fenster oder eine andere Darstellungsform gewählt werden.

Aufgabe 2 – Maximum einer Binomialverteilung

a) Bestimme mit Hilfe des GTR jeweils das Maximum der Verteilungen für n = 10, 20, 50, 100 und p = 0,1; 0,2; 0,4; 0,5, d. h. denjenigen Wert von k, für den P (X = k) maximal ist.
Was fällt bezüglich $P(X \le k_{max})$, d. h. der zugehörigen kumulierten Wahrscheinlichkeit, auf?

b) Stelle eine Regel auf. Warum ist diese Regel plausibel (d. h. leuchtet auch ohne die Rechnung ein)?

Lösung

a) Mithilfe der Funktion binompdf finden wir die folgenden Maxima

	p = 0,1	p = 0,2	p = 0,4	p = 0,5
n = 10	P (X = 1) = 0,387	P (X = 2) = 0,302	P (X = 4) = 0,251	P (X = 5) = 0,246
n = 20	P (X = 2) = 0,285	P (X = 4) = 0,218	P (X = 8) = 0,180	P (X = 10) = 0,176
n = 50	P (X = 5) = 0,185	P (X = 10) = 0,140	P (X = 20) = 0,115	P (X = 25) = 0,112
n = 100	P (X = 10) = 0,132	P (X = 20) = 0,099	P (X = 40) = 0,081	P (X = 50) = 0,080

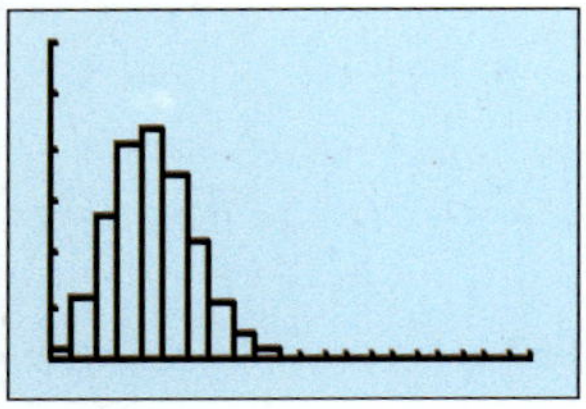
Beispiel: n = 20; p = 0,2

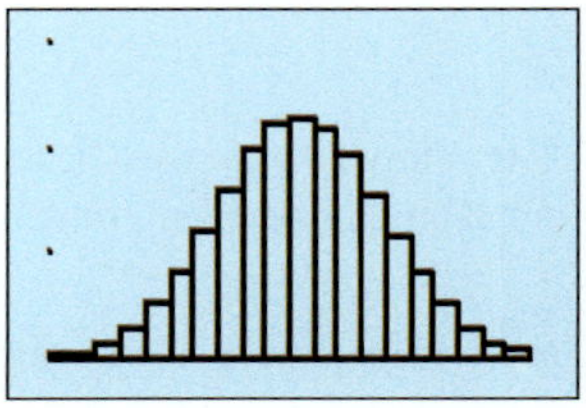
Beispiel: n = 50; p = 0,4

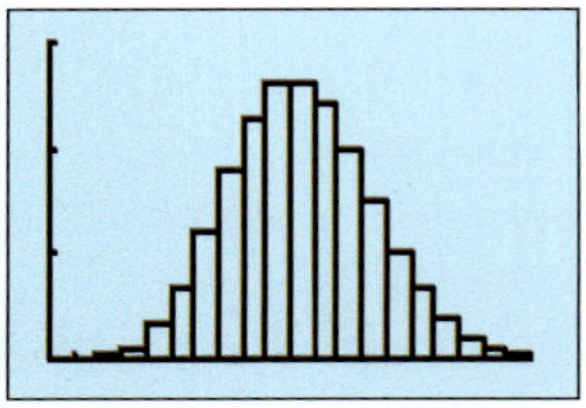
Beispiel: n = 100; p = 0,1

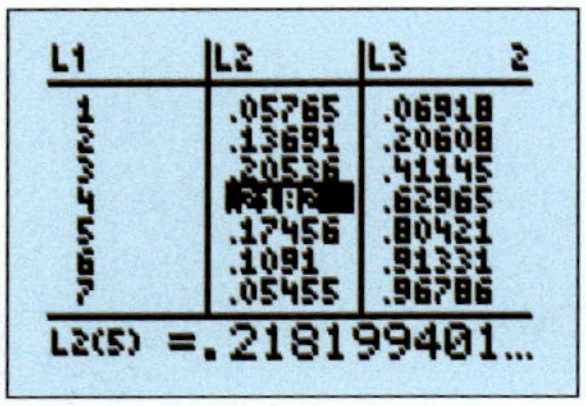

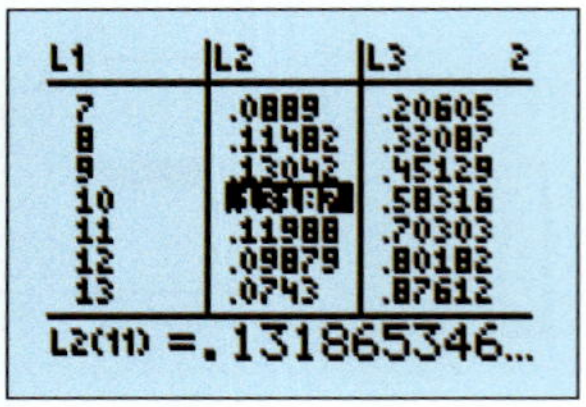

Bei den zugehörigen kumulierten Verteilungen (vgl. Liste L3) wird beim Maximum die 50 % überschritten, d. h. hier liegt der **Median** der Verteilung.

Median einer Verteilung

Der **Median** einer Häufigkeits- oder Wahrscheinlichkeitsverteilung ist eine Zahl, welche die geordnete Liste der Merkmalsprägungen bzw. die Werte der Zufallsgröße in zwei Hälften teilt.
Die Ausprägungen bzw. Werte der unteren Hälfte treten mit einer relativen Häufigkeit bzw. Wahrscheinlichkeit von mindestens 50 % auf ebenso wie die Ausprägungen bzw. Werte der oberen Hälfte.
Der Median lässt sich am einfachsten an der kumulierten Verteilung ablesen.

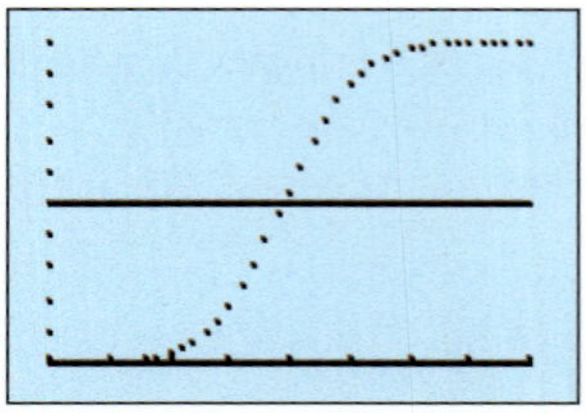

b) Ist $n \cdot p$ ganzzahlig, dann gilt: $k_{max} = n \cdot p$. Ist $n \cdot p$ nicht ganzzahlig, dann ist k_{max} einer der Nachbarwerte von $n \cdot p$.
Dieses ist plausibel: Wenn wir einen BERNOULLI-Versuch mit Erfolgswahrscheinlichkeit p durchführen, dann erwarten wir, dass ungefähr $n \cdot p$ Erfolge auftreten (vgl. Häufigkeitsinterpretation der Wahrscheinlichkeit).

Erwartungswert einer Binomialverteilung:

Das Maximum einer Binomialverteilung liegt bei $n \cdot p$; dies bedeutet: $n \cdot p$ oder einer der Nachbarwerte hat die größte Wahrscheinlichkeit, als Ergebnis eines BERNOULLI-Versuches aufzutreten. Man kann auch formal beweisen, dass für den Erwartungswert (vgl. Kapitel 2.4) einer Binomialverteilung gilt: $\mu = E(X) = n \cdot p$

An Beispielen zeigen wir, wie der Beweis dieses Satzes gelingt.

Berechnung des Erwartungswertes für einen n-stufigen BERNOULLI-Versuch:

$n = 1$

k	P(X = k)	k · P(X = k)
0	q	0
1	p	p

$E(X) = p$

$n = 2$

k	P(X = k)	k · P(X = k)
0	q^2	0
1	$2pq$	$2pq$
2	p^2	$2p^2$

$E(X) = 2p(q + p) = 2p$

$n = 3$

k	P(X = k)	k · P(X = k)
0	q^3	0
1	$3pq^2$	$3pq^2$
2	$3p^2q$	$6p^2q$
3	p^3	$3p^3$

$E(X) = 3p(q^2 + 2pq + p^2)$
$= 3p(q + p)^2 = 3p$

$n = 4$: $E(X) = 4p(q^3 + 3pq^2 + 3p^2q + p^3) = 4p(q + p)^3 = 4p$

Allgemein erhält man nach Umformung: $E(X) = np(q + p)^{n-1} = np$

Erwartungswert einer Binomialverteilung

Für den Erwartungswert μ der Zufallsgröße
X: *Anzahl der Erfolge beim n-stufigen BERNOULLI-Versuch mit der Erfolgswahrscheinlichkeit p*
gilt: $\mu = E(X) = n \cdot p$
Dort liegt auch das Maximum der Binomialverteilung.

Übungen

1. Berechne $\mu = E(X)$ allgemein für eine Binomialverteilung mit $n = 4$ ($n = 5$) und beliebigem p.

2. Bestimme k_{max} für n = 10, 20, 50, 100 und

a) $p = \frac{2}{3}$; **b)** $p = \frac{3}{4}$; **c)** $p = 0{,}9$.

3. a) Man kann beweisen, dass für k_{max} gilt: $np - q \le k_{max} \le np + p$
Überprüfe dies für die Verteilungen aus Aufgabe 2 in den Fällen, in denen $n \cdot p$ nicht ganzzahlig ist.

b) Aus Teilaufgabe a) folgt, dass eine Binomialverteilung zwei (benachbarte) Maxima hat, wenn $np + p = (n + 1)p$ ganzzahlig ist.
Überprüfe dies ebenfalls an Aufgabe 2. Nenne drei weitere Beispiele.

c) Aus b) folgt, dass Binomialverteilungen für $p = 0{,}5$ genau dann zwei Maxima haben, falls n ungerade ist. Erläutere dies.

4. Überprüfe an selbst gewählten Beispielen die Gültigkeit der Formel $\mu = n \cdot p$ für den Erwartungswert einer Binomialverteilung (wie auf Seite 47 und im nebenstehenden Beispiel für p = 0,3 und n = 50 dargestellt).

Histogramme bei zunehmendem Stichprobenumfang

Vergleicht man für ein festes p bei wachsendem n = 10, 20, 50, 100 die Histogramme miteinander, dann stellt man fest:

Bei zunehmendem Stichprobenumfang werden die Histogramme immer breiter und flacher und sie nehmen immer stärker eine symmetrische Gestalt an.

Histogramme für p = 0,3 und n = 10, 20, 50, 100:

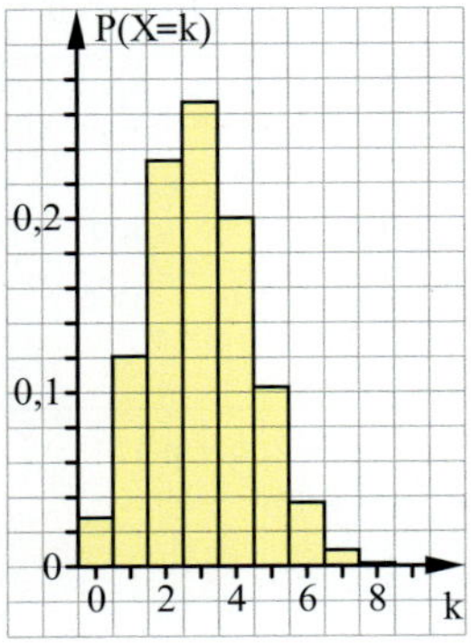

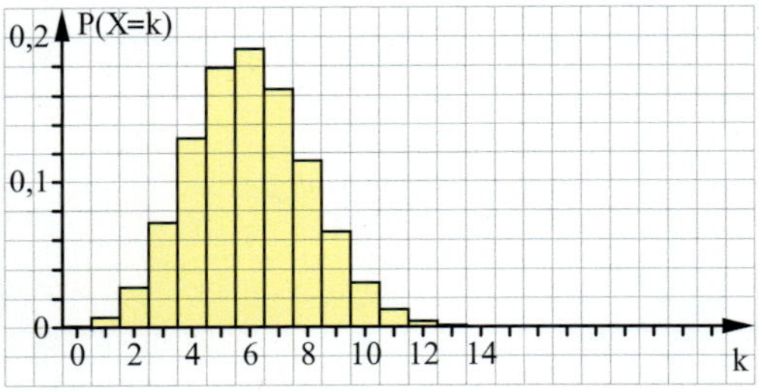

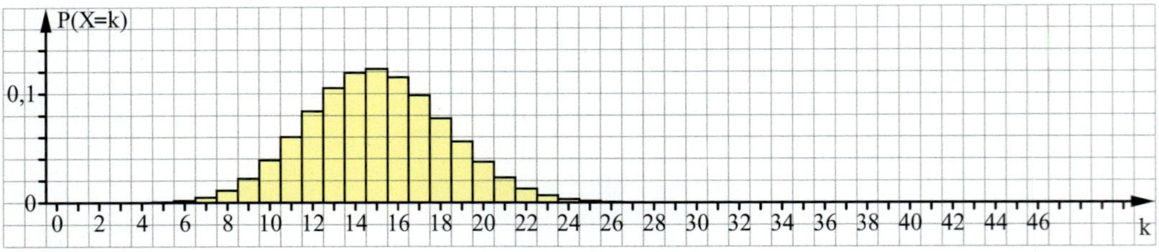

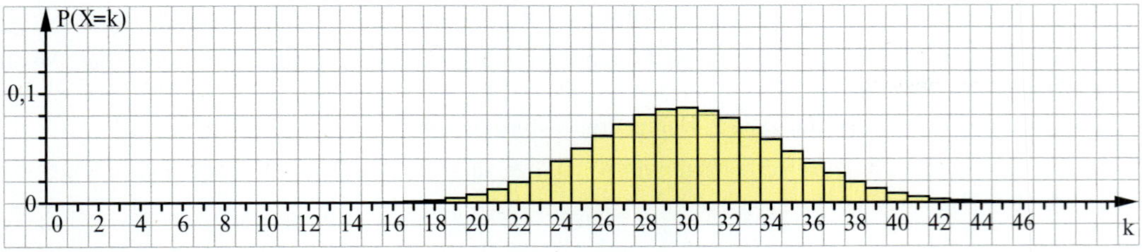

Wie wir oben gesehen haben, liegt das Maximum der Verteilung bei $\mu = n \cdot p$. Für größer werdendes n wird allerdings die Wahrscheinlichkeit, dass genau $n \cdot p$ Erfolge eintreten, immer kleiner (vgl. Lösung von Aufgabe 2 a), so dass man grob sagen kann:

Unterhalb und oberhalb von $\mu = n \cdot p$ liegen ungefähr jeweils 50 % der Ergebnisse eines BERNOULLI-Versuches.

3.5 Binomialverteilungen bei großem Stichprobenumfang – Umgebungen um den Erwartungswert

In diesem Abschnitt untersuchen wir das Streuverhalten der Binomialverteilungen um den Erwartungswert.

Methode 1: Wir betrachten die Boxplots von Binomialverteilungen: Die durch den Median (= 50 %-Marke) unterteilte Rechteck-Box gibt an, bei welchen Ergebnissen die 25 %- und die 75 %-Marke überschritten wird. Wir können auf dem GTR Boxplot und Histogramm gleichzeitig sichtbar machen.

Aufgabe 1 – Boxplots und Wahrscheinlichkeiten für Umgebungen um den Median

a) Welche Wahrscheinlichkeit haben Boxplot-Umgebungen des Medians? Bestimme dazu das Intervall, das durch die Box bzw. die Whiskers des Boxplots angegeben wird, und die zugehörige Wahrscheinlichkeit für

(1) $n = 50;\ p = 0{,}4$ (2) $n = 100;\ p = 0{,}5$ (3) $n = 200;\ p = 0{,}3$

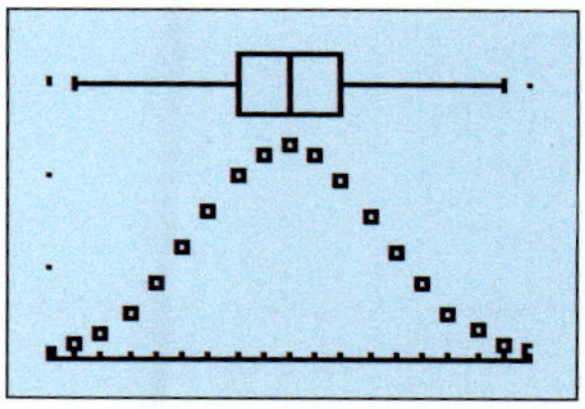

WINDOW: $11 \le X \le 29$

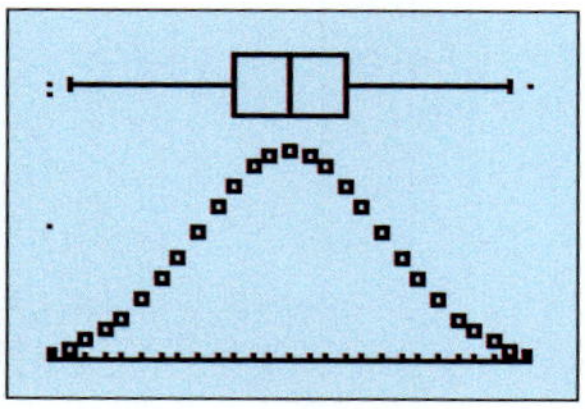

$37 \le X \le 63$

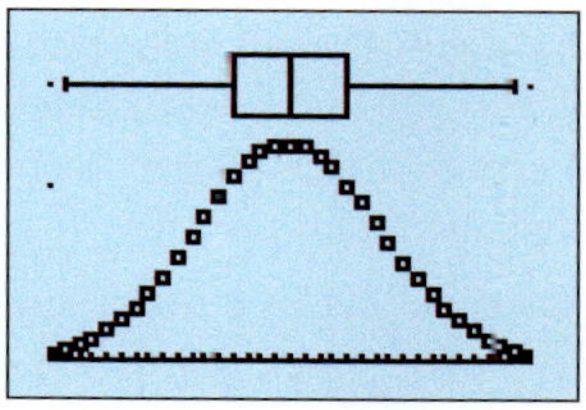

$43 \le X \le 77$

Hinweis: Das Fenster wurde so gewählt, dass je ein Punkt unter- und oberhalb der Whiskers zu sehen ist.

b) Gibt es einen Zusammenhang zwischen der Gesamtlänge der Boxplots (einschließlich Whiskers) und dem Stichprobenumfang? Bestimme dazu diese Länge für ein festes $p = 0{,}5$ und für $n = 50, 100, 200, 400$, d. h. verdoppele den Stichprobenumfang bei vorgegebener Erfolgswahrscheinlichkeit.

Lösung

a) Wir lesen die Intervalle ab, die durch Box bzw. Whiskers markiert sind:

(1) $P(18 \le X \le 22) = 0{,}529$ $P(12 \le X \le 28) = 0{,}987$

(2) $P(47 \le X \le 53) = 0{,}516$ $P(38 \le X \le 62) = 0{,}988$

(3) $P(56 \le X \le 64) = 0{,}512$ $P(44 \le X \le 76) = 0{,}989$

Die Box ist dadurch definiert, dass die untere Begrenzung den Wert von X angibt, an dem die 25 %-Marke überschritten wird, die obere entsprechend für die 75 %-Marke. Bedingt dadurch, dass nur wenige Ergebnisse in den Bereich der Box fallen, wird die Wahrscheinlichkeit von 50 % leicht überschritten.

Wir lesen weiter ab, dass die Whiskers ein Intervall bedecken, das eine Wahrscheinlichkeit von fast 99 % hat.

b) Wir bestimmen die Gesamtlänge L der Boxplots: $n = 100$: $L = 62 - 38 = 24$ (vgl. a))

$n = 50$: $L = 34 - 16 = 18$ $n = 200$: $L = 120 - 80 = 40$ $n = 400$: $L = 229 - 171 = 58$

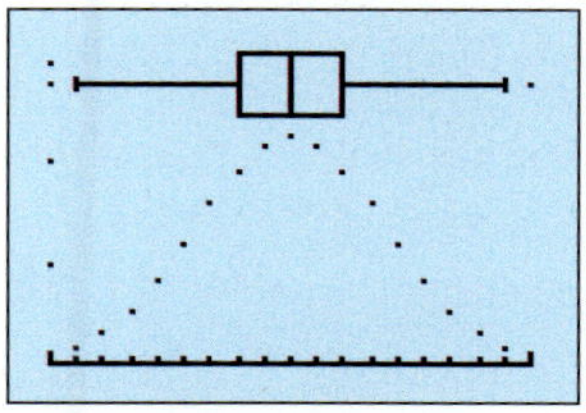

WINDOW: $16 \le X \le 34$

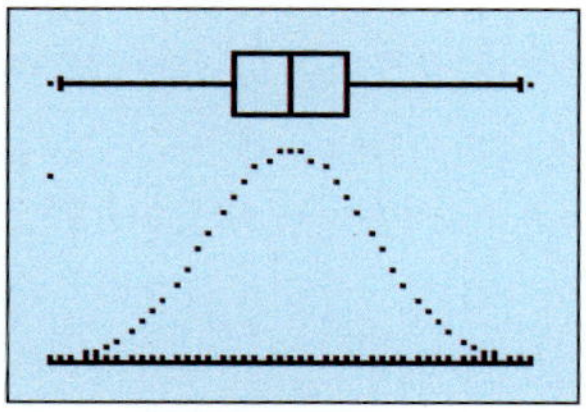

$79 \le X \le 121$

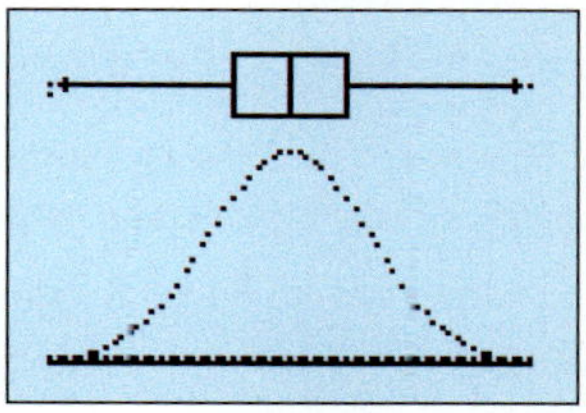

$170 \le X \le 230$

Wenn der Stichprobenumfang verdoppelt wird, verdoppelt sich die Gesamtlänge der Boxplots nicht, sondern nimmt in geringerem Maße zu.

$18 \xrightarrow{\cdot\, 1{,}50} 24 \xrightarrow{\cdot\, 1{,}67} 40 \xrightarrow{\cdot\, 1{,}45} 58$

> Zeichnet man Boxplots zu einer Binomialverteilung mit großem Stichprobenumfang, dann umfassen Box und Whiskers einen Bereich, dem eine Wahrscheinlichkeit von ca. 99 % zukommt.
> Mit zunehmendem Stichprobenumfang wird dieser Bereich – relativ gesehen – kleiner, d. h. die Ergebnisse des Zufallsversuchs konzentrieren sich auf ein vergleichsweise kleines Intervall um Median und Erwartungswert.

Methode 2: Wir betrachten **Umgebungen um den Erwartungswert** μ; das sind Intervalle, die symmetrisch um $\mu = n \cdot p$ gebildet werden. Wir messen diese Umgebungen mithilfe des Radius r der Umgebung; das ist die halbe Breite der Umgebung.

Beispiel:

Die Abbildung zeigt das Histogramm für eine Binomialverteilung mit n = 100 und p = 0,5. Das Intervall $47 \le X \le 53$ erstreckt sich über 7 Rechtecke der Breite 1; also ist der Radius r = 3,5.

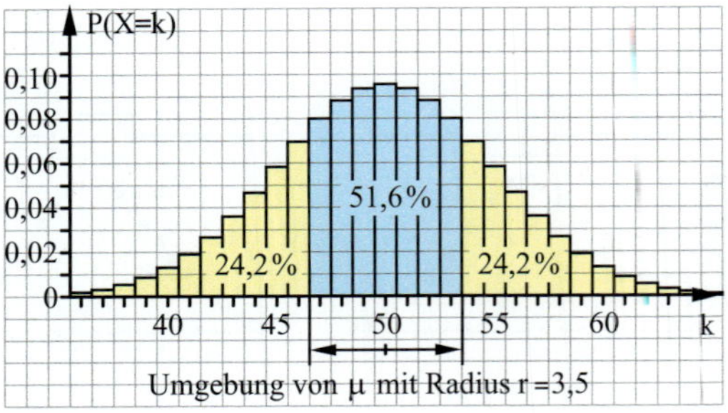

Die Wahrscheinlichkeit für dieses Intervall ist:

$P(\mu - r \le X \le \mu + r) = P(50 - 3{,}5 \le X \le 50 + 3{,}5)$

$= P(46{,}5 \le X \le 53{,}5) = P(47 \le X \le 53)$

$=$ binomcdf (100, 0.5, 53) – binomcdf (100, 0.5, 46) = 51,6 %

Wir betrachten nun die Folge, die für wachsendes n die Wahrscheinlichkeit für Umgebungen angibt, d. h.
$P(\mu - n \le X \le \mu + n) =$ binomcdf (n, p, μ + n) – binomcdf (n, p, μ – n – 1)

Beispiel: n = 100; p = 0,5; μ = 50

Die Tabelle zeigt fortlaufend die Wahrscheinlichkeiten $P(X = 50)$, $P(49 \le X \le 51)$, $P(48 \le X \le 52)$, ...

Im Beispiel erkennen wir: Beim Radius r = 3,5 wird eine Wahrscheinlichkeit von 50 % überschritten, beim Radius r = 8,5 eine Wahrscheinlichkeit von 90 %.

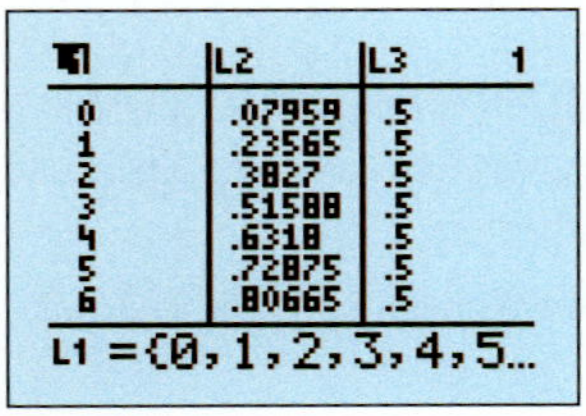

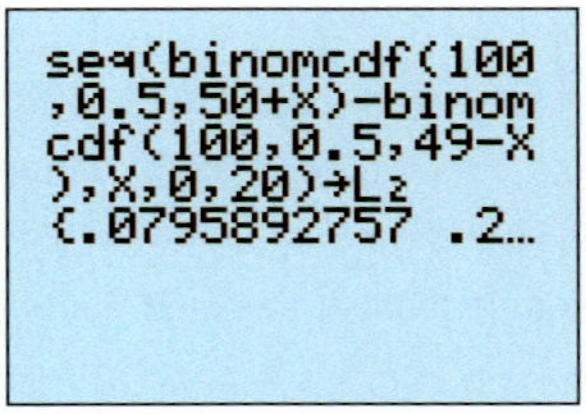

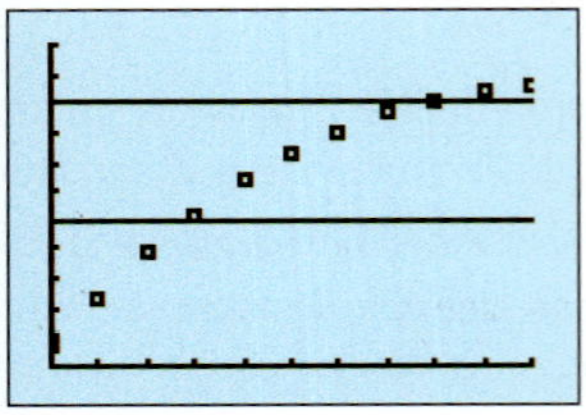

Aufgabe 2 – Wahrscheinlichkeit für Umgebungen um den Erwartungswert

a) Wie viele Nachbarwerte zu $\mu = n \cdot p$ muss man hinzunehmen, damit die Wahrscheinlichkeit für diese Umgebung des Erwartungswerts mindestens 50 % bzw. mindestens 90 % beträgt?

Bestimme dazu konkret – wie im Beispiel – die Radien der 50 %- und der 90 %-Umgebung für n = 50, 100, 200 und (1) p = 0,2 bzw. (2) p = 0,4.

b) Vergleiche jeweils die Zunahme von r mit der Veränderung von n. Berechne Vergrößerungsfaktoren.

Lösung

a) Wir bestimmen wie im Beispiel oben die Umgebung und deren Radien.

n	μ	50%-Umgebung	90%-Umgebung	μ	50%-Umgebung	90%-Umgebung
50	10	$P(8 \le X \le 12) = 0{,}624$ $r = 2{,}5$	$P(5 \le X \le 15) = 0{,}951$ $r = 5{,}5$	20	$P(18 \le X \le 22) = 0{,}529$ $r = 2{,}5$	$P(14 \le X \le 26) = 0{,}941$ $r = 6{,}5$
100	20	$P(17 \le X \le 23) = 0{,}619$ $r = 3{,}5$	$P(13 \le X \le 27) = 0{,}941$ $r = 7{,}5$	40	$P(37 \le X \le 43) = 0{,}525$ $r = 3{,}5$	$P(32 \le X \le 48) = 0{,}918$ $r = 8{,}5$
200	40	$P(36 \le X \le 44) = 0{,}512$ $r = 4{,}5$	$P(31 \le X \le 49) = 0{,}908$ $r = 9{,}5$	80	$P(75 \le X \le 85) = 0{,}573$ $r = 5{,}5$	$P(69 \le X \le 91) = 0{,}903$ $r = 11{,}5$

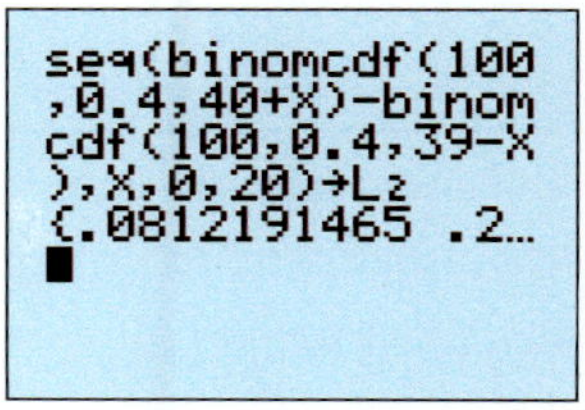

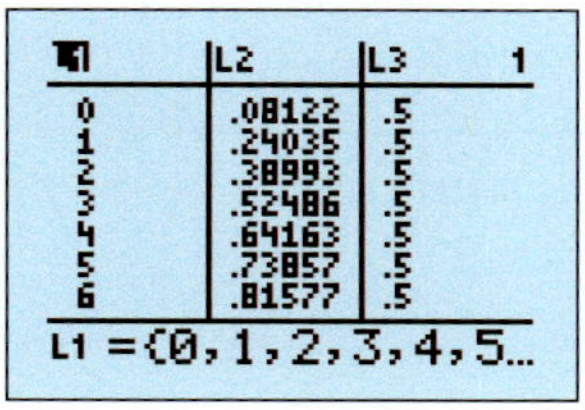

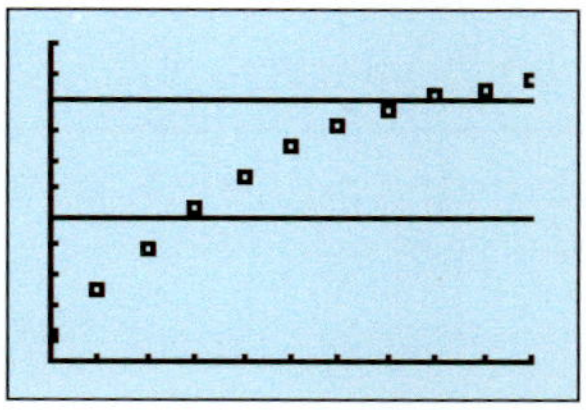

b) An der Tabelle in a) stellen wir fest, dass die 50 % bzw. 90 % teilweise erheblich überschritten wird, da die Wahrscheinlichkeiten teilweise in großen „Sprüngen" zunehmen.

(1)
$2{,}5 \xrightarrow{\cdot\, 1{,}4} 3{,}5 \xrightarrow{\cdot\, 1{,}3} 4{,}5 \quad 5{,}5 \xrightarrow{\cdot\, 1{,}4} 7{,}5 \xrightarrow{\cdot\, 1{,}3} 9{,}5$

(2)
$2{,}5 \xrightarrow{\cdot\, 1{,}4} 3{,}5 \xrightarrow{\cdot\, 1{,}6} 5{,}5 \quad 6{,}5 \xrightarrow{\cdot\, 1{,}3} 8{,}5 \xrightarrow{\cdot\, 1{,}4} 11{,}5$

Wir stellen fest:

> Mit zunehmendem Stichprobenumfang n konzentrieren sich die Ergebnisse der BERNOULLI-Versuche auf schmale Umgebungen um den Erwartungswert $\mu = n \cdot p$.
> Die Radien vorgegebener Umgebungen wachsen dabei nicht proportional zum Stichprobenumfang.

Übungen

1. a) Überprüfe die Beobachtungen von Aufgabe 1 bzw. 2 für n = 20, 40, 80, 160 und p = 0,5 (p = 0,25).

b) Überprüfe die Beobachtungen von Aufgabe 1 bzw. 2 für n = 20, 40, 80, 160 und p = 0,4 für Umgebungen von μ, die (1) mehr als 95 %, (2) mehr als 99 % der Ergebnisse enthalten.

2. Bestimme die Wahrscheinlichkeiten der Umgebungen von μ, wenn der Radius proportional zu n geändert wird, und bestätige damit die Aussage, dass sich die Ergebnisse um μ *konzentrieren.* Konkret sei p = 0,4 und n, r gemäß nebenstehender Tabelle.

	n	25	50	100
a)	r_1	3,5	7,5	14,5
b)	r_2	6,5	12,5	24,5
c)	r_3	8,5	17,5	34,5

3. Bestätige die Richtigkeit des folgenden Satzes mit Hilfe der Berechnungen in Aufgabe 1 b).

> **$\sqrt{n}$-Gesetz**
> Der Radius der Umgebungen um den Erwartungswert μ ist (ungefähr) proportional zur Wurzel aus dem Stichprobenumfang n.

3.6 Varianz und Standardabweichung bei Binomialverteilungen

Mit Hilfe der Radien der Umgebungen von μ haben wir die *Streuung* der Ergebnisse um den Erwartungswert *gemessen.* Die Berechnung der Radien war allerdings umständlich, da sich die zugehörigen Umgebungen nur durch Probieren bestimmen ließen. Wir suchen daher ein anderes Maß für die Streuung:
Will man bei einer beliebigen Verteilung die Streuung um den Erwartungswert messen, muss man

- die Abweichung eines Ergebnisses vom Erwartungswert sowie
- die Wahrscheinlichkeit für dieses Ergebnis berücksichtigen.

Es ist üblich, als Maß für die Streuung die mittlere quadratische Abweichung der Ergebnisse vom Erwartungswert zu betrachten, d. h. konkret:

> Kann eine Zufallsgröße X die Werte $a_1, a_2, \ldots, a_m$ annehmen und bezeichnet μ den Erwartungswert dieser Zufallsgröße, dann heißt
>
> $$V(X) = \sum_{i=1}^{m} (a_i - \mu)^2 \cdot P(X = a_i) = (a_1 - \mu)^2 \cdot P(X = a_1) + (a_2 - \mu)^2 \cdot P(X = a_2) + \ldots + (a_m - \mu)^2 \cdot P(X = a_m)$$
>
> **Varianz der Zufallsgröße X.**
> Im Fall einer binomialverteilten Zufallsgröße X: *Anzahl der Erfolge beim n-stufigen* BERNOULLI*-Versuch* ist dies:
>
> $$V(X) = \sum_{k=0}^{n} (k - \mu)^2 \cdot P(X = k) = (0 - \mu)^2 \cdot P(X = 0) + (1 - \mu)^2 \cdot P(X = 1) + \ldots + (n - \mu)^2 \cdot P(X = n)$$

Die Berechnung der Varianz V (X) nach der gegebenen Formel ist aufwändig. Der Term lässt sich jedoch vereinfachen:

$$\begin{aligned} V(X) &= \sum_{k=0}^{n} (k - \mu)^2 \cdot P(X = k) = \sum_{k=0}^{n} k^2 \cdot P(X = k) - 2\mu \underbrace{\sum_{k=0}^{n} k \cdot P(X = k)}_{=\mu} + \mu^2 \underbrace{\sum_{k=0}^{n} P(X = k)}_{=1} \\ &= \sum_{k=0}^{n} k^2 \cdot P(X = k) - 2\mu^2 + \mu^2 \end{aligned}$$

> $V(X) = \sum_{k=0}^{n} k^2 \cdot P(X = k) - \mu^2$ vereinfachte Formel zur Berechnung von V (X)

Damit kann man V (X) – ähnlich wie E (X) – mithilfe des GTR berechnen:

Beispiel: n = 5; p = 0,2: In Liste L1 ist die Anzahl der Erfolge (0, 1, 2, ..., 5) gespeichert, in Liste L2 die zugehörige Wahrscheinlichkeit; in Liste L3 stehen die Summanden der Form $k \cdot (X = k)$ und in Liste L4 die Summanden der Form $k^2 \cdot P(X = k)$.

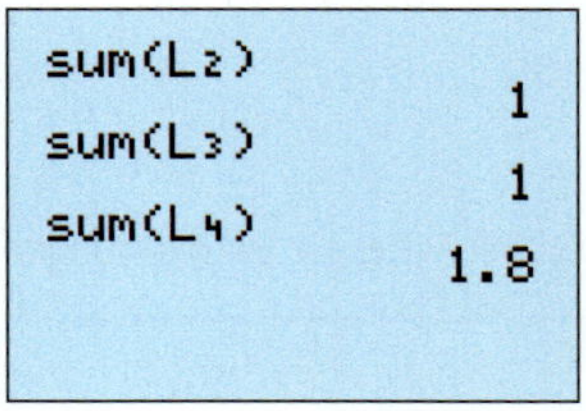

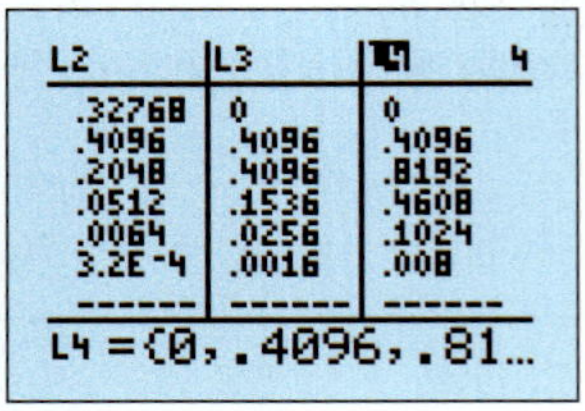

Die Varianz der Zufallsgröße ist also: $V(X) = 1{,}8 - \mu^2 \approx 1{,}8 - 1 = 0{,}8$

Trotz der Vereinfachung des Terms für V (X) bleibt die Rechnung mühsam. Wir prüfen, ob sich die Varianz von binomialverteilten Zufallsgrößen nicht einfacher bestimmen lässt (wie bei der Berechnung des Erwartungswertes von binomialverteilten Zufallsgrößen, vgl. S. 65):

Wir betrachten zunächst einen 1-stufigen BERNOULLI-Versuch mit der Zufallsgröße

X: *Anzahl der Erfolge beim 1-stufigen BERNOULLI-Versuch mit der Erfolgswahrscheinlichkeit p und mit dem Erwartungswert* $\mu = 1 \cdot p = p$.

k	P (X = k)	$k^2 \cdot P(X = k)$
0	q	0
1	p	p
Summe:		p

Wir formen um: $V(X) = p - p^2 = p(1 - p) = pq$

Man kann zeigen, dass allgemein die Varianz beim n-stufigen BERNOULLI-Versuch wie folgt berechnet werden kann:

Varianz bei Binomialverteilungen

Für die Varianz der Zufallsgröße

X: *Anzahl der Erfolge beim n-stufigen BERNOULLI-Versuch mit Erfolgswahrscheinlichkeit p*

gilt: $V(X) = n \cdot p \cdot (1 - p) = n \cdot p \cdot q$

Im obigen Beispiel hätten wir einfacher rechnen können: $V(X) = 5 \cdot 0{,}2 \cdot 0{,}8 = 0{,}8$

Wir haben die Varianz als mittlere quadratische Abweichung vom Erwartungswert definiert. Betrachtet man jedoch z. B. eine Zufallsgröße, die einer zufällig ausgesuchten Person ihre Körpergröße in Meter zuordnet, dann wäre die Varianz in Quadratmeter gemessen. Damit wir auch hier in Meter rechnen können, betrachten wir die Quadratwurzel aus der Varianz.

Die Quadratwurzel aus der Varianz einer Zufallsgröße heißt **Standardabweichung der Zufallsgröße**

$\sigma = \sqrt{V(X)}$ (lies: sigma)

Bei Binomialverteilungen gilt daher:

Standardabweichung bei Binomialverteilungen

Für die Standardabweichung der Zufallsgröße

X: *Anzahl der Erfolge beim n-stufigen BERNOULLI-Versuch mit Erfolgswahrscheinlichkeit p*

gilt: $\sigma = \sqrt{n \cdot p \cdot (1 - p)} = \sqrt{n \cdot p \cdot q}$

Übung

1. Berechne σ für Binomialverteilungen mit n = 25 bzw. n = 100 und p = 0,1; 0,2; 0,3; ...; 0,8; 0,9. Für welches p ist σ maximal? Welche Abhängigkeit besteht von n (n wird vervierfacht)?

Wir untersuchen nun, welche konkrete Bedeutung σ hat.

- Was bedeutet es z. B., dass sich für den 100fachen Münzwurf (n = 100; p = 0,5) der Wert $\sigma = 5$ ergibt?
- Wieso beschreibt diese Zahl 5 die Streuung um den Erwartungswert $\mu = n \cdot p = 50$?

In Aufgabe 2 haben wir Radien für 50 %- und 90 %-Umgebungen von μ durch Probieren bestimmt.

- Zu welcher Umgebung gehört der Radius σ?

Wir beschränken uns in der folgenden Aufgabe nicht nur auf den Radius σ, sondern betrachten auch Vielfache davon:

Aufgabe 1 – Vielfache von σ als Radien von Umgebungen

Betrachte Binomialverteilungen für

(1) p = 0,4 und n = 50, 100, 200 (2) n = 100 und p = 0,2; 0,3; 0,5.

Wie groß ist die Wahrscheinlichkeit, dass ein Ergebnis eines BERNOULLI-Versuchs in der Umgebung des Erwartungswertes μ mit Radius r = k · σ liegt, k = 0,2; 0,4; 0,6; ...? Welche Gemeinsamkeiten sind ablesbar?

Lösung

Wie in den Beispielen auf Seite 68/69 betrachten wir geeignete Folgen, um die Wahrscheinlichkeit für die Umgebungen zu berechnen.

n = 50; p = 0,4; μ = 20; $\sigma = \sqrt{12}$

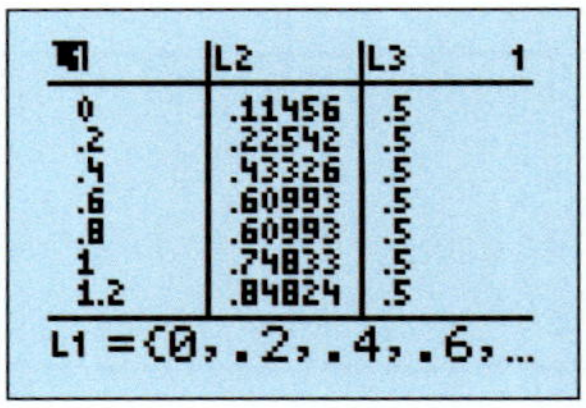

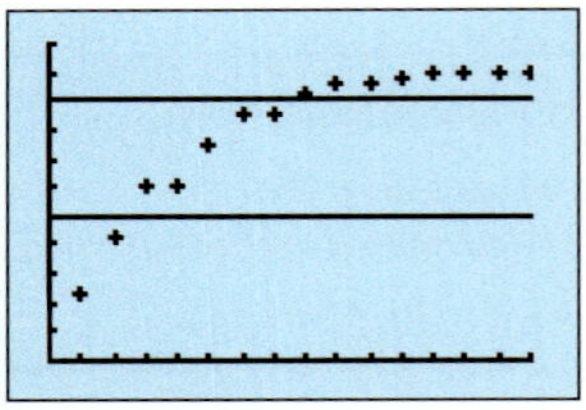

An den zugehörigen Tabellen oder Graphen lesen wir beispielsweise ab, für welche Vielfache von σ eine Wahrscheinlichkeit von 50 % oder von 90 % überschritten wird.

p = 0,4	n	μ	σ	P (1σ-Umgebung)	P (2σ-Umgebung)	P (3σ-Umgebung)
	50	20	$\sqrt{12}$	0,748	0,955	0,998
	100	40	$\sqrt{24}$	0,691	0,958	0,998
	200	80	$\sqrt{48}$	0,687	0,956	0,998

n = 100	p	μ	σ	P (1σ-Umgebung)	P (2σ-Umgebung)	P (3σ-Umgebung)
	0,2	20	$\sqrt{16}$	0,740	0,967	0,998
	0,3	30	$\sqrt{21}$	0,724	0,970	0,997
	0,5	50	5	0,729	0,965	0,998

Die Werte in den Tabellen stimmen fast überein – insbesondere, wenn man Vielfache von σ betrachtet, die größer sind als 1. Trägt man verschiedene Graphen in einem Koordinatensystem ab, dann erkennt man die große Ähnlichkeit der Graphen noch mehr.

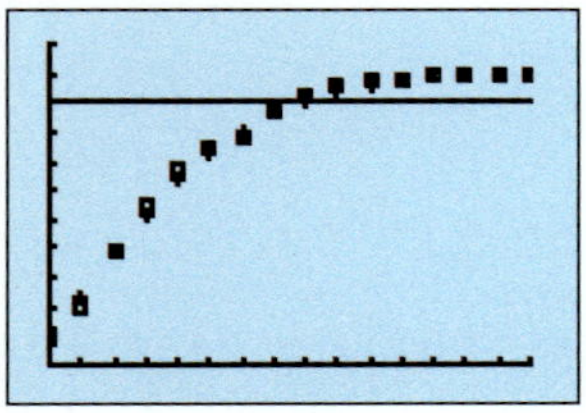

n = 100; p = 0,2 und p = 0,5

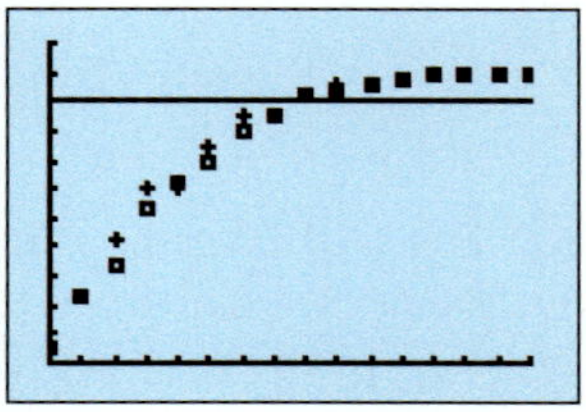

n = 50 und n = 200; p = 0,4

Vergrößerung der Grafik links

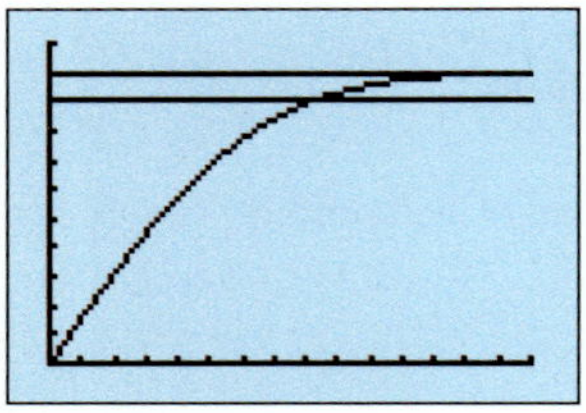

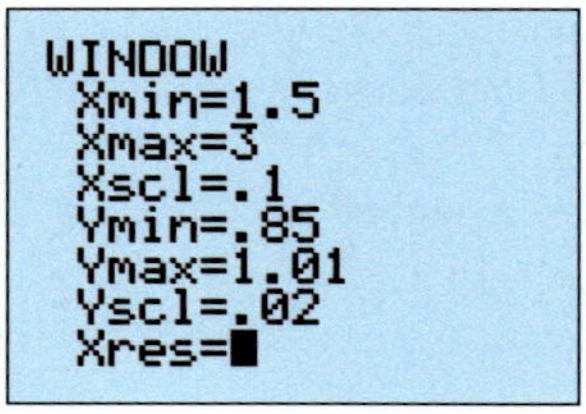

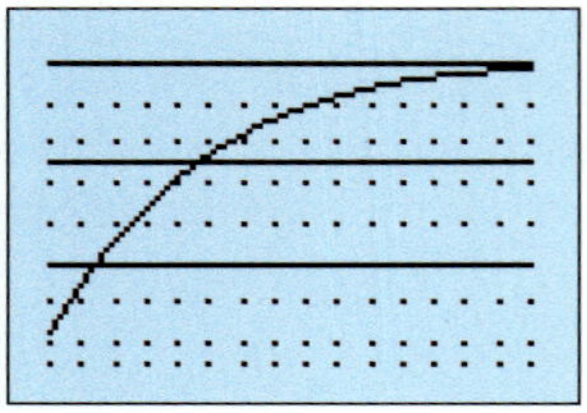

Wahrscheinlichkeiten von σ-Umgebungen (σ-Regeln)

Für n-stufige BERNOULLI-Versuche gilt nahezu unabhängig von Stichprobenumfang n und Erfolgswahrscheinlichkeit p, dass bestimmten Radien, die als Vielfache der Standardabweichung σ angegeben werden, bestimmte Wahrscheinlichkeiten zugeordnet werden können. Es gilt z. B.

$P(\mu - \frac{1}{2}\sigma \le X \le \mu + \frac{1}{2}\sigma) \approx 38{,}3\,\%$ $\quad P(\mu - 2\sigma \le X \le \mu + 2\sigma) \approx 95{,}5\,\%$

$P(\mu - 1\sigma \le X \le \mu + 1\sigma) \approx 68{,}3\,\%$ $\quad P(\mu - \frac{5}{2}\sigma \le X \le \mu + \frac{5}{2}\sigma) \approx 98{,}8\,\%$

$P(\mu - \frac{3}{2}\sigma \le X \le \mu + \frac{3}{2}\sigma) \approx 86{,}6\,\%$ $\quad P(\mu - 3\sigma \le X \le \mu + 3\sigma) \approx 99{,}7\,\%$

Eine Faustregel besagt: Die Regeln sind gültig, falls σ > 3 (LAPLACE-Bedingung). Die Näherungswerte sind umso genauer, je größer σ ist.

Für Anwendungsaufgaben sind folgende Radien von σ-Umgebungen wichtiger als die durch Aufgabe 1 herausgefundenen:

Wahrscheinlichkeit der σ-Umgebung	Radius
50 %	0,67 σ
75 %	1,15 σ
80 %	1,28 σ
90 %	1,64 σ

Wahrscheinlichkeit der σ-Umgebung	Radius
95 %	1,96 σ
98 %	2,33 σ
99 %	2,58 σ
99,9 %	3,29 σ

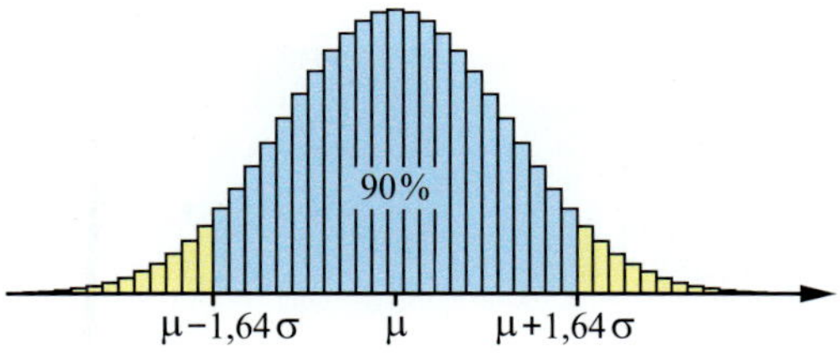

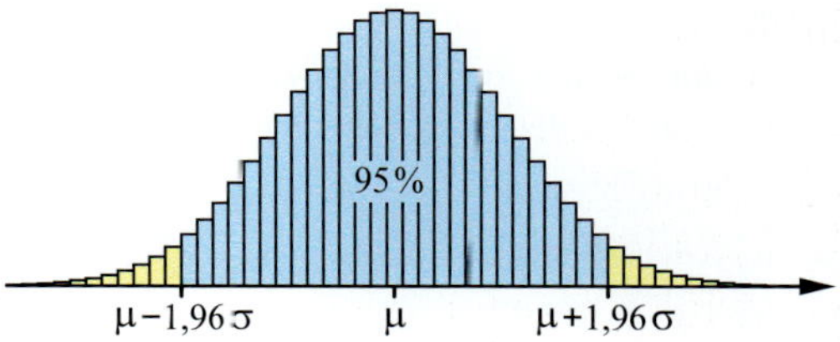

Wir werden diese σ-Regeln verwenden, um überschlagsweise und ohne langes Probieren geeignete Umgebungen des Erwartungswerts zu finden.

σ-Regeln und Boxplots

Auf Seite 67 wurde die Gesamtlänge von Boxplots bestimmt. Die Box umfasst eine Umgebung des Medians (=Erwartungswert bei symmetrischen oder fast symmetrischen Verteilungen), der eine Wahrscheinlichkeit von ca. 50 % entspricht, also ca. einer 0,67 σ-Umgebung. Die Box eines Boxplots hat also die Länge von ca. 1,34 σ (=Quartilabstand).

Da die Länge der Whiskers dem 1,5-fachen des Quartilabstandes entspricht, d. h. jeweils eine Länge von ca. 2 σ hat, hat ein Boxplot insgesamt eine Länge von 5,34 σ, bedeckt also etwa eine 2,67 σ-Umgebung des Erwartungswerts. Diese hat eine Wahrscheinlichkeit von ca. 99,2 %.

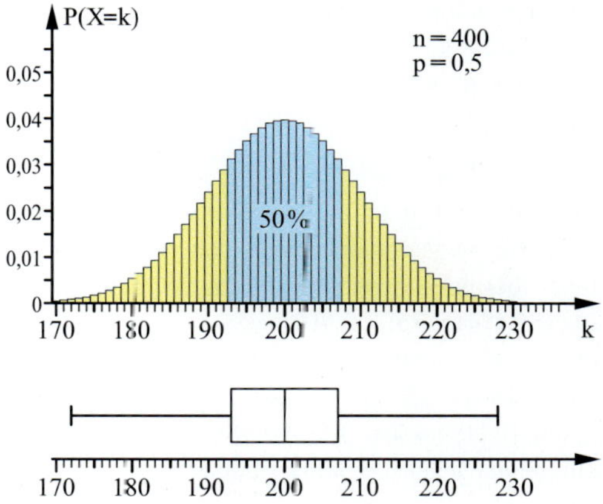

3.7 Schluss von der Gesamtheit auf die Stichprobe

In früheren Abschnitten haben wir gesehen, dass man sehr viele Zufallsversuche als BERNOULLI-Versuche interpretieren kann. Mit der Regel über die Wahrscheinlichkeiten von σ-Umgebungen ist uns die Möglichkeit gegeben, Aussagen über fast alle (90 % bzw. 99 %) der Ergebnisse der zugehörigen Zufallsgröße zu machen. Diesen Aufgabentyp bezeichnet man als **Schluss von der Gesamtheit auf die Stichprobe**. Solchen Aufgaben liegt immer die Frage zugrunde:

- **Mit welchem Stichprobenergebnis (mit welcher Anzahl von Erfolgen) können wir rechnen?**

Die Antwort geben wir mit den **Sicherheitswahrscheinlichkeiten** von z. B. 90 % bzw. 95 % bzw. 99 %, d. h. nur mit einer Wahrscheinlichkeit von höchstens 10 % bzw. 5 % bzw. 1 % trifft unsere Prognose *nicht* zu.

Aufgabe 1 – Prognose für Stichprobenergebnisse

a) In einer Untersuchung soll festgestellt werden, ob Personen, die sich an Wahlen nicht beteiligt haben, dies auch zugeben. Die Wahlbeteiligung bei der letzten Wahl betrug 86 %. Es wird eine Stichprobe vom Umfang 1250 durchgeführt.
Mit welchem Stichprobenergebnis können wir rechnen? Wie viele Personen werden in der Stichprobe sein, die an der Wahl teilgenommen haben? Überprüfe jeweils die Wahrscheinlichkeiten für die mithilfe der σ-Regeln bestimmten Intervalle.

b) Mit welchem Versuchsergebnis kann man beim 340fachen Münzwurf rechnen?

Lösung

a) Wenn die Wahlbeteiligung 86 % war, treffen wir einen Wähler mit der Erfolgswahrscheinlichkeit $p = 0{,}86$ an. Für den Stichprobenumfang

$n = 1250$ ergibt sich:

$\mu = n \cdot p = 1075$ und

$\sigma = \sqrt{n \cdot p \cdot q} \approx 12{,}27$

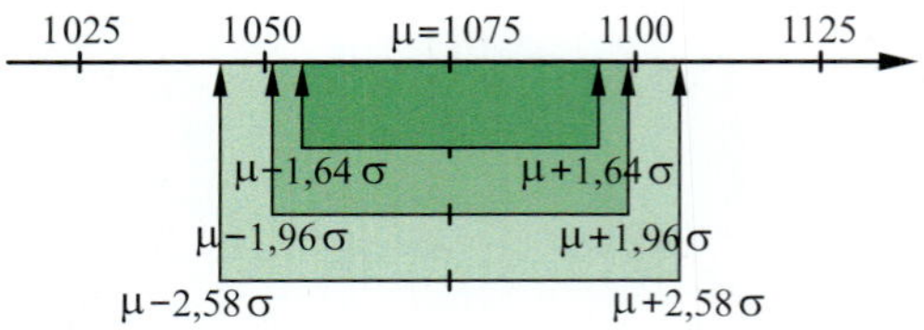

Die 1,64 σ-Umgebung umfasst die Ergebnisse 1055, 1056, ..., 1094, 1095.

Die 1,96 σ-Umgebung umfasst die Ergebnisse 1051, 1052, ..., 1098, 1099.

Die 2,58 σ-Umgebung umfasst die Ergebnisse 1043, 1044, ..., 1106, 1107.

Mit einer Wahrscheinlichkeit von ca. 90 % wird man mindestens 1055, höchstens 1095 Personen befragen, die tatsächlich zur Wahl gegangen sind. [exakte Wahrscheinlichkeit: $P(1055 \le X \le 1095) = 0{,}906$]
Mit einer Wahrscheinlichkeit von ca. 95 % wird man mindestens 1051, höchstens 1099 Wahlgänger erfassen. [$P(1051 \le X \le 1099) = 0{,}954$]
Mit einer Wahrscheinlichkeit von ca. 99 % wird man mindestens 1043, höchstens 1107 tatsächliche Wähler befragen. [$P(1043 \le X \le 1107) = 0{,}991$]

b) $n = 340$; $p = 0{,}5$; $\mu = 170$; $\sigma \approx 9{,}22$

Demnach hat man in der Stichprobe mit einer Sicherheitswahrscheinlichkeit von 90 % mindestens 155-mal, höchstens 185-mal Wappen (Zahl), [$P(155 \le X \le 185) = 0{,}907$]
mit einer Sicherheitswahrscheinlichkeit von 95 % mindestens 152-mal, höchstens 188-mal Wappen (Zahl), [$P(152 \le X \le 188) = 0{,}956$]
mit einer Sicherheitswahrscheinlichkeit von 99 % mindestens 146-mal, höchstens 194-mal Wappen (Zahl). [$P(146 \le X \le 194) = 0{,}992$]

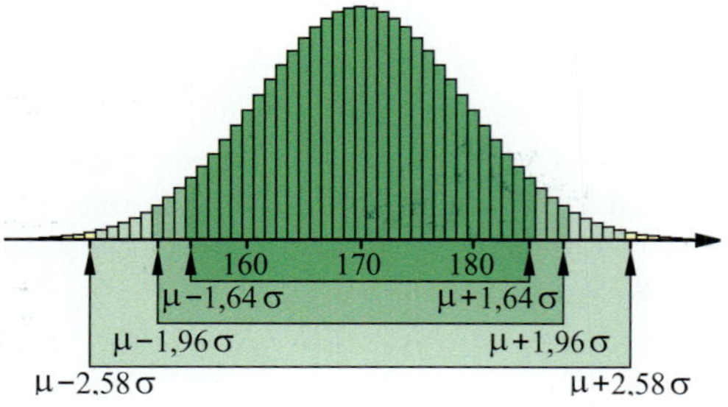

Schluss von der Gesamtheit auf die Stichprobe

Bei diesem Aufgabentyp kennen wir die Erfolgswahrscheinlichkeit, die dem Zufallsversuch zugrunde liegt (z. B. in Form eines Anteils in der Gesamtheit, vgl. Aufgabe 1 a), oder auf Grund von LAPLACE-Annahmen, vgl. Aufgabe 1 b)) und machen eine Prognose für die Ergebnisse einer Stichprobe:

- Der Erwartungswert μ ist eine geeignete **Punktschätzung** für die zugrunde liegende Zufallsgröße X.
- Die 1,64 σ- bzw. 1,96 σ- bzw. 2,58 σ-Umgebungen von μ sind Bereiche, in denen das Stichprobenergebnis mit 90 % bzw. 95 % bzw. 99 % Wahrscheinlichkeit liegen wird; die Angabe einer solchen Umgebung von μ ist eine **Intervallschätzung** für X.

Übungen

1. Wie oft wird man beim

a) 180fachen, **b)** 234fachen, **c)** 3000fachen, **d)** 1932fachen,

Würfeln die Augenzahl 6 erhalten?

2. Untersuchungen ergaben folgende Ausstattungen in 4 Personen-Haushalten mit 2 Kindern:

a) 95,4 % haben ein Mobil-Telefon;
b) 61,2 % haben eine Satelliten-Empfangsanlage;
c) 69,8 % haben einen digitalen Fotoapparat;
d) 43,8 % haben einen MP3-Player;
e) 55,8 % haben einen Wäschetrockner.

Eine Stichprobe vom Umfang 720 werde durchgeführt. Vorausgesetzt, die Daten haben sich nicht geändert: In wie vielen Haushalten dieses Typs wird man diese Konsumgüter vorfinden?

3. Im Mittel sind 5 % der Nägel einer Sortimentpackung nicht einwandfrei. In einer Packung sind 360 Nägel. Gib eine Intervallschätzung für die Anzahl unbrauchbarer Nägel in einer Packung an (Sicherheitswahrscheinlichkeit 95 %).

4. Die Wahrscheinlichkeit dafür, dass eine beliebige Zahl bei einer Wochenziehung des Lottospiels *6 aus 49* gezogen wird, beträgt $\frac{6}{49}$.

Mit wie vielen Ziehungen einer beliebigen Zahl konnte man bis zur 3000. Wochenziehung von *6 aus 49* rechnen? Vergleiche dies mit den Häufigkeiten der Tabelle auf Seite 124.

5. Jede Woche werden beim Lottospiel *6 aus 49* Millionen von Tipps abgegeben (Mittwochslotto ca. 40 Millionen, Samstagslotto ca. 90 Millionen Tipps). Wie viele Tipps mit 0, 1, 2, 3, 4, 5, 6 Richtigen werden dabei ungefähr sein, wie viele haben 3, 4 bzw. 5 Richtige mit Zusatzzahl?

Die Wahrscheinlichkeit	
0 Richtige zu haben beträgt	6096454/13983816
1	5775588/13983816
2	1851150/13983816
3 (ohne Zusatzzahl)	229600/13983816
3 (mit Zusatzzahl)	17220/13983816
4 (ohne Zusatzzahl)	12915/13983816
4 (mit Zusatzzahl)	630/13983816
5 (ohne Zusatzzahl)	252/13983816
5 (mit Zusatzzahl)	6/13983816
6	1/13983816

6. Die 257 Schülerinnen und Schüler eines Abiturjahrgangs eines großen Gymnasiums vereinbaren, nach 25 Jahren den Jahrestag ihrer Abschlussprüfung wieder zu feiern.

Wie viele von den Abiturientinnen (121 der 257 Ehemaligen) werden diesen Tag mit einer Wahrscheinlichkeit von 95 % erleben, wie viele Abiturienten (136 der 257) werden es voraussichtlich sein?

Anleitung: Wir setzen zur Vereinfachung voraus, dass die Abiturientinnen und Abiturienten des Jahrgangs alle ungefähr 20 Jahre alt sind. Benutze die Tabelle von Seite 11.

Ergebnisse von Stichproben werden oft auch als Anteile angegeben. Entsprechend können wir Prognosen für Stichproben auch als Anteile angeben.

Aufgabe 2 – Schätzung des Anteils in der Stichprobe

Kurz nach Schließen der Wahllokale werden im Fernsehen bereits erste Hochrechnungen bekannt gegeben. Es handelt sich hierbei nicht um bereits ausgezählte Wahlergebnisse, sondern um die Ergebnisse von Wählerbefragungen: Zufällig ausgewählte Personen werden beim Verlassen des Wahllokals gebeten, einen kleinen Fragebogen auszufüllen; auf diesem steht u. a. die Frage: *Welche Partei haben Sie gerade mit Ihrer Zweitstimme gewählt?*

Wie brauchbar ist diese Methode (sog. *Exit-Polls*)?

Überprüfe dazu – ausgehend vom tatsächlichen Wahlergebnis – welche Ergebnisse in der Stichprobe hätten herauskommen können (Sicherheitswahrscheinlichkeit 95 %).

Bei der Bundestagswahl 2005 wurden 102 713 Wählerinnen und Wähler beim Verlassen ihres Wahllokals durch das Meinungsforschungsinstitut Infratest dimap befragt.

Partei	CDU/CSU	SPD	FDP	Grüne	PDS/Linke
Befragungsergebnis	35,5 %	34,0 %	10,5 %	8,5 %	7,5 %
Wahlergebnis	35,2 %	34,2 %	9,8 %	8,1 %	8,7 %

Lösung

CDU/CSU-Wahlergebnis: 35,2 %, d. h. $p = 0{,}352$,
dann ist $\mu = 102\,713 \cdot 0{,}352 \approx 36\,155$; $\sigma \approx 153{,}06$; $1{,}96\,\sigma \approx 300$.

„Nachträgliche“ Prognose für die Stichprobe:

Mit einer Wahrscheinlichkeit von 95 % werden in der Stichprobe mindestens 35 895, höchstens 36 455 Personen angegeben, CDU/CSU gewählt zu haben.

Dem Intervall mit den absoluten Häufigkeiten (links) entspricht das Intervall von relativen Häufigkeiten (rechts), denn $\frac{35\,895}{102\,713} \approx 0{,}349$; $\frac{36\,155}{102\,713} \approx 0{,}352 = p$ und $\frac{36\,455}{102\,713} \approx 0{,}355$.

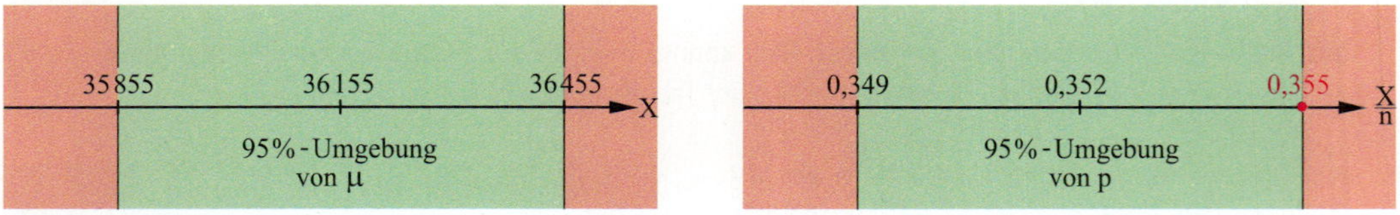

Der in der Stichprobe festgestellte Anteil von $\frac{X}{n} = 0{,}355$ liegt am Rande des Intervalls.

Durch die Berechnung eines Intervalls für voraussichtlich in der Stichprobe auftretende relative Häufigkeiten (Anteile) bestimmen wir eine Umgebung von p.

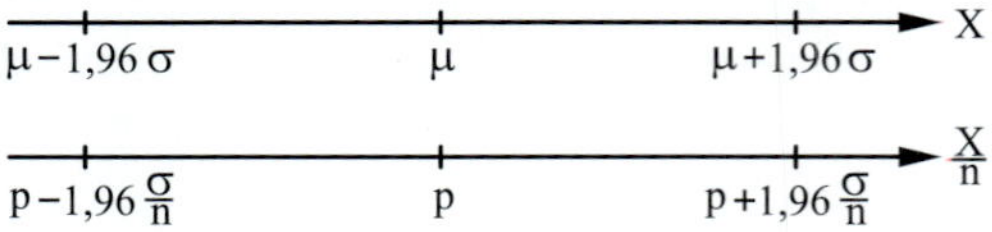

Analog berechnen wir die 95 %-Umgebungen für die anderen Parteien. Wir stellen fest, dass die Ergebnisse der Stichprobe nur teilweise in den (durch nachträgliche Prognose bestimmten) 95 %-Umgebungen von p liegen.

Partei	95 %-Umgebung von p
SPD	$0{,}339 \le \frac{X}{n} \le 0{,}345$
FDP	$0{,}096 \le \frac{X}{n} \le 0{,}100$
Grüne	$0{,}079 \le \frac{X}{n} \le 0{,}083$
PDS/Linke	$0{,}085 \le \frac{X}{n} \le 0{,}089$

Auf Grund eines Beispiels lässt sich nicht beurteilen, wie brauchbar die Methode des Exit-Polls ist. Meinungsforscher haben hiermit Erfahrungen gesammelt und korrigieren die Befragungsergebnisse durch unterschiedliche Gewichtung der einzelnen Anteile der Parteien.

Beim Aufgabentyp *Schluss von der Gesamtheit auf die Stichprobe* kann es auch interessant sein, eine Prognose für relative Häufigkeiten (Anteile) vorzunehmen:

- Der Anteil in der Gesamtheit, d. h. die Erfolgswahrscheinlichkeit p ist eine geeignete Punktschätzung für den Anteil $\frac{X}{n}$ in der Stichprobe.
- Die 1,64 $\frac{\sigma}{n}$-Umgebung, die 1,96 $\frac{\sigma}{n}$-Umgebung und die 2,58 $\frac{\sigma}{n}$-Umgebung von p sind Bereiche, in denen der Anteil $\frac{X}{n}$ in der Stichprobe mit 90 %, 95 % bzw. 99 % Wahrscheinlichkeit liegen wird, dabei ist: $\frac{\sigma}{n} = \sqrt{\frac{p(1-p)}{n}}$

Stichprobenergebnisse, die *außerhalb* der 1,96 $\frac{\sigma}{n}$-Umgebung von p (1,96 σ-Umgebung von μ) liegen, gelten als **ungewöhnlich**. Solche Ergebnisse sind möglich; sie treten aber selten auf. Man sagt auch, dass ein Ergebnis, das außerhalb der o. a. Umgebung liegt, **signifikant** von p (bzw. signifikant von μ) abweicht.

Ergebnisse außerhalb der 2,58 $\frac{\sigma}{n}$-Umgebung von p (2,58 σ-Umgebung von μ) treten besonders selten auf; man bezeichnet solche Abweichungen von p (bzw. μ) als **hochsignifikant**.
Stichprobenergebnisse, die *innerhalb* der 1,96 $\frac{\sigma}{n}$-Umgebung von p (1,96 σ-Umgebung von μ) liegen, bezeichnen wir im Folgenden auch als **verträglich** mit p (auf dem 95 %-Niveau).

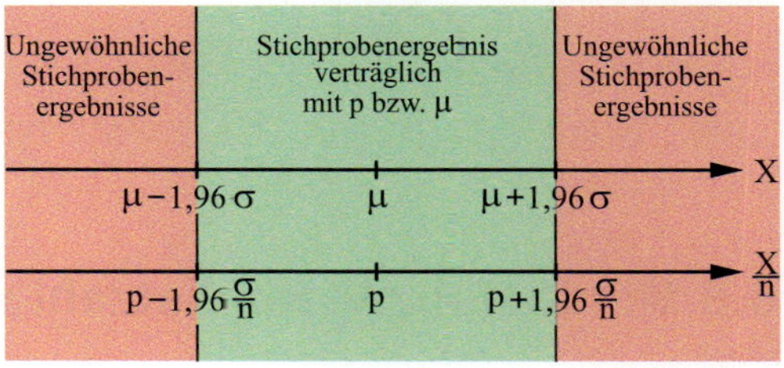

Übungen

7. Die Wahrscheinlichkeit für eine Mädchengeburt beträgt in Deutschland etwa p = 0,486. In einem Krankenhaus werden die Geburtenzahlen des ersten Halbjahres erfragt. Insgesamt kamen hier 315 Jungen und 318 Mädchen zur Welt.

a) Ist die relative Häufigkeit der Mädchengeburten in diesem Krankenhaus verträglich mit der Wahrscheinlichkeit für eine Mädchengeburt in Deutschland?

b) Sind einzelne Monatsergebnisse des Krankenhauses ungewöhnlich?

c) Gibt es einen Wochentag mit ungewöhnlich vielen oder wenigen Mädchengeburten?

Monat	Anzahl der Jungengeburten	Anzahl der Mädchengeburten
Januar	57	53
Februar	47	43
März	53	68
April	57	50
Mai	52	54
Juni	49	50

Wochentag	Anzahl der Jungengeburten	Anzahl der Mädchengeburten
Montag	41	54
Dienstag	38	46
Mittwoch	54	48
Donnerstag	59	35
Freitag	54	49
Samstag	42	51
Sonntag	27	35

8. Untersuche mit Hilfe der Daten aus Übung 7 (das erste Halbjahr umfasst 181 Tage):

a) Die Wahrscheinlichkeit für die Geburt eines Kindes an einem beliebigen Wochentag beträgt $\frac{1}{7}$. Wurden in dem Krankenhaus an einem Wochentag ungewöhnlich viele oder wenige Kinder geboren?

b) Die Wahrscheinlichkeit für die Geburt eines Kindes im Januar beträgt $\frac{31}{181}$, im Februar $\frac{28}{181}$ usw. Wurden in dem Krankenhaus in einem Monat ungewöhnlich viele oder wenige Kinder geboren?

9. In einer Prüfstelle eines Technischen Überwachungsvereins (TÜV) erhielten in einem Vierteljahr 9943 von 15 250 vorgeführten Fahrzeugen eine Plakette. In der Tabelle auf der Seite 10 ist festgehalten, wie viele Plaketten an 25 Tagen verteilt wurden.

Treten signifikante Abweichungen auf? Gibt es einen Wochentag, an dem ungewöhnlich viele oder wenige Plaketten ausgegeben wurden (Montag: 1., 6., 11., 16. und 21. Tag usw.)?

10. Von den Technischen Überwachungsvereinen werden vierteljährlich Statistiken darüber erstellt, wie viele Kraftfahrzeuge von den einzelnen Prüfern das Urteil *ohne Mängel* bzw. *mit unerheblichen Mängeln* oder *mit erheblichen Mängeln* erhalten haben. Diese Daten werden mit den Gesamtwerten der Prüfstelle verglichen.

a) In einer Prüfstelle erhielten in einem Vierteljahr 63,1 % der Fahrzeuge eine Prüfplakette. Ein Prüfer untersuchte in derselben Zeit 875 Fahrzeuge und gab 545 Prüfplaketten. Kann man ihn als „scharfen“ oder „großzügigen“ Prüfer bezeichnen oder lässt sich die Abweichung vom Mittelwert als zufällig auffassen?

verteilte Plaketten	geprüfte Fahrzeuge	verteilte Plaketten	geprüfte Fahrzeuge
einer Prüfstelle		eines Prüfers	
5070	8310	586	1008
3240	4920	711	1072
4180	6770	862	1229

b) Werte wie in a) die Ergebnisse anderer Prüfstellen aus (Tabelle).

3.8 Mindest- bzw. Höchstzahl von Erfolgen

Während bei den vorangehenden Aufgaben Erfolgswahrscheinlichkeiten p und Stichprobenumfang n bekannt waren und hiermit Wahrscheinlichkeiten von Intervallen bestimmt wurden, kann man umgekehrt auch p und die Wahrscheinlichkeit für ein Intervall vorgeben und hieraus ein passendes n berechnen. Besonders interessant ist die folgende Fragestellung:

- **Welcher Stichprobenumfang ist notwendig, damit (bei vorgegebener Erfolgswahrscheinlichkeit) mindestens (höchstens) k Erfolge eintreten?**

Aufgabe 1 – Mindestzahl von Erfolgen

Ein Meinungsforschungsinstitut will eine Befragung durchführen; erfahrungsgemäß werden jedoch nur 75 % der ausgesuchten Personen angetroffen.
Wie viele Personen müssen ausgesucht werden, wenn die Stichprobe mindestens vom Umfang 1000 sein soll, d. h. mindestens 1000 Personen befragt werden sollen? (Sicherheitswahrscheinlichkeit 95 %)

Lösung

Wegen der Mindestforderung gilt für den Stichprobenumfang n: $\mu - 1{,}64\,\sigma \geq 1000$

hier: $0{,}75\,n - 1{,}64\sqrt{n \cdot 0{,}75 \cdot 0{,}25} \geq 1000$

$$n - \frac{1{,}64}{0{,}75} \cdot \sqrt{0{,}75 \cdot 0{,}25} \cdot \sqrt{n} \geq \frac{1000}{0{,}75}$$

$$n - 0{,}947\sqrt{n} \geq 1333{,}33$$

Umformung der quadratischen Ungleichung mit der Variablen $\sqrt{n}$ ergibt: $(\sqrt{n} - 0{,}473)^2 \geq 1333{,}56$

also $\sqrt{n} \geq 36{,}99$, d. h. $n \geq 1369$

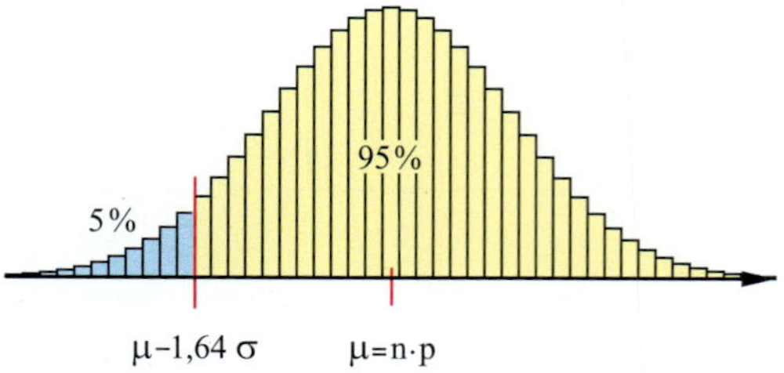

Das bedeutet: Es müssen mindestens 1369 Personen ausgesucht werden, damit mit einer Wahrscheinlichkeit von 95 % mindestens 1000 Personen für die Befragung zur Verfügung stehen.

Übungen

1. **a)** Bearbeite das Problem von Aufgabe 1 für eine Sicherheitswahrscheinlichkeit von 99 %.

b) Wie viele Personen müssen ausgesucht werden, damit eine Umfrage von mindestens 2000 Personen durchgeführt werden kann? (Sicherheitswahrscheinlichkeit 99 %)

c) Bestimme n in Aufgabe 1 mithilfe des GTR durch Untersuchung der Funktion
$f(x) = 0{,}75\,x - 1{,}64 \cdot \sqrt{x \cdot 0{,}75 \cdot 0{,}25}$

2. Jemand benötigt 400 Schrauben. Eine Schraube sei mit Wahrscheinlichkeit 0,1 defekt. Wie viele Schrauben muss man bestellen, damit man mit 95% Wahrscheinlichkeit genügend gute Schrauben hat?

3. Jemand benötigt 96 Polsternägel, um mehrere Sessel neu zu beziehen. Wie viele Nägel sollten gekauft werden, wenn erfahrungsgemäß 15 % (25 %) der Nägel beim Einklopfen verbogen werden und nicht mehr zu gebrauchen sind? (Sicherheitswahrscheinlichkeit 95 %)

4. Ein Reiseunternehmer nimmt 400 Buchungen für ein Feriendorf mit 360 Betten an, da erfahrungsgemäß 10% der Buchungen wieder rückgängig gemacht werden.

a) Mit welcher Wahrscheinlichkeit hat er zu viele Buchungen angenommen?

b) Wie viele Buchungen hätte er annehmen dürfen, wenn er das Risiko der Überbelegung nur in 1% der Fälle eingehen will?

5. Ein Konzertsaal fasst 720 Personen. Erfahrungsgemäß werden nur 85 % der vorbestellten Karten auch abgeholt. Weitere Bestellungen werden in der Reihenfolge des Eingangs berücksichtigt. Bis zu welchem Platz in dieser Warteliste besteht noch Aussicht auf Erfolg?

6. **a)** 10 % der Flugbuchungen werden nicht wahrgenommen (sog. *No-Show-Rate*).
Mit welcher Belegung kann die *Deutsche Lufthansa* rechnen, wenn zunächst eine bestimmte Flugverbindung ausgebucht war? (Sicherheitswahrscheinlichkeit 99 %)

b) Wie viele Flugbuchungen könnte die Lufthansa für die verschiedenen Flugzeugtypen zunächst annehmen, wenn man in Kauf nehmen will, dass in 1 % der Flüge zu wenig Sitzplätze zu Verfügung stehen?

Die Tabelle zeigt die Kapazitäten (Sitzplätze) der Verkehrsflugzeuge der *Deutschen Lufthansa*.

Flugzeugtyp	Anzahl der Sitzplätze
Boeing 747-400	344
Airbus A 340-600	306
Airbus A 300-600	280
Airbus A 340-300	247
Airbus A 330-300	221
Airbus A 321	182
Airbus A 320	150
Airbus A 319	126
Boeing 737-300	123
Boeing 737-500	103
Avro RJ85	93
CRJ900	84
CRJ700	70
CRJ 100/200	50

Boeing 747-400

Airbus A 340-600

Airbus A 320

Boeing 747-300

Airbus A 300-600

CRJ-700

Exkurs: Approximation der Binomialverteilung durch die Normalverteilung

In Kapitel 3.8 zeigten wir, dass die Standardabweichung σ ein brauchbares Maß für die Streuung der Zufallsgröße X um den Erwartungswert μ ist: Bestimmte σ-Umgebungen von μ haben bestimmte Wahrscheinlichkeiten.

Diese Eigenschaft hängt mit der folgenden Eigenschaft von Binomialverteilungen zusammen: Bei großem Stichprobenumfang kann man die Histogramme durch einen stetigen Graphen approximieren (annähern). Voraussetzung für die Annäherung aller möglichen Histogramme durch eine einzige stetige Kurve ist allerdings, dass man die Histogramme miteinander vergleichbar macht.

Dazu verändert man die Breite und die Höhe der Rechtecke so, dass die Maßzahlen der Flächen gleich bleiben: Ein solcher geeigneter Veränderungsfaktor ist genau die oben eingeführte Standardabweichung σ. Zeichnet man die Histogramme mit der Breite $\frac{1}{\sigma}$ und mit der Höhe $\sigma \cdot P(X = k)$, dann verändert sich der Flächeninhalt nicht. Schließlich verschiebt man noch die P-Achse durch $\mu = n \cdot p$. Diesen gesamten Vorgang nennt man **standardisieren**. Der stetige Graph, der ungefähr durch die Mitten der oberen Rechteckseiten verläuft, ist die Standard-Normalverteilung oder GAUSSCHE Dichtefunktion. Diese hat die Funktionsgleichung $\varphi(x) = \frac{1}{\sqrt{2\pi}} \cdot e^{-\frac{x^2}{2}}$.

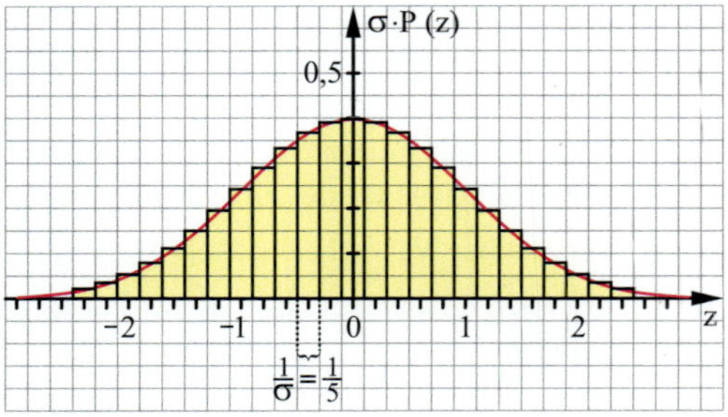

Standardisierte Binomialverteilung für p = 0,5; n = 100 und die Standard-Normalverteilung

Wahrscheinlichkeitsberechnungen für Binomialverteilungen werden dann als Flächenbestimmungen unter der stetigen Kurve der Standard-Normalverteilungen durchgeführt.

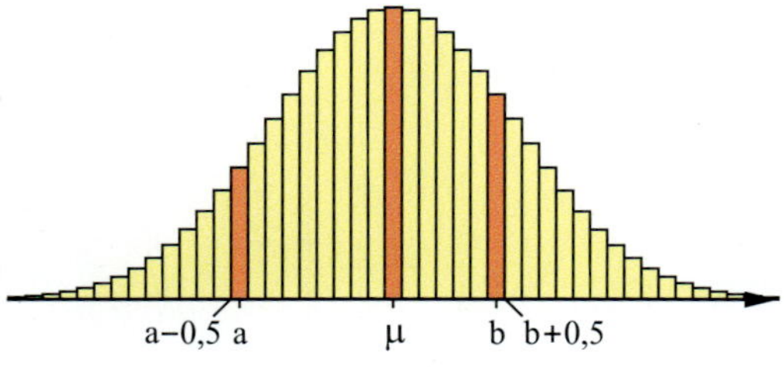

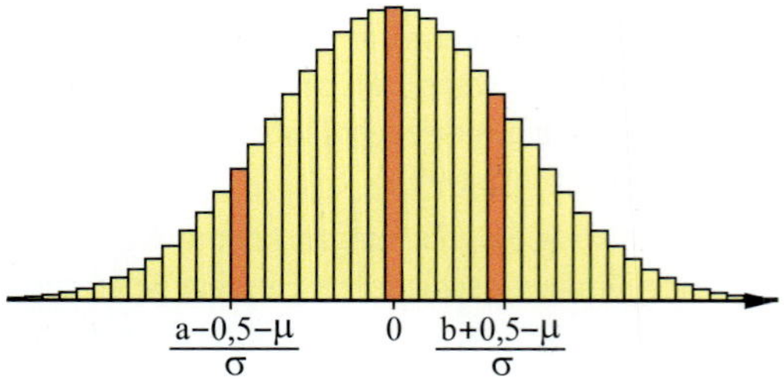

Hier gilt folgender Zusammenhang:

Formel von MOIVRE und LAPLACE

$$P(a \le X \le b) \approx \phi\left(\frac{b + 0{,}5 - \mu}{\sigma}\right) - \phi\left(\frac{a - 0{,}5 - \mu}{\sigma}\right) \text{ mit } \phi(x) = \int_{-\infty}^{x} \varphi(t)\, dt$$

Dabei ist ϕ die sog. GAUSSsche Integralfunktion, die die Maßzahl der Fläche unter der GAUSSschen Dichtefunktion wiedergibt.

Beispiele:

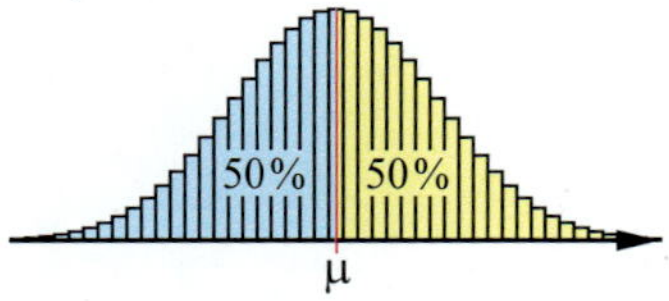

$\phi(0) = \int_{-\infty}^{0} \varphi(t)\, dt = 0{,}500$

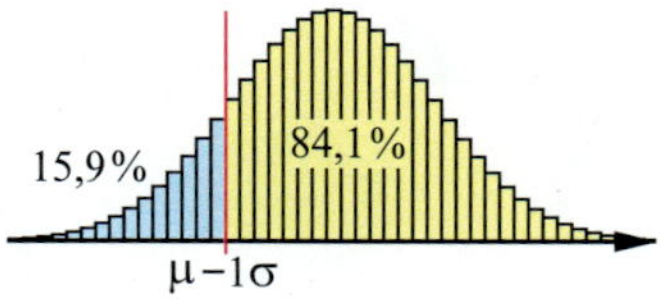

$\phi(-1) = \int_{-\infty}^{-1} \varphi(t)\, dt = 0{,}159$

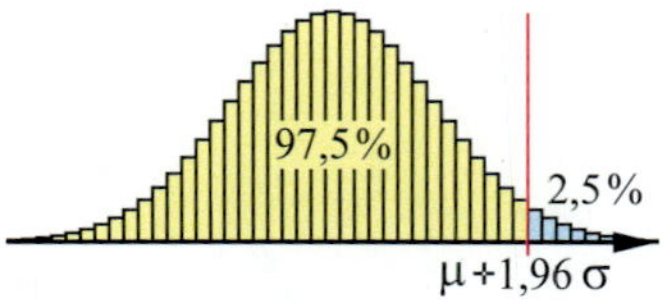

$\phi(1{,}96) = \int_{-\infty}^{+1{,}96} \varphi(t)\, dt = 0{,}975$

Auf dem GTR stehen folgende Funktionen zur Verfügung: $\varphi(x) = \text{normalpdf}(x) = \frac{1}{\sqrt{2\pi}} \cdot e^{-0,5x^2}$

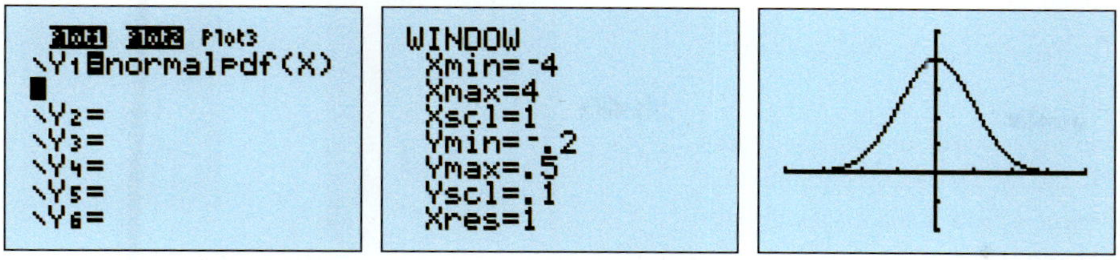

Wahrscheinlichkeiten für σ-Intervalle bestimmen wir mithilfe von: **normalcdf** $(a, b) = \int_a^b \varphi(x)\,dx$

Mit dem **ShadeNorm**-Befehl kann man Bereiche unter dem Graphen markieren; dabei wird auch die Maßzahl der Fläche angegeben. (Die Schraffierung wird mit dem **ClrDraw**-Befehl wieder aufgehoben.)

Der Befehl **InvNorm** bestimmt zu einer vorgegebenen Wahrscheinlichkeit die obere Grenze des Integrals der GAUSSschen Integralfunktion.

Beispiele:

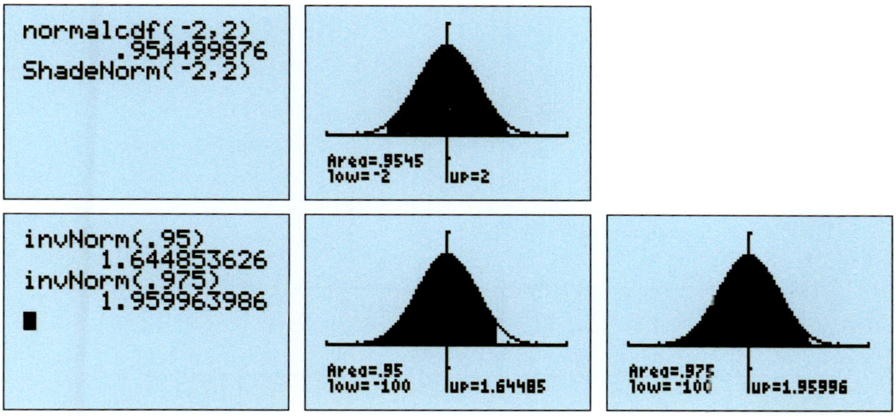

Übungen

1. Erläutere, wie man mithilfe des InvNorm-Befehls weitere σ-Regeln aufstellen kann, z. B. für eine 60 %- bzw. 70 %-Umgebung um den Erwartungswert.

2. a) Erläutere die Berechnung einer Wahrscheinlichkeit mithilfe der Formel von MOIVRE und LAPLACE im folgenden Beispiel:

$n = 200;\ p = 0,45;\ \mu = 90\ \sigma \approx 7,036$

$P(80 \le X \le 98) \approx \phi\left(\frac{98,5-90}{7,036}\right) - \phi\left(\frac{79,5-90}{7,036}\right)$

$\approx \phi(1,21) - \phi(-1,49) = 0,887 - 0,068 = 0,819 = 81,9\,\%$,

denn $98,5 \approx \mu + 1,21\,\sigma$ und $79,5 \approx \mu - 1,49\,\sigma$

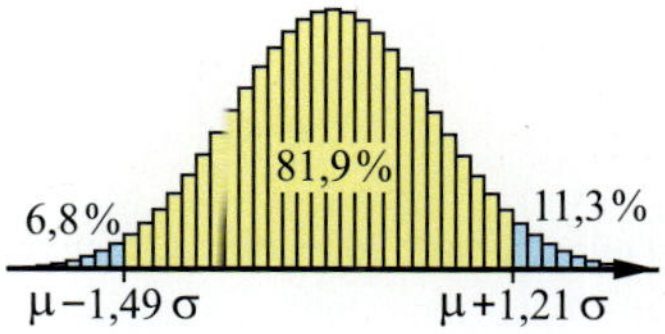

b) Bestimme Wahrscheinlichkeiten von BERNOULLI-Versuchen mithilfe der Formel von MOIVRE und LAPLACE und vergleiche den enthaltenen Wert mit der exakt berechneten Wahrscheinlichkeit:

(1) $n = 100;\ p = 0,3;\ P(27 \le X \le 35)$

(2) $n = 300;\ p = 0,6;\ P(180 \le X \le 190)$

(3) $n = 200;\ p = 0,25;\ P(45 \le X \le 60)$

(4) $n = 400;\ p = 0,8;\ P(300 \le X \le 325)$

c) Zeige: Man kann mithilfe der Formel von MOIVRE und LAPLACE auch Einzel-Wahrscheinlichkeiten berechnen. Bestimme $P(X = 95)$ für $n = 200;\ p = 0,5$.

Histogramme von Binomialverteilungen und Gaussche Dichtefunktion:

Die Gausssche Dichtefunktion φ hat die Funktionsgleichung $\varphi(x) = \frac{1}{\sqrt{2\pi}} \cdot e^{-0{,}5x^2}$

Wie kann man die Approximation der Binomialverteilungen durch die Gausssche Dichtefunktion erkennen? Betrachten wir als Beispiel das Histogramm von n = 100; p = 0,5 (μ = 50, σ = 5):

Carl Friedrich Gauss (1777–1855)

Leonhard Euler (1707–1783)

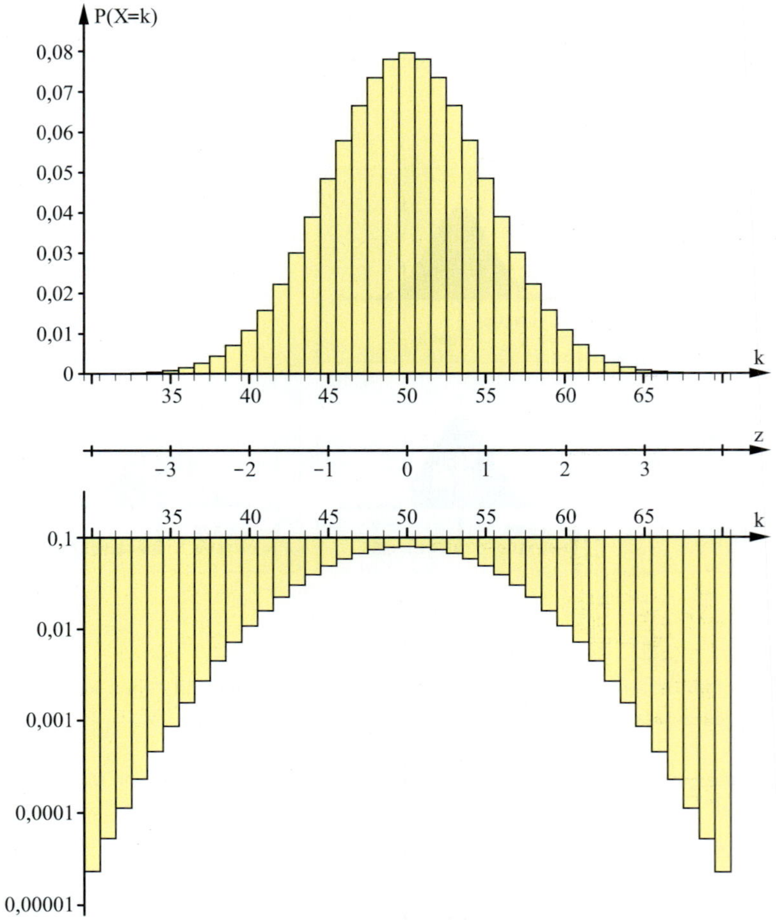

Logarithmiert man die Wahrscheinlichkeit P(X = k) mit der ln-Funktion (natürlicher Logarithmus zur Basis e = Eulersche Zahl), so erhält man lauter negative Werte (denn es gilt: ln x < 0 für x < 1). Das Histogramm mit dem logarithmierten Wert ln(P(X = k)) beschreibt ganz offensichtlich eine nach unten geöffnete Parabel mit Scheitelpunkt bei k = μ.

Durch Koeffizientenvergleich kann man herausfinden, dass die Parabel in einem standardisierten Koordinatensystem der Gleichung ln y = – 0,5 x² – 0,919 genügt. Macht man das Logarithmieren wieder rückgängig, so erhält man:

$y = e^{-0{,}5\,x^2 - 0{,}919} = e^{-0{,}5\,x^2} \cdot e^{-0{,}919} \approx 0{,}399 \cdot e^{-0{,}5\,x^2}$, wobei $\frac{1}{\sqrt{2\pi}} \approx 0{,}399$

Kapitel 4 | Testen und Schätzen

4.1 Testen von Hypothesen

In Kapitel 3.7 haben wir Stichprobenergebnisse, die außerhalb der 1,96 σ-Umgebung von μ liegen, als *ungewöhnlich* oder *signifikant abweichend* bezeichnet, Stichprobenergebnisse innerhalb der 1,96 σ-Umgebung von μ als *verträglich* mit der Erfolgswahrscheinlichkeit p.

Beim Aufgabentyp **Testen von Hypothesen** zieht man Konsequenzen aus der Lage des Stichprobenergebnisses. Man nimmt an, die dem Zufallsversuch zugrunde liegende Erfolgswahrscheinlichkeit zu kennen, d. h. man hat eine **Hypothese über p**. Die Grundfrage lautet:

- **Ist das Stichprobenergebnis verträglich mit der hypothetischen Erfolgswahrscheinlichkeit p oder weicht das Ergebnis signifikant ab?**

Aufgabe 1 – Testen einer Hypothese

Bei einem Würfelspiel wird der Verdacht geäußert, dass der benutzte Würfel nicht in Ordnung ist. Um dies zu prüfen, will man den Würfel 300-mal werfen und zählen, wie oft *Augenzahl 1* auftritt.

(1) Bei welchen Ergebnissen wird man den Verdacht als bestätigt ansehen?

(2) Wie wird man z. B. bei 65 Einsen entscheiden?

(3) Was wird man unternehmen, wenn 45-mal die Eins fällt?

Lösung

(1) Wenn der Würfel in Ordnung ist, dann tritt *Augenzahl 1* mit Wahrscheinlichkeit $\frac{1}{6}$ auf. Bevor man den Versuch durchführt, wird man dann die Prognose machen, dass das Stichprobenergebnis mit einer Wahrscheinlichkeit von 95 % im Intervall zwischen 37 und 63 (jeweils einschließlich) liegen wird:

Gegeben ist n = 300 und $p = \frac{1}{6}$; also ist:

$\mu = 300 \cdot \frac{1}{6} = 50$ und $\sigma = \sqrt{300 \cdot \frac{1}{6} \cdot \frac{1}{5}} \approx 6{,}45$;

also $1{,}96\,\sigma \approx 12{,}65$ und

1,96 σ-Umgebung von $\mu = \{37, 38, \ldots, 50, \ldots, 63\}$.

(Kontrollrechnung: $P(37 \le X \le 63) = 0{,}964$;
$P(38 \le X \le 62) = 0{,}948$)

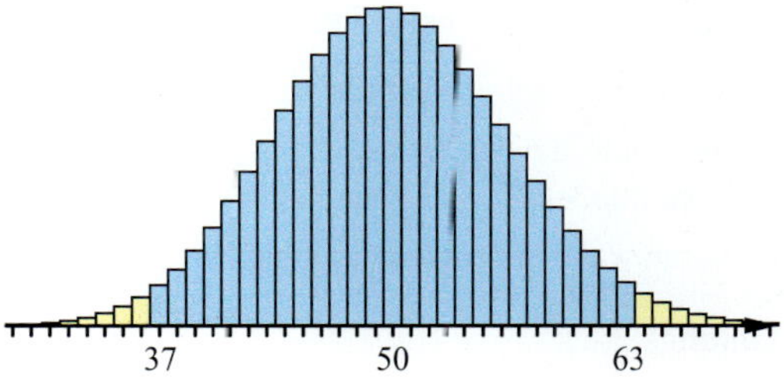

Diese Umgebung von μ enthält in *mindestens* 95 % der Fälle das Ergebnis des Zufallsversuchs, dem die Erfolgswahrscheinlichkeit $p = \frac{1}{6}$ zugrunde liegt.

Man wird daher den Verdacht, dass der benutzte Würfel nicht in Ordnung ist, als bestätigt ansehen, wenn bei 300 Würfen weniger als 37 oder mehr als 63 Einsen fallen.

(2) Das Ergebnis *65-mal Augenzahl 1* ist möglich, auch wenn tatsächlich $p = \frac{1}{6}$ ist, aber Ergebnisse außerhalb der 95 %-Umgebung von μ treten selten auf; nach Ansatz hat der gesamte Bereich außerhalb nur eine Wahrscheinlichkeit von *höchstens* 5 %.

Wenn ein Ergebnis außerhalb der 1,96 σ-Umgebung von μ liegt, also mehr als $1{,}96\,\sigma$ von μ abweicht, wird man daran zweifeln, dass der Würfel in Ordnung ist.

(3) Wenn *45-mal Augenzahl 1* fällt, d. h. das Stichprobenergebnis verträglich mit $p = \frac{1}{6}$ ist, wird man einen möglichen Verdacht nicht bestätigt sehen, d. h. man wird weiterhin davon ausgehen, dass $p = \frac{1}{6}$ ist. Allerdings wird der Ansatz $p = \frac{1}{6}$ durch das Stichprobenergebnis X = 45 auch nicht *bewiesen*.

Beim Aufgabentyp **Testen von Hypothesen** geht man so vor: Es soll geprüft werden, ob einem Zufallsversuch eine bestimmte Erfolgswahrscheinlichkeit (z. B. $p = \frac{1}{6}$) zugrunde liegt.

Man sagt: *Die Hypothese $p = \frac{1}{6}$ wird getestet.*

Bevor der Zufallsversuch durchgeführt wird, macht man eine Prognose, in welchem Intervall (z. B. 95 %-Umgebung von μ) das Ergebnis voraussichtlich liegen wird. Falls das Ergebnis des Zufallsversuchs dann außerhalb des berechneten Intervalls (z. B. 95 %-Umgebung von μ) liegt, wollen wir die Hypothese (z. B. $p = \frac{1}{6}$) als falsch ansehen.

Man sagt: *Die Hypothese $p = \frac{1}{6}$ wird verworfen.*

Falls das Ergebnis des Zufallsversuchs innerhalb des berechneten Intervalls (z. B. 95 %-Umgebung von μ) liegt, haben wir keinen Anlass daran zu zweifeln, dass dem Zufallsversuch tatsächlich die Erfolgswahrscheinlichkeit (z. B. $p = \frac{1}{6}$) zugrunde lag.

Man sagt: *Die Hypothese $p = \frac{1}{6}$ kann nicht verworfen werden.*

Die beiden Bereiche, die wir beim Testen von Hypothesen unterscheiden, heißen **Verwerfungsbereich der Hypothese** (außerhalb der 95 %-Umgebung) bzw. **Annahmebereich der Hypothese** (innerhalb der 95 %-Umgebung).

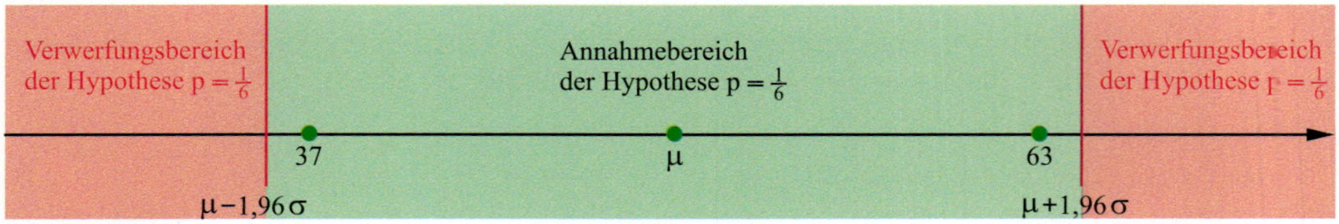

Die Entscheidung über die Hypothese wird ganz *schematisch* nach der sogenannten **Entscheidungsregel** gefällt. In Aufgabe 1 lautete diese Entscheidungsregel so: *Verwirf die Hypothese $p = \frac{1}{6}$, falls beim 300fachen Würfeln weniger als 37-mal oder mehr als 63-mal Augenzahl 1 fällt.*

Aufgabe 2 – Fehler beim Testen von Hypothesen

Bisher sind wir beim Münzwurf von der Gültigkeit der Hypothese $p = \frac{1}{2}$ ausgegangen.

a) Bestimme eine Entscheidungsregel für den 500fachen Münzwurf. Beurteile die Stichprobenergebnisse *275-mal Wappen* bzw. *268-mal Wappen*.

b) Warum kann die schematisch gefällte Entscheidung falsch sein? Welche Fehler können auftreten?

Lösung

a) Für $n = 500$, $p = \frac{1}{2}$ ist $\mu = 250$; $\sigma \approx 11{,}18$; $1{,}96\sigma \approx 21{,}91$

1,96 σ-Umgebung von μ = {228, 230, ..., 250, ..., 270, 272}; Kontrollrechnung: $P(228 \le X \le 272) = 0{,}956$

Entscheidungsregel: Verwirf die Hypothese $p = \frac{1}{2}$, falls Wappen weniger als 228-mal oder mehr als 272-mal fällt.

Im Falle $k = 275$ Wappen würde also die Hypothese $p = \frac{1}{2}$ verworfen, im Falle $k = 268$ Wappen nicht.

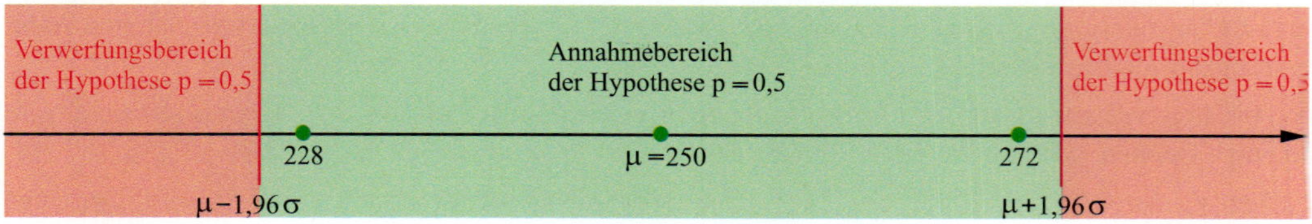

b) Da Ergebnisse außerhalb der 95 %-Umgebung von μ auftreten können, wird man in höchstens 5 % der Fälle, in denen tatsächlich $p = \frac{1}{2}$ ist, eine falsche Entscheidung fällen, nämlich man wird die *wahre Hypothese* $p = \frac{1}{2}$ *fälschlicherweise verwerfen.*

Andererseits ist es denkbar, dass das Ergebnis des Münzwurfs im Intervall {228, 230, ..., 270, 272} liegt, z. B. 268-mal Wappen fällt, dem Versuch aber nicht $p = \frac{1}{2}$ zugrunde liegt. Auch dann würde eine falsche Entscheidung fallen, nämlich man würde die *falsche Hypothese* $p = \frac{1}{2}$ *fälschlicherweise nicht verwerfen*.

Beispiel: Dem Ergebnis k = 268 Wappen könnte p = 0,56 zugrunde liegen, denn

$\mu = 500 \cdot 0{,}56 = 280$; $\sigma = \sqrt{500 \cdot 0{,}56 \cdot 0{,}44} \approx 11{,}10$; $1{,}96\,\sigma \approx 21{,}76$ und $P_{p=0{,}56}(258 \le X \le 302) = 0{,}957$;

d. h. k = 268 ist auch verträglich mit p = 0,56.

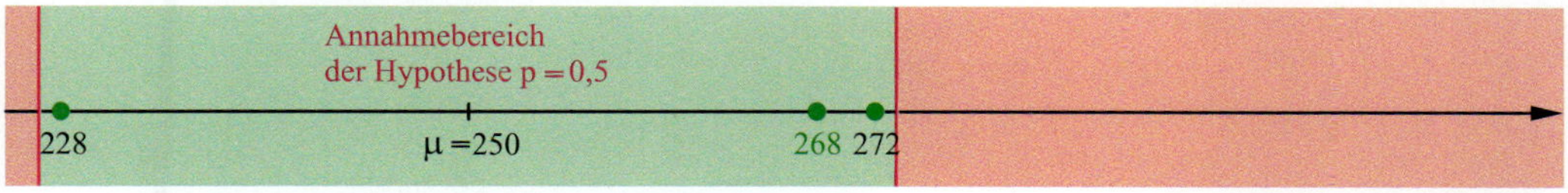

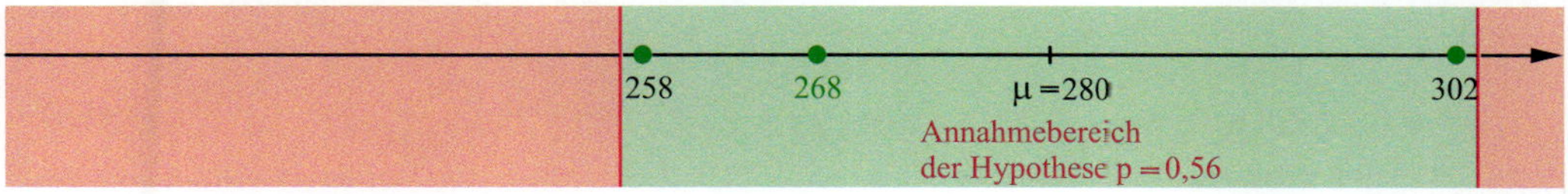

Testen von Hypothesen

Bei diesem Aufgabentyp nehmen wir an, dass wir die dem Zufallsversuch zugrunde liegende Erfolgswahrscheinlichkeit kennen. Durch die σ-Umgebung von μ sind zwei Bereiche festgelegt:
Verwerfungsbereich und **Annahmebereich**.

Die Entscheidung über die Hypothese wird nach folgendem Schema vorgenommen:

1. Fall: Das Stichprobenergebnis liegt im Verwerfungsbereich; es liegt eine signifikante Abweichung vor. Dann wird die Hypothese verworfen.
Diese Entscheidung kann falsch sein, da Ergebnisse auch zufällig außerhalb vorgegebener σ-Umgebungen liegen können, d. h. eine wahre Hypothese wird irrtümlich verworfen **(Fehler 1. Art)**.
Die Wahrscheinlichkeit α für einen Fehler 1. Art (Irrtumswahrscheinlichkeit) wird immer durch das Entscheidungsschema bestimmt, z. B. Annahmebereich: Umgebung von μ mit einer Wahrscheinlichkeit von *mindestens* 95 %; Wahrscheinlichkeit für einen Fehler 1. Art: *höchstens* 5 %.

2. Fall: Das Stichprobenergebnis liegt im Annahmebereich; es ist verträglich mit der Hypothese. Dann wird die Hypothese nicht verworfen; man geht weiterhin von der Gültigkeit der Hypothese aus.
Diese Entscheidung kann falsch sein, da Ergebnisse auch zufällig im Annahmebereich liegen können, obwohl dem Versuch eine andere Erfolgswahrscheinlichkeit zugrunde liegt, d.h. eine falsche Hypothese wird irrtümlich nicht verworfen **(Fehler 2. Art)**.
Um die Wahrscheinlichkeit β für einen Fehler 2. Art bestimmen zu können, muss man die tatsächliche Erfolgswahrscheinlichkeit p kennen.

Übungen

1. Bestimme Entscheidungsregeln für folgende Hypothesen (auf dem 95 %-Niveau, d. h. Irrtumswahrscheinlichkeit 5 %)

a) X: *Anzahl der Einsen beim Werfen eines regulären Tetraeders;* n = 240; $p = \frac{1}{4}$

b) X: *Anzahl der Fünfen beim Werfen eines regulären Oktaeders;* n = 320; $p = \frac{1}{8}$

c) X: *Anzahl der Primzahlwürfe beim Werfen eines regulären Dodekaeders;* n = 240; $p = \frac{5}{12}$

d) X: *Anzahl der Würfe von 1-stelligen Augenzahlen beim Werfen eines regulären Ikosaeders;* n = 400; $p = \frac{9}{20}$

2. Überprüfe die folgende Hypothese für die Zeitungsnotiz: *Es spielt keine Rolle, ob es sich um einen linken oder rechten Schuh handelt, der im Meer verloren geht.*
Beachte: In Holland wurden n = 107 Schuhe gefunden, in Schottland n = 156.

Rinks und lechts

WAGENINGEN, 25. April (dpa). An den niederländischen Stränden würden mehr linke als rechte Schuhe angespült; in Schottland sei es umgekehrt. Das habe eine Untersuchung niederländischer Biologen ergeben, teilte das Institut für Wald- und Naturforschung in Wageningen am Freitag mit. Die Wissenschaftler hätten auf der holländischen Nordseeinsel Texel 68 linke und 39 rechte Schuhe gefunden, auf den schottischen Shetlandinseln dagegen 63 linke und 93 rechte Schuhe. Mit der Untersuchung wollte der Biologe Mardik Leopold beweisen, dass zwei ähnliche Gegenstände mit unterschiedlicher Form im Meer in verschiedene Richtungen treiben. Deswegen spülten an bestimmten Stränden auch mehr rechte und an anderen mehr linke Muschelhälften an. Als seine Theorie angezweifelt wurde, bat Leopold andere Wissenschaftler, die Probe aufs Exempel zu machen. Mit besagtem Ergebnis.

(aus „Frankfurter Rundschau“)

3. Ein Losverkäufer behauptet, dass 25 % der Lose aus einer Lostrommel Gewinne seien. Man beobachtet, dass unter 64 verkauften Losen nur 10 Gewinne sind. Hat der Losverkäufer die Wahrheit gesagt?

4. Nach amtlichen Angaben haben PKW einer bestimmten Marke einen Marktanteil von 31 %. In einer Zufallsstichprobe vom Umfang 750 findet man 261 PKW von dieser Marke. Hat sich der Marktanteil verändert?

5. Von einer Maschine werden zwei gleichartige grobkörnige chemische Substanzen gemischt. Zur Kontrolle der Mischung werden mit einem kleinen Gefäß stichprobenweise Körner entnommen. Ungewöhnliche Abweichungen vom Erwartungswert weisen auf eine schlechte Mischung hin.
Die Mischung soll 20 % der einen und 80 % der anderen Substanz enthalten. In einer Stichprobe findet man 43 Körner der ersten und 115 der zweiten Substanz (17 der ersten, 110 der zweiten).
Prüfe, ob die Stichprobe auf eine ungenügende Mischung hinweist.

4.2 Einseitige Hypothesentests

Aufgabe 1 – Indirekte Methode

In Deutschland ist Blutgruppe A bei 43 % der Bevölkerung vorhanden. Aufgrund von verschiedenen Untersuchungen hat man die Vermutung, dass in dieser Bevölkerungsgruppe Magenkarzinome häufiger auftreten als bei Personen anderer Blutgruppen. Zwei Meinungen stehen gegeneinander:

H_1: *Menschen mit Blutgruppe A sind gefährdeter als andere.*

H_2: *Menschen mit Blutgruppe A sind höchstens so gefährdet wie andere*, d. h. die Meinung H_1 ist falsch.

Um die Frage zu entscheiden, welche von diesen beiden Meinungen (Hypothesen) richtig ist, will man die Blutgruppen von Magenkarzinom-Patienten einer Universitätsklinik bestimmen. Mit p werde die Wahrscheinlichkeit bezeichnet, dass ein Magenkarzinom-Patient Blutgruppe A hat.

Dann bedeutet H_1: $p > 0{,}43$ und H_2: $p \leq 0{,}43$

a) Welche Stichprobenergebnisse würden gegen Hypothese H_1, welche gegen H_2 sprechen?

Welche Hypothese ist zu testen, wenn man Hypothese H_1 „bestätigen“ möchte?

b) Beurteile konkret das folgende Stichprobenergebnis: Von 2380 Patienten mit Magenkarzinom hatten 1109 Blutgruppe A (Sicherheitswahrscheinlichkeit 99 %).

Lösung

a) Wenn es keinen Zusammenhang zwischen der Krankheit und der Blutgruppe der Patienten gibt, werden auch in der Stichprobe ungefähr 43 % der Patienten Blutgruppe A haben. Gegen Hypothese H_1 würde es sprechen, wenn der Anteil der Magenkarzinom-Kranken mit Blutgruppe A deutlich niedriger als 43 % wäre; ein deutlich höherer Anteil als 43 % stände im Widerspruch zu Hypothese H_2.

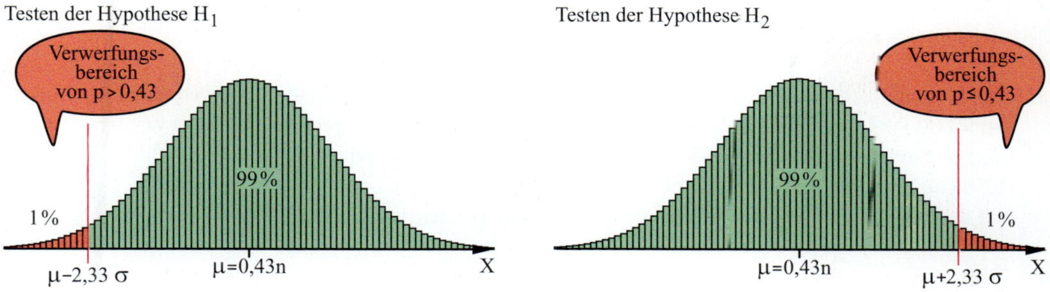

Hypothese H_1 und H_2 stehen im Gegensatz zueinander; sie schließen einander aus. Will man H_1 bestätigen, muss man H_2 testen und verwerfen (können).

b) Für $p = 0{,}43$ ist $\mu = 2380 \cdot 0{,}43 = 1023{,}4$
und $\mu + 2{,}33\sigma = 1023{,}4 + 2{,}33 \cdot \sqrt{2380 \cdot 0{,}43 \cdot 0{,}57} \approx 1023{,}4 + 56{,}3 = 1079{,}7$; $P(X \leq 1080) = 0{,}991$

Der in der Stichprobe gefundene Wert von 1109 Patienten mit Blutgruppe A liegt deutlich oberhalb dieses kritischen Wertes. Hypothese H_2 wird also verworfen und daher H_1 als richtig angenommen. Nur in höchstens 1 % der Fälle kommt es zufällig zu Ergebnissen oberhalb von $\mu + 2{,}33\sigma \approx 1079{,}7$, wenn tatsächlich der Anteil der Patienten mit Blutgruppe A nur 43 % beträgt (oder vielleicht sogar kleiner ist). Daher beträgt die Wahrscheinlichkeit für einen Fehler 1. Art *höchstens* 1 %.

Im Unterschied zum bisher betrachteten zweiseitigen Hypothesentest fragen wir nicht, ob einem Zufallsversuch eine bestimmte Erfolgswahrscheinlichkeit zugrunde liegt oder nicht, sondern fragen „einseitig“: *Ist die zugrunde liegende Erfolgswahrscheinlichkeit größer oder kleiner als ein bisher betrachteter Wert?*
Die Verwerfungsbereiche bei einseitigen Hypothesentests liegen daher am unteren **oder** am oberen Ende der Verteilungen. Signifikante Abweichungen nach unten führen zum Verwerfen einer Hypothese vom Typ $p > p_0$ (oder auch $p \geq p_0$), signifikante Abweichungen nach oben zum Verwerfen von Hypothesen vom Typ $p \leq p_0$ (bzw. $p < p_0$).
Will man z. B. $p > 0{,}43$ durch Hypothesentest „bestätigen“, muss man die entgegengesetzte Hypothese $p \leq 0{,}43$ untersuchen und mit Hilfe eines Stichprobenergebnisses verwerfen. Dieses indirekte Vorgehen erinnert an das Verfahren beim indirekten Beweis: Man zeigt, dass das Gegenteil einer Vermutung falsch ist; damit begründet man die Gültigkeit der betreffenden Aussage.

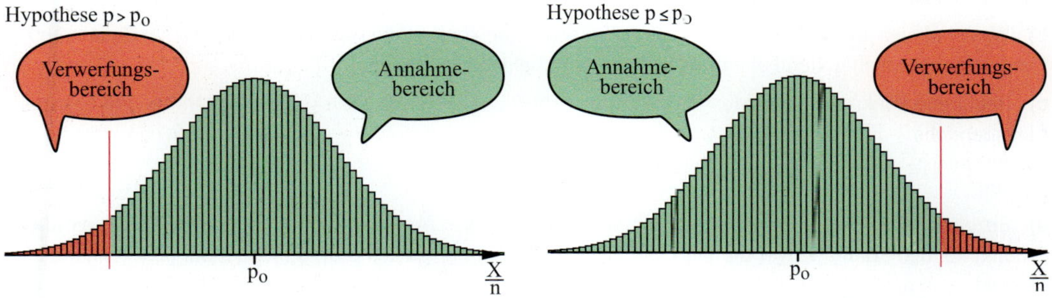

Da es beim einseitigen Hypothesentest immer zwei mögliche zu testende Hypothesen gibt, muss man vorher gründlich überlegen, welche der Hypothesen zu testen ist (vgl. Aufgabe 2, Seite 88).

Übungen

1. Unter 1728 Personen, die in verschiedenen Krankenhäusern wegen eines Magengeschwürs behandelt wurden, hatten 679 Blutgruppe 0; in der betreffenden Bevölkerungsgruppe ist Blutgruppe 0 mit einem Anteil von 36,5 % vertreten. Ist die Abweichung signifikant?

2. Unter 822 Patienten mit einem Karzinom der Bauchspeicheldrüse hatten 387 Blutgruppe A (Bevölkerungsanteil 43 %). Ist die Abweichung signifikant?

3. Drei Monate nach einer Wahl, in der die Regierungspartei 51 % der Stimmen erhielt, wird eine Umfrage unter 800 Personen durchgeführt. Eine der Fragen lautet: „Wenn am nächsten Sonntag Wahlen wären: Würden Sie (wieder) die Partei wählen, die zur Zeit die Regierung bildet?"
Auf diese Frage antworteten (nur) 382, dass sie dies tun würden.
Hat die Regierungspartei die mehrheitliche Unterstützung der Bevölkerung verloren?

4. Durch Befragungen nach Wahlen will man feststellen, wie zuverlässig die Angaben sind, die Personen über ihr Wahlverhalten machen.

   a) Eine Partei A erreichte in einer Wahl die absolute Mehrheit mit 53% der Stimmen. In einer kurz danach durchgeführten Meinungsumfrage unter 1000 Personen gaben 565 Personen an, die Regierungspartei A gewählt zu haben.
   Bestätigt dies, dass Personen nicht zugeben wollen, eine andere Partei gewählt zu haben?

   b) In einer Stichprobe unter 1349 Wahlberechtigten behaupteten 1260, sich an der Wahl beteiligt zu haben. Die Wahlbeteiligung betrug 91%.
   Bestätigt dies, dass Personen nicht zugeben wollen, nicht gewählt zu haben?

5. 24 von 300 geprüften Packungen haben Untergewicht. Zulässig ist dies nur bei maximal 5 % der Produktion. Liegt ein Betrugsversuch vor?

Aufgabe 2 – Auswahl der Hypothese und Fehler bei einseitigen Hypothesentests

Der Bekanntheitsgrad eines Produkts soll nach den Vorstellungen der Herstellerfirma möglichst über 70 % liegen. Die Werbeabteilung möchte deshalb eine Anzeigenkampagne starten, um den Bekanntheitsgrad über 70 % zu bringen; d.h. die Werbeabteilung vertritt die Meinung, der Bekanntheitsgrad betrage höchstens 70 % und der finanzielle Aufwand für eine Anzeigenserie sei notwendig.
Die Finanzabteilung hält eine solche Maßnahme für überflüssig, da der Bekanntheitsgrad über 70 % liege.

a) Welche Hypothesen stecken hinter den Standpunkten der Werbe- bzw. Finanzabteilung?

Durch welche Ergebnisse einer Stichprobe (Umfrage) lassen sich die Mitarbeiter der Abteilungen von ihrem jeweiligen Standpunkt abbringen?

b) Was sind hier jeweils Fehler 1. bzw. 2. Art? Beschreibe konkret die Auswirkungen. Welcher Zusammenhang besteht zwischen den Fehlermöglichkeiten der beiden Hypothesen?

c) Bestimme konkret Entscheidungsregeln für $n = 500$ und $\alpha = 0{,}10$ und skizziere Annahme- und Verwerfungsbereiche.

Lösung

a) Bezeichnen wir mit p den Bekanntheitsgrad des Produkts (Anteil in der Gesamtbevölkerung, die das Produkt kennen), dann vertritt die Werbeabteilung die Meinung, dass $p \leq 0{,}70$ (höchstens 70% kennen das Produkt); von dieser Meinung lassen sie sich nur durch *signifikant große* Stichprobenergebnisse abbringen. Die Finanzabteilung hält $p > 0{,}70$ für richtig und lässt sich nur durch *extrem kleine* Stichprobenergebnisse vom Gegenteil überzeugen.

b) *Hypothese H_1: $p \le 0{,}70$*

Fehler 1. Art: Tatsächlich kennen höchstens 70 % der Bevölkerung das Produkt; in der Stichprobe werden zufällig extrem viele Personen erfasst, die das Produkt kennen. Die Mitarbeiter der Werbeabteilung können daher ihre Meinung nicht mehr durchsetzen; eine notwendige Werbekampagne unterbleibt.

Fehler 2. Art: Der Bekanntheitsgrad des Produkts liegt über 70 %; die Ergebnisse der Stichprobe sind aber verträglich mit $p \le 0{,}70$. Die Mitarbeiter der Werbeabteilung sehen sich in ihrer Meinung bestätigt; eine Werbekampagne wird gestartet, die nicht notwendig ist.

Hypothese H_2: $p > 0{,}70$

Fehler 1. Art: Tatsächlich kennen mehr als 70% der Bevölkerung das Produkt; in der Umfrage werden allerdings zufällig extrem wenig Personen angetroffen, denen das Produkt bekannt ist. Die Mitarbeiter der Finanzabteilung müssen daher ihre Meinung aufgeben; eine überflüssige Werbekampagne wird gestartet.

Fehler 2. Art: Das Ergebnis der Stichprobe ist verträglich mit $p > 0{,}70$, obwohl der Bekanntheitsgrad tatsächlich höchstens 70 % beträgt. Die Mitarbeiter der Finanzabteilung sehen ihre Ansicht bestätigt, dass eine Werbekampagne überflüssig ist; wegen des Stichprobenergebnisses wird die notwendige Aktion nicht durchgeführt.

Was bei der Hypothese H_1 ein Fehler 1. Art ist, erweist sich als ein Fehler 2. Art bei Hypothese H_2 und umgekehrt.

c) Sei X: *Anzahl der Personen, die das Produkt kennen.*
Für n = 500 und p = 0,7 ist $\mu = 350$; $\sigma \approx 10{,}25$; $\mu - 1{,}28\sigma \approx 336{,}88$; $\mu + 1{,}28\sigma \approx 363{,}12$;
dabei gilt: $P(X \le 363) = 0{,}907$ und $P(X \ge 337) = 0{,}905$

Hypothese H_1: $p \le 0{,}7$

Extrem große Stichprobenwerte führen zur Verwerfung von H_1.
Da dem Bereich oberhalb von X = 363 eine Wahrscheinlichkeit von *höchstens* 10 % zukommt, lautet die *Entscheidungsregel:* Verwirf $p \le 0{,}7$, falls $X > 363$.

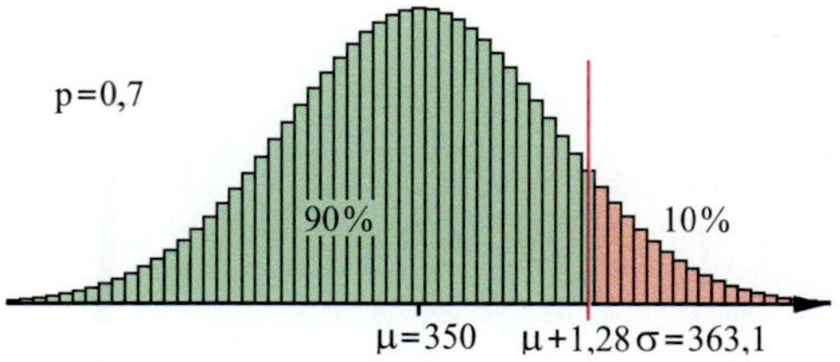

Mit einer Wahrscheinlichkeit von *höchstens* 10 % kommt es zufällig zu Stichprobenergebnissen, die größer als 363 sind, wenn tatsächlich 70 % der Bevölkerung das Produkt kennen.

Falls tatsächlich *weniger* als 70 % der Bevölkerung das Produkt kennen, ist die Wahrscheinlichkeit für einen Fehler 1. Art kleiner als 10 %.

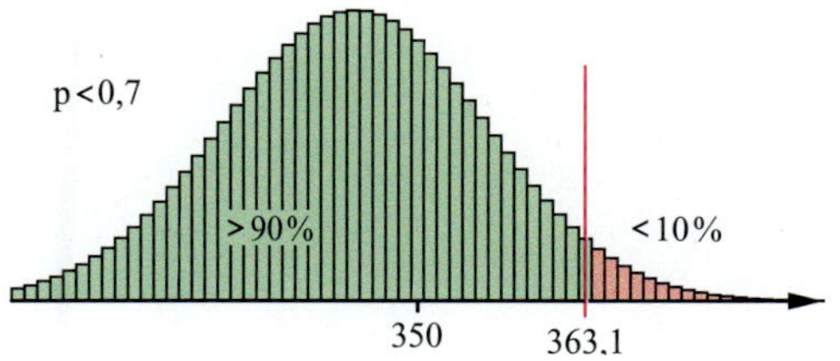

Hypothese H_2: $p > 0{,}7$

Extrem kleine Stichprobenwerte führen zur Verwerfung von H_2.
Da dem Bereich unterhalb von X = 337 eine Wahrscheinlichkeit von *höchstens* 10 % zukommt, lautet die *Entscheidungsregel:* Verwirf $p > 0{,}7$, falls $X < 337$.

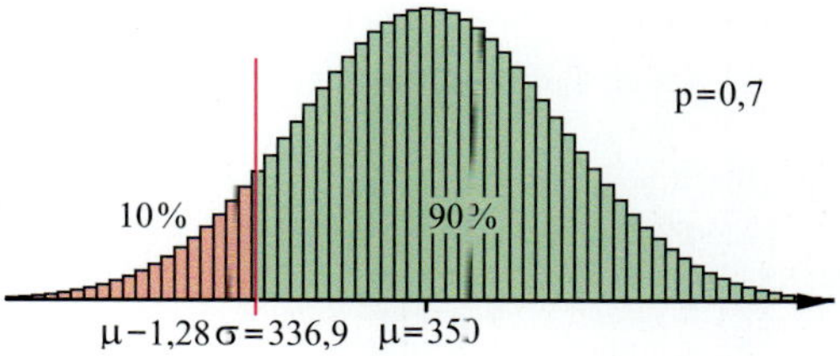

Mit einer Wahrscheinlichkeit von *höchstens* 10 % kommt es zufällig zu Stichprobenergebnissen, die kleiner als 337 sind, wenn tatsächlich 70 % der Bevölkerung das Produkt kennen.

Falls tatsächlich *mehr* als 70 % der Bevölkerung das Produkt kennen, ist die Wahrscheinlichkeit für einen Fehler 1. Art kleiner als 10 %.

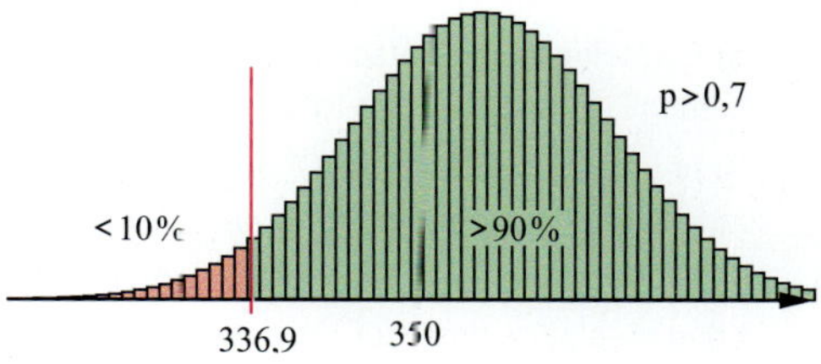

Mögliche Standpunkte bei einseitigen Hypothesentests

Bei einseitigen Hypothesentests gibt es immer zwei mögliche Standpunkte mit den dazugehörigen Entscheidungsregeln.
Hypothesen vom Typ $p < p_0$ (oder $p \leq p_0$) werden aufgrund extrem großer Stichprobenergebnisse verworfen, Hypothesen vom Typ $p \geq p_0$ (oder $p > p_0$) aufgrund extrem kleiner Stichprobenergebnisse.

Daher liegen die Verwerfungsbereiche von einseitigen Hypothesen am oberen bzw. unteren Ende einer Verteilung. Welche Ergebnisse als extrem groß bzw. extrem klein anzusehen sind, ergibt sich aus dem vorgegebenen Signifikanzniveau oder der vorgegebenen *maximalen* Wahrscheinlichkeit für einen Fehler 1. Art; entsprechend gelten dann folgende Entscheidungsregeln:

Signifikanzniveau *(mindestens)*	Fehlerwahrscheinlichkeit α *(höchstens)*	Hypothese vom Typ $p > p_0$: Verwirf H, falls ...	Hypothese vom Typ $p < p_0$: Verwirf H, falls ...
90 %	10 %	$X < \mu_0 - 1{,}28\ \sigma_0$	$X > \mu_0 - 1{,}28\ \sigma_0$
95 %	5 %	$X < \mu_0 - 1{,}64\ \sigma_0$	$X > \mu_0 - 1{,}64\ \sigma_0$
99 %	1 %	$X < \mu_0 - 2{,}33\ \sigma_0$	$X > \mu_0 - 2{,}33\ \sigma_0$

Da es zu einem Sachverhalt immer zwei mögliche einseitige Hypothesen (Standpunkte) gibt, ist es sinnvoll, beide zu betrachten und hinsichtlich der möglichen Fehler 1. und 2. Art zu untersuchen.

Übungen

6. Aus der Konkursmasse einer Eisenwarenfirma soll ein Restposten Schrauben versteigert werden. Der ehemalige Firmeninhaber behauptet, 80 % seien in Ordnung. Ein Interessent greift in verschiedene Kisten hinein und nimmt insgesamt 84 Schrauben heraus. Aufgrund des Anteils in dieser Stichprobe will er seine Entscheidung fällen.

a) Der Interessent ist skeptisch. Von welcher Anzahl brauchbarer Schrauben ab wird er der Aussage des Verkäufers Glauben schenken? Welche Hypothese testet er?

b) Welche Fehler können dem Interessenten unterlaufen?

7. Ein Arzneimittelhersteller wirbt für ein neues Medikament mit dem Hinweis, dass es - im Vergleich zu Medikamenten anderer Hersteller - besser verträglich sei: Nur bei 10 % der Patienten würden Allergien auftreten. In einer Klinik wird das Medikament 114 Patienten gegeben.

a) Formuliere eine Entscheidungsregel. (Welche Irrtumswahrscheinlichkeit ist angemessen?)

b) Bei 17 Patienten zeigen sich Allergien. Was lässt sich über die Verträglichkeit des Medikaments sagen?

c) In einem Test mit 135 Patienten zeigen nur 12 allergische Reaktionen. Beweist dies die Angabe des Herstellers?

8. Einem Elektrohändler werden Kartons mit Glühbirnen günstig angeboten. Die Kartons und ein Teil der Glühbirnen wurden bei einem Unfall beschädigt. Für den Händler wäre der Kauf vorteilhaft, wenn mehr als 70 % der Glühbirnen in Ordnung sind. Er entnimmt zufällig 60 Glühbirnen und prüft sie.

a) Formuliere eine Entscheidungsregel: Bis zu welcher Anzahl beschädigter Glühbirnen sollte der Händler kaufen? (Selbstgewählte Irrtumswahrscheinlichkeit)

b) In der Stichprobe sind 47 der 60 Glühbirnen in Ordnung. Gib Erfolgswahrscheinlichkeiten an, die zwar mit dem Stichprobenergebnis verträglich sind, aber für den Händler ungünstig sind.

c) In der Stichprobe sind 38 der 60 Glühbirnen in Ordnung. Der Händler nimmt das Angebot nicht an. Könnte es sein, dass der Kauf dennoch für ihn günstig gewesen wäre?

4.3 Wahrscheinlichkeit für einen Fehler 2. Art

Ein Fehler 2. Art tritt auf, wenn die getestete Hypothese falsch ist, ein Stichprobenergebnis jedoch im Annahmebereich liegt, so dass die (falsche) Hypothese nicht verworfen wird. Mit welcher Wahrscheinlichkeit ein solcher Fehler 2. Art auftritt, hängt davon ab, wie groß der tatsächliche Wert der Erfolgswahrscheinlichkeit p ist.

Beispiel 1: Zweiseitiger Hypothesentest

Gegeben: $n = 300$; hypothetische (angenommene) Erfolgswahrscheinlichkeit $p_0 = 0{,}4$; $\alpha = 5\%$; tatsächliche Erfolgswahrscheinlichkeit: $p_1 = \frac{1}{3}$

Dann ist: $\mu_0 = 120$; $\sigma_0 \approx 8{,}49$;

$\mu_0 - 1{,}96\,\sigma_0 \approx 103{,}37$; $\mu_0 + 1{,}96\,\sigma_0 \approx 136{,}63$

$P_{p_0=0,4}(104 \leq X \leq 136) = 0{,}948$;

$P_{p_0=0,4}(103 \leq X \leq 137) = 0{,}961$

Verwerfungsbereich: $X < 103$ bzw. $X > 137$

Annahmebereich: $103 \leq X \leq 137$

Zu bestimmen ist: $P_{p_1=\frac{1}{3}}(103 \leq X \leq 137) = \beta$

$P_{p_1=\frac{1}{3}}(103 \leq X \leq 137)$

$= \text{binomcdf}(300, \frac{1}{3}, 137) - \text{binomcdf}(300, \frac{1}{3}, 102)$

$= 0{,}377$

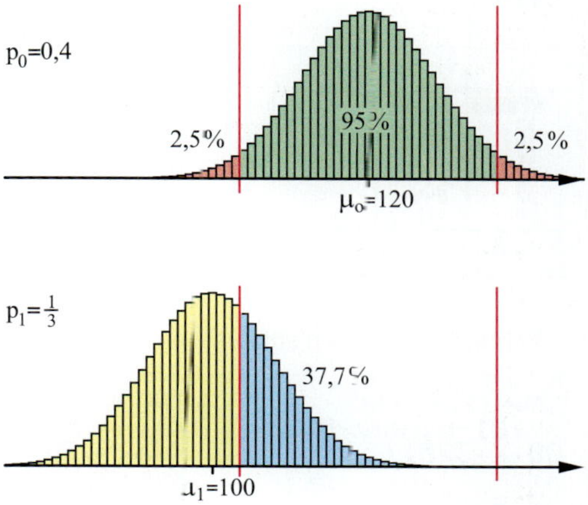

Falls tatsächlich $p_1 = \frac{1}{3}$ dem Zufallsversuch zugrunde liegt, führt das Testverfahren mit einer Wahrscheinlichkeit von 37,7 % fälschlicherweise *nicht* zum Verwerfen der falschen Hypothese $p_0 = 0{,}4$.

Beispiel 2: Einseitiger Hypothesentest

Gegeben: $n = 500$; hypothetische (angenommene) Erfolgswahrscheinlichkeit $p_0 > 0{,}7$; $\alpha = 1\%$; tatsächliche Erfolgswahrscheinlichkeit: $p_1 = \frac{2}{3}$

Dann ist für $p_0 = 0{,}7$: $\mu_0 = 350$; $\sigma_0 \approx 10{,}25$;

$\mu_0 - 2{,}33\,\sigma_0 \approx 326{,}1$

$P_{p_0=0,7}(X \geq 326) = 0{,}991$

Verwerfungsbereich: $X < 326$

Annahmebereich: $X \geq 326$

Zu bestimmen ist: $P_{p_1=\frac{2}{3}}(X \geq 326) = \beta$

$P_{p_1=\frac{2}{3}}(X \geq 326)$

$= 1 - P_{p_1=\frac{2}{3}}(X \leq 325)$

$= 0{,}772$

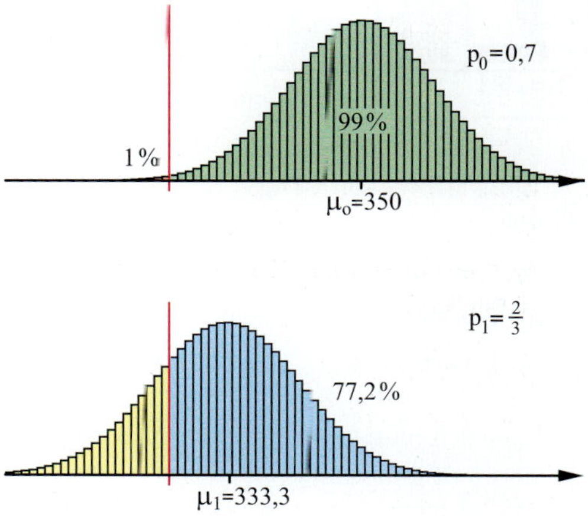

Falls tatsächlich $p_1 = \frac{2}{3}$ dem Zufallsversuch zugrunde liegt, führt das Testverfahren mit einer Wahrscheinlichkeit von 77,2 % fälschlicherweise *nicht* zum Verwerfen der falschen Hypothese $p_0 > 0{,}7$.

Man kann die Wahrscheinlichkeiten für einen Fehler 2. Art auch systematisch vom GTR berechnen lassen. Betrachte dazu im Beispiel 1 die Funktion mit f(x) = binomcdf (300, x, 137) – binomcdf (300, x, 102), also diejenige Funktion, die einer Erfolgswahrscheinlichkeit x die Wahrscheinlichkeit dafür zuordnet, dass ein Ergebnis im Annahmebereich $102 \le X \le 137$ der Hypothese $p_0 = 0{,}4$ liegt. Eine solche Funktion wird als **Operationscharakteristik des Tests** bezeichnet.

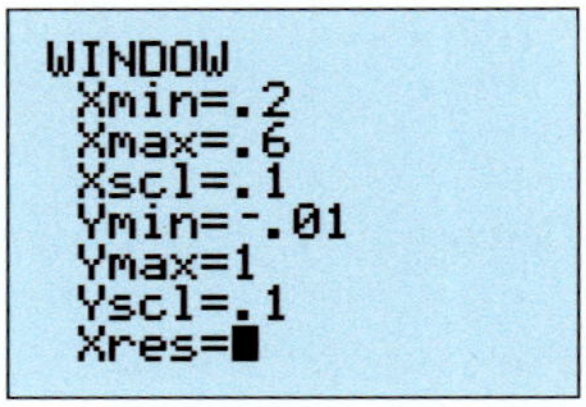

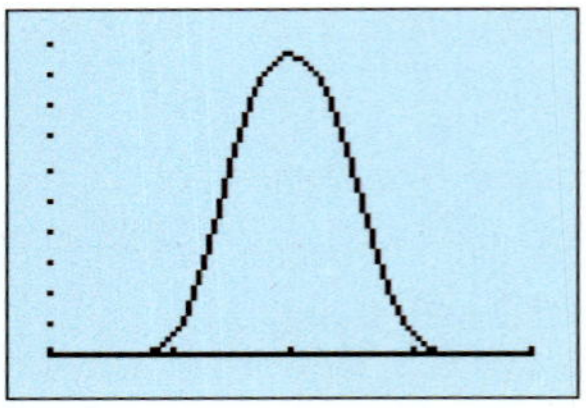

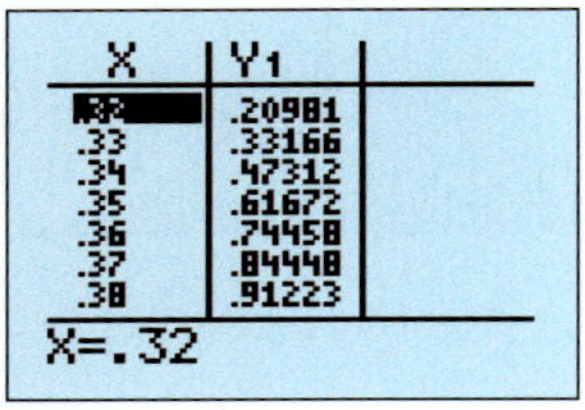

Wir hatten oben $P_{p=\frac{1}{3}}(103 \le X \le 137) = 0{,}377$ berechnet.

Für Beispiel 2 ergibt sich entsprechend: f(x) = 1 – binomcdf (500, x, 325)

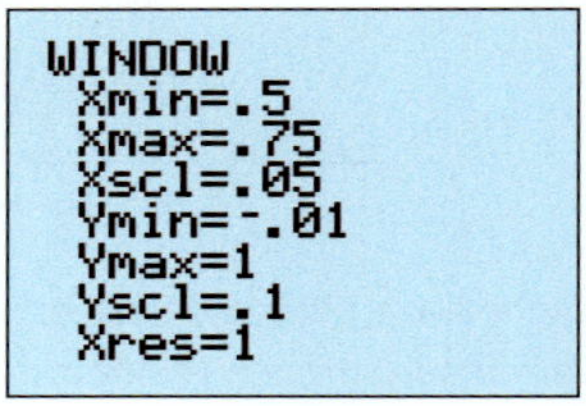

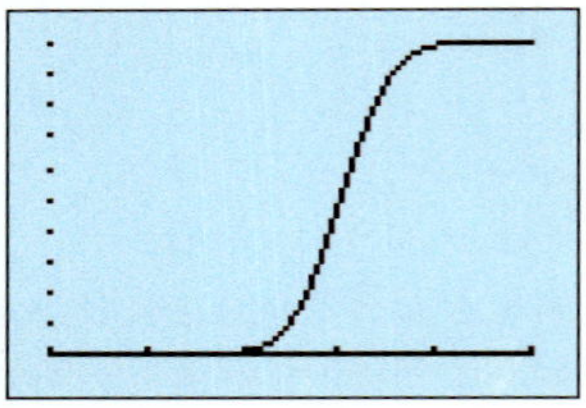

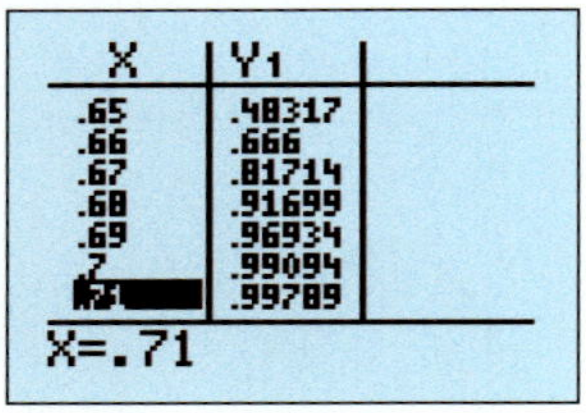

Wir hatten oben $P_{p=\frac{2}{3}}(X \ge 326) = 0{,}772$ berechnet.

Übung

1. Bestimme die Wahrscheinlichkeit β für einen Fehler 2. Art für die Situation der o. a. Beispiele.

a) Zweiseitiger Test: $p_0 = 0{,}4$; $n = 300$ für den Fall, dass $\alpha = 10\,\%$, $p_1 = \frac{1}{3}$ $(\alpha = 5\,\%,\ p_1 = 0{,}3)$

b) Einseitiger Test: $p_0 > 0{,}7$; $n = 400$ für den Fall, dass $\alpha = 5\,\%$, $p_1 = \frac{2}{3}$ $(\alpha = 10\,\%,\ p_1 = 0{,}6)$

2. Eigentlich müsste man den Definitionsbereich für die Operationscharakteristik einschränken. Für welches x ist die Funktion f im Beispiel 1 nicht definiert? Welche Bedeutung hat der Funktionswert, den der GTR berechnet? Überlege entsprechend für Beispiel 2.

3. Bestimme die Operationscharakteristik für

a) Zweiseitiger Test: $p_0 = 0{,}5$; $n = 250$ für den Fall, dass $\alpha = 5\,\%$, $p_1 = 0{,}6$

b) Einseitiger Test: $p_0 < 0{,}6$; $n = 300$ für den Fall, dass $\alpha = 5\,\%$, $p_1 = 0{,}5$

4.4 Konfidenzintervalle

Oft liegen Ergebnisse vor und man will wissen, mit welchen Erfolgswahrscheinlichkeiten diese verträglich sind: Bezüglich welcher möglicher Hypothesen liegt ein Ergebnis im Annahme- bzw. Verwerfungsbereich? Man bezeichnet Fragestellungen von diesem Typ als **Schluss von der Stichprobe auf die Gesamtheit,** denn man will wissen:

- **Welche Erfolgswahrscheinlichkeit liegt dem Stichprobenergebnis zugrunde?**

Diese Frage lässt sich natürlich nicht klar und eindeutig beantworten, vielmehr gibt es zu jedem Stichprobenergebnis unendlich viele Erfolgswahrscheinlichkeiten, die zu diesem Ergebnis führen könnten. Wohl aber lässt sich ein Intervall von Erfolgswahrscheinlichkeiten aufstellen, in deren Annahmebereichen das Stichprobenergebnis liegt. Da die Größe des Annahmebereichs von der Vorgabe einer Sicherheitswahrscheinlichkeit bzw. Wahrscheinlichkeit für einen Fehler 1. Art abhängt, muss man dies auch hier vorgeben.

Aufgabe 1 – Konfidenzintervallbestimmung

Eine Partei A will wissen, ob ihr in einer bevorstehenden Wahl die Mehrheit sicher ist. Dafür lässt sie eine Meinungsbefragung unter 1000 Wahlberechtigten durchführen. 51,8 % der Befragten geben an, diese Partei A zu wählen.

a) Nenne Beispiele von Erfolgswahrscheinlichkeiten, in deren Annahmebereich das Ergebnis liegt (90 %-Niveau), d.h. mit denen $\frac{X}{n} = 0{,}518$ verträglich ist.

b) Welches ist die kleinste bzw. größte Erfolgswahrscheinlichkeit, mit der das Ergebnis verträglich ist?

c) Welche Aussage lässt sich aufgrund des Stichprobenergebnisses über die künftigen Mehrheitsverhältnisse im Parlament machen?

Lösung

a) Ohne Rechnung erkennen wir, dass die relative Häufigkeit $\frac{X}{n} = 0{,}518$ verträglich ist mit $p = 0{,}518$.
Aber $\frac{X}{n} = 0{,}518$ liegt z. B. auch im Annahmebereich von $p = 0{,}495$.

Rechnung über absolute Häufigkeiten:

$n = 1000$; $p = 0{,}495$; $\mu = 495$; $\sigma \approx 15{,}81$

90 %-Umgebung von μ: $469 \le X \le 521$ (Annahmebereich von $p = 0{,}495$)

Rechnung über relative Häufigkeiten: $\frac{\sigma}{n} \approx 0{,}0158$

90 %-Umgebung von p: $0{,}469 \le \frac{X}{n} \le 0{,}521$

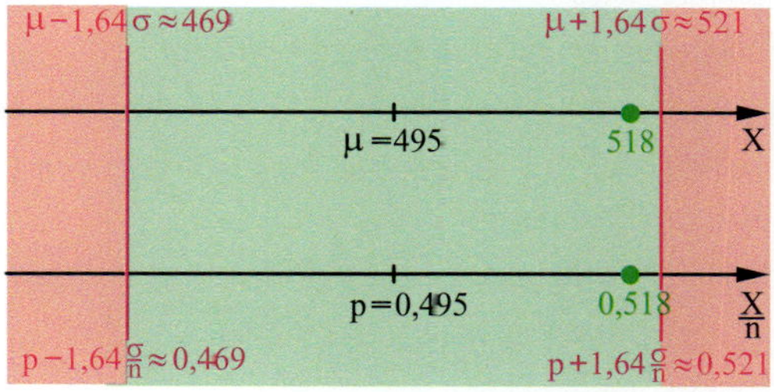

b) Für die kleinste Erfolgswahrscheinlichkeit p, mit der das Ergebnis verträglich ist, gilt ungefähr:
$p + 1{,}64\,\frac{\sigma}{n} \approx 0{,}518$ (oder gleichbedeutend: $\mu + 1{,}64\,\sigma \approx 518$),

für die größte Erfolgswahrscheinlichkeit p mit dieser Eigenschaft gilt entsprechend:
$p - 1{,}64\,\frac{\sigma}{n} \approx 0{,}518$ (oder: $\mu - 1{,}64\,\sigma \approx 518$).

Beide Gleichungen lassen sich zusammenfassen zu:
$|0{,}518 - p| \approx 1{,}64\,\frac{\sigma}{n}$ (oder: $|518 - \mu| \approx 1{,}64\,\sigma$)

Durch Quadrieren erhält man eine quadratische Gleichung mit der Variablen p:
$(0{,}518 - p)^2 \approx 1{,}64^2 \cdot \frac{p\,(1-p)}{1000}$ (oder: $(518 - 1000\,p)^2 \approx 1{,}64^2 \cdot 1000\,p\,(1 - p)$)

Wir lösen nach p auf und rechnen dabei mit 8-stelliger Genauigkeit, nach dem Wurzelziehen mit 4-stelliger Genauigkeit:

$$0{,}268324 - 1{,}036\,p + 1\,p^2 \approx 0{,}0026896\,p - 0{,}0026896\,p^2$$
$$\Leftrightarrow\ 1{,}0026896\,p^2 - 1{,}0386896\,p + 0{,}268324 \approx 0$$
$$\Leftrightarrow\ p^2 - 1{,}03590343\,p \approx -0{,}26760425$$
$$\Leftrightarrow\ (p - 0{,}5180)^2 \approx \underbrace{0{,}26827398 - 0{,}26760425}_{0{,}00066973}$$
$$\Leftrightarrow\ |p - 0{,}5180| \approx 0{,}0259$$
$$\Leftrightarrow\ p \approx 0{,}4921 \ \vee\ p \approx 0{,}5439$$

Die kleinste Erfolgswahrscheinlichkeit, mit der das Stichprobenergebnis verträglich ist, ist p = 0,492; die entsprechende größte Erfolgswahrscheinlichkeit ist p = 0,544:

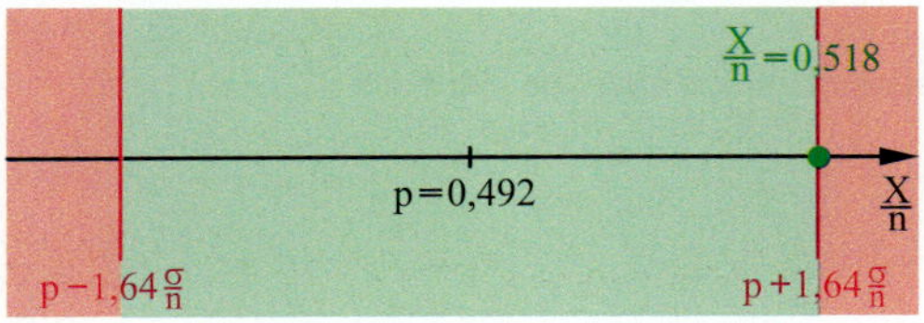

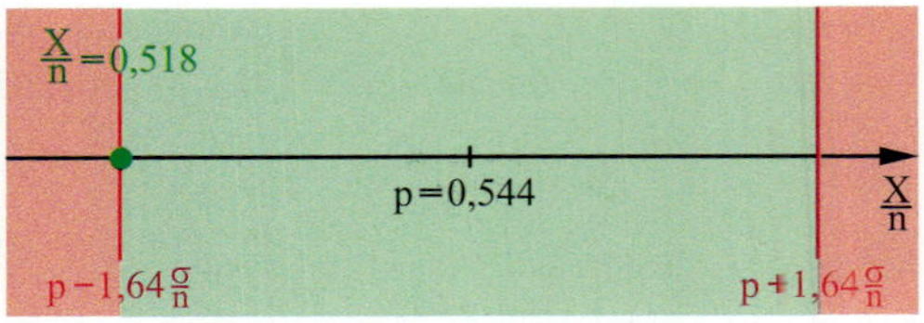

X = 518 liegt am oberen Ende | X = 518 liegt am unteren Ende
des Annahmebereichs von
p = 0,492 | p = 0,544

Kontrollrechnung zu den gerundeten Werten für p:
$p = 0{,}492;\ \mu = 492 : P(466 \le X \le 518) = 0{,}906$ $\qquad p = 0{,}544;\ \mu = 544 : P(518 \le X \le 544) = 0{,}908$

c) Jemand, der z. B. die Ansicht vertritt, dass die Partei A zur Zeit nur mit 49,3 % der Wählerstimmen rechnen kann, wird durch das Stichprobenergebnis nicht dazu gebracht, seine Meinung zu ändern. Daher lässt sich nichts über den Wahlsieg von Partei A sagen.

Die Bestimmung des Intervalls in Aufgabe 1 steht in direktem Zusammenhang mit den Untersuchungen in den vorangehenden Abschnitten:

Konfidenzintervalle:

Durch die Lösung der Betragsgleichung

$\left|\frac{X}{n} - p\right| \approx 1{,}64\,\frac{\sigma}{n}$ bzw. $|X - \mu| \approx 1{,}64\,\sigma$ (hier: $\frac{X}{n} = 0{,}518$; $X = 518$; $n = 1000$)

erhielten wir die Randwerte eines Intervalls von Erfolgswahrscheinlichkeiten, in deren 90 %-Umgebung das Stichprobenergebnis $\frac{X}{n}$ liegt.

Man bezeichnet dieses Intervall, das alle Lösungen der Ungleichung

$\left|\frac{X}{n} - p\right| \le 1{,}64\,\frac{\sigma}{n}$ bzw. $|X - \mu| \le 1{,}64\,\sigma$

enthält, entsprechend zum Niveau einer 90 %-Umgebung als **90 %-Konfidenzintervall für p**.

Analog ergibt sich aus

$\left|\frac{X}{n} - p\right| \le 1{,}96\,\frac{\sigma}{n}$ das 95 %-Konfidenzintervall für p, aus

$\left|\frac{X}{n} - p\right| \le 2{,}58\,\frac{\sigma}{n}$ das 99 %-Konfidenzintervall für p.

Die Konfidenzintervalle enthalten alle die Werte von p, für die das Stichprobenergebnis $\frac{X}{n}$ ein „verträgliches" Ergebnis ist, d. h. im Annahmebereich von p liegt.

Der Ansatz zur Lösung ist jedoch nur in ca. 90 % bzw. 95 % der Fälle richtig; denn wenn ein Stichprobenergebnis vorliegt, weiß man nicht, ob es verträglich ist mit dem zugrunde liegenden p (d. h. in dessen Annahmebereich liegt) oder ob es zufällig signifikant abweicht. Bei unserem Rechenansatz gehen wir vom ersten Fall aus; das Verfahren zur Konfidenzintervall-Bestimmung kann also *prinzipiell* nur in ca. 90 % (95 %, 99 %) zu einem Intervall führen, welches das wahre p enthält.

Konfidenzintervall-Bestimmung und Hypothesentest

Mit dem Konfidenzintervall erhält man einen Überblick über alle möglichen Hypothesen:

- Liegt ein p nicht im Konfidenzintervall, dann wird die Hypothese über p aufgrund des vorliegenden Stichprobenergebnisses verworfen.
- Liegt ein p im Konfidenzintervall, dann lässt sich bezüglich der Hypothese nichts entscheiden (da das Stichprobenergebnis im Annahmebereich liegt).

Beispiel:

Für $\frac{X}{n} = 0{,}24$; $n = 500$ ist das 95% Konfidenzintervall: $0{,}205 \leq p \leq 0{,}279$; dies bedeutet, dass die Hypothese $p = 0{,}20$ verworfen, die Hypothese $p = 0{,}26$ nicht verworfen wird.

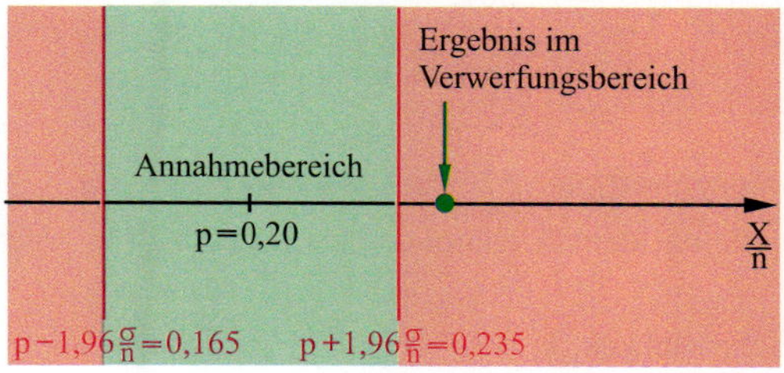

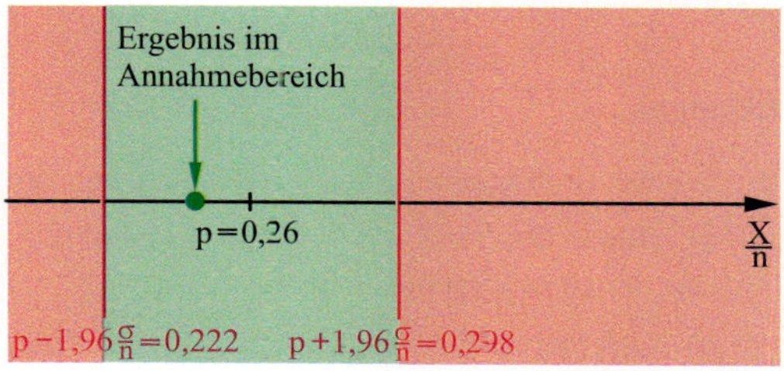

Näherungsverfahren mit dem GTR

Die Bestimmung eines Konfidenzintervalls nach der angegebenen Methode ist aufwändig, da man die zunächst gegebene Betragsgleichung quadrieren muss, um p zu isolieren. Mithilfe der Möglichkeiten eines GTR ist die Bestimmung des Intervalls jedoch leichter möglich.

Wir untersuchen wieder das Beispiel von Aufgabe 1 mit $n = 1000$ und $X = 518$:

Für die kleinste Erfolgswahrscheinlichkeit p aus dem 90%-Konfidenzintervall gilt (vgl. Seite 96 oben):
$p + 1{,}64 \cdot \sqrt{\frac{p(1-p)}{1000}} = 0{,}518$ und für die größte entsprechend: $p - 1{,}64 \cdot \sqrt{\frac{p(1-p)}{1000}} = 0{,}518$

Zur Lösung der beiden Gleichungen betrachten wir auf dem GTR die beiden Funktionen:
$y_1 = p - 1{,}64 \cdot \sqrt{\frac{p(1-p)}{1000}}$ bzw. $y_2 = p + 1{,}64 \cdot \sqrt{\frac{p(1-p)}{1000}}$ sowie $y_3 = 0{,}518$ (siehe Abbildung links). Die Schnittstelle der Graphen von y_1 und y_3 bzw. von y_2 und y_3 können wir mit vergrößerter Grafik mithilfe des TRACE-Befehls bestimmen

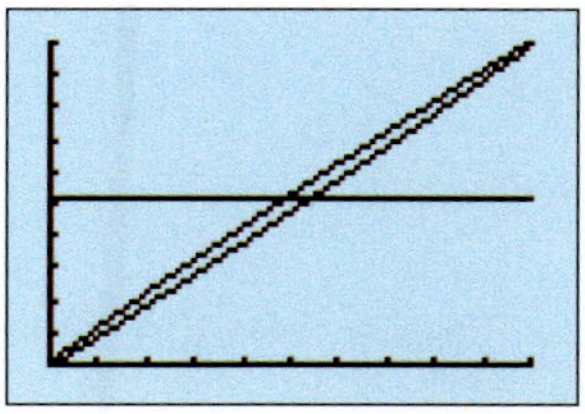

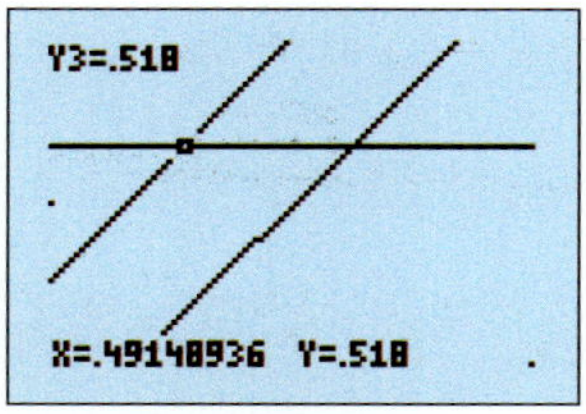

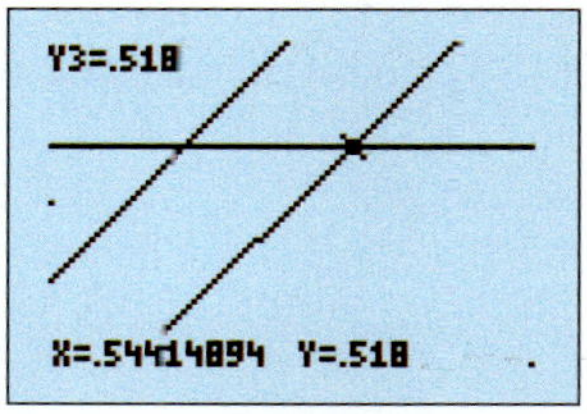

oder mithilfe der Wertetabelle (auf 3-stellige Genauigkeit für p eingestellt).

X	Y1	Y2
.489	.46308	.51492
.49	.46407	.51593
.491	.46507	.51693
.492	.46607	.51793
.493	.46707	.51893
.494	.46807	.51993
.495	.46907	.52093

X=.492

X	Y1	Y2
.541	.51516	.56684
.542	.51616	.56784
.543	.51717	.56883
.544	.51817	.56983
.545	.51917	.57083
.546	.52018	.57182
.547	.52118	.57282

X=.544

Konfidenzintervalle

Bei der Bestimmung eines Konfidenzintervalls schätzen wir die Erfolgswahrscheinlichkeit, die dem Zufallsversuch zugrunde liegt. Das 95%-Konfidenzintervall enthält alle die Werte von p, in deren Annahmebereich das Stichprobenergebnis liegt. Das Verfahren zur Konfidenzintervallbestimmung kann – vom Prinzip her – nur in 95% der Fälle zu einem Intervall führen, welches das wahre p enthält.
Das Ergebnis einer Stichprobe lässt sich nach zwei Methoden auswerten:

- Man testet Hypothesen über interessierende Erfolgswahrscheinlichkeiten.
- Man bestimmt alle Erfolgswahrscheinlichkeiten, mit denen das Stichprobenergebnis verträglich ist.

Die Konfidenzintervallbestimmung ist die umfassendere, aber ein wenig aufwändigere Methode.

Übungen

1. In einer Umfrage unter 1000 zufällig ausgesuchten Personen vertraten 620 eine bestimmte Meinung.

a) Nenne Beispiele von Erfolgswahrscheinlichkeiten, die mit dem Stichprobenergebnis verträglich sind (Sicherheitswahrscheinlichkeit 95%).

b) Welches ist die kleinste bzw. größte Erfolgswahrscheinlichkeit, in deren Annahmebereich das Stichprobenergebnis liegt?

2. Bestimme 95%-Konfidenzintervalle für eine Stichprobe

a) vom Umfang 1000 und $\frac{X}{n} = 0{,}2$;

b) vom Umfang 500 und $\frac{X}{n} = 0{,}04$;

c) vom Umfang 2000 und $\frac{X}{n} = 0{,}01$;

d) vom Umfang 500 und $\frac{X}{n} = 0{,}09$.

Vergleiche die Ergebnisse.

3. Eine Zeitschrift führt eine Meinungsumfrage zu einem Gesetzentwurf der Regierung durch. 33% der 1000 Befragten stimmen dem Entwurf voll zu, 37% halten das Gesetz im Prinzip für richtig. Kann man sagen, dass mehr als $\frac{2}{3}$ der Bevölkerung zum Gesetzesentwurf zumindest dem Prinzip nach zustimmt? (Sicherheitswahrscheinlichkeit 95%)

4. In einer Stichprobe vom Umfang 500 (1000, 2000) trat eine Merkmalausprägung nicht auf.
Bedeutet dies, dass diese Ausprägung auch in der Gesamtheit nicht vorkommt?
Anleitung: Für welche p liegt $\frac{X}{n} = 0\%$ im Annahmebereich?

5. Bei einer Befragung gaben 38% von 1000 Personen an, in der bevorstehenden Wahl die Partei A zu wählen. Für die Partei B wollten 9% stimmen.

a) Bestimme 95%-Konfidenzintervalle für die Anteile, mit denen die beiden Parteien jeweils rechnen können.

b) Beide Parteien wollen eine Koalition eingehen, wenn sie zusammen die Mehrheit erreichen. Bestimme ein 95%-Konfidenzintervall für den Anteil der Stimmen, den beide Parteien zusammen erhalten werden.

c) Vergleiche die beiden Konfidenzintervalle in a) mit dem Konfidenzintervall in b).

6. In einer Stichprobe vom Umfang 827 fand man 354 Personen mit Blutgruppe A.

a) Bestimme ein 95%-Konfidenzintervall für den Anteil p der Personen mit Blutgruppe A.

b) Wie viele mögliche Blutspender für diese Blutgruppe wird man finden, wenn in der betreffenden Bevölkerungsgruppe 325 000 Erwachsene leben? (Sicherheitswahrscheinlichkeit 95%)

4.5 Der notwendige Umfang einer Stichprobe

Mit dem Stichprobenumfang wächst auch die Genauigkeit der Schätzung. Eine Grundfrage ist:

- **Welcher Stichprobenumfang ist notwendig, damit man eine Erfolgswahrscheinlichkeit (einen Anteil) auf ... % genau schätzen kann?**

Aufgabe 1 – Notwendiger Stichprobenumfang

Bei Befragungen über die Ausstattung von Haushalten will man die Ergebnisse mit einer Genauigkeit von 3 % haben, d. h. die Abweichung des Stichprobenergebnisses vom wirklichen Anteil in der Gesamtheit soll höchstens 3 % betragen (mit einer Sicherheitswahrscheinlichkeit von 95 %).

a) Welcher Stichprobenumfang ist notwendig, wenn der Anteil p (die Erfolgswahrscheinlichkeit) ungefähr 20 % beträgt?

b) Welcher Stichprobenumfang ist notwendig für p = 0,05; p = 0,1; p = 0,2; ...; p = 0,9; p = 0,95?

c) Stelle die Abhängigkeit des Stichprobenumfangs n vom Anteil p in einem Schaubild dar.

d) Welcher Stichprobenumfang ist notwendig, wenn nichts über den Anteil p bekannt ist?

Lösung

In 95 % aller Stichproben gilt, dass $\left|\frac{X}{n} - p\right| \le 1{,}96\frac{\sigma}{n}$. In der Aufgabenstellung ist gefordert, dass $\left|\frac{X}{n} - p\right| \le 0{,}03$.

In 95 % der Fälle ist also folgender Ansatz richtig:

Eine Abweichung der relativen Häufigkeit $\frac{X}{n}$ in der Stichprobe von der Erfolgswahrscheinlichkeit p beträgt höchstens 3 %, wenn gilt:

$\left|\frac{X}{n} - p\right| \le 1{,}96\frac{\sigma}{n} \le \frac{3}{100}$

a) Für p = 0,2 ist: $1{,}96\frac{\sigma}{n} = 1{,}96\sqrt{\frac{0{,}2 \cdot 0{,}8}{n}}$

Die Bedingung ist erfüllt, wenn: $1{,}96\sqrt{\frac{0{,}2 \cdot 0{,}8}{n}} \le 0{,}03$

Wir lösen die Ungleichung durch Quadrieren:

$3{,}84 \cdot \frac{0{,}2 \cdot 0{,}8}{n} \le 0{,}03^2 \Leftrightarrow n \ge 3{,}84 \cdot \frac{0{,}2 \cdot 0{,}8}{0{,}03^2} \Leftrightarrow n \ge 682{,}67 \Leftrightarrow n \ge 683$

Das bedeutet: Wählt man einen Stichprobenumfang von mindestens 683, dann wird mit einer Wahrscheinlichkeit von 95 % das Ergebnis in der Stichprobe (Anteil $\frac{X}{n}$) um höchstens 3 % vom wahren Anteil in der Gesamtheit (p) abweichen.

b) Nach einer Rechnung wie in a) erhält man:

Anteil p	notwendiger Stichprobenumfang n
0,05	203
0,1	384
0,2	683
0,3	896
0,4	1024
0,5	1067
0,6	1024
0,7	896
0,8	683
0,9	384
0,95	203

c)

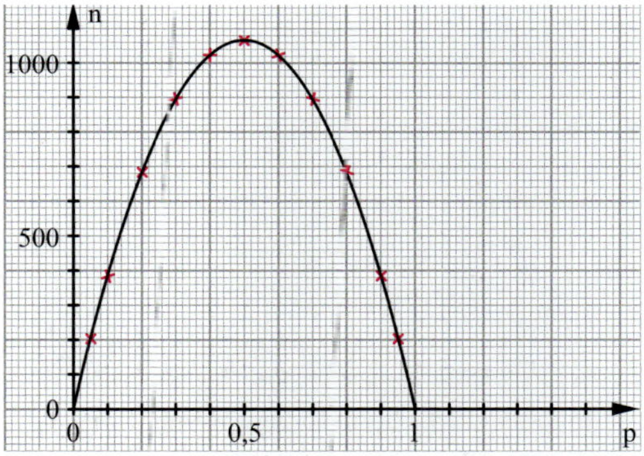

d) Ist nichts über den Anteil p bekannt, dann muss man von dem ungünstigsten Wert (p = 0,5) ausgehen, also n ≥ 1067 wählen.

Zu vorgegebenem n kann man den Radius der $1{,}96\frac{\sigma}{n}$-Umgebung berechnen, also den Bereich, in dem mit einer Wahrscheinlichkeit von 95 % das Ergebnis einer Stichprobe vom Umfang n liegen wird.

Umgekehrt lassen sich aus dem Ansatz $P\left(\left|\frac{X}{n} - p\right| \le 1{,}96\frac{\sigma}{n}\right) = 0{,}95$ Mindestwerte für n (bei vorgegebener Schranke für $1{,}96\frac{\sigma}{n}$) bestimmen. Man kann dies in einem Koordinatensystem graphisch veranschaulichen:

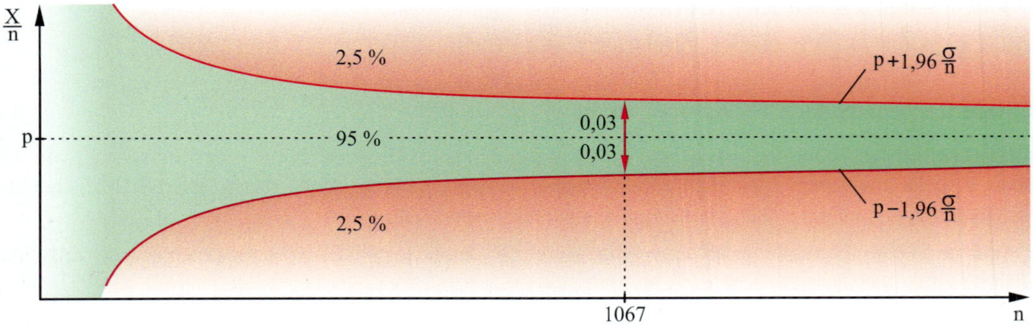

Zeichnet man zu einem konkreten p die Graphen der Funktionen $p \mapsto p + 1{,}96\frac{\sigma}{n}$ bzw. $p \mapsto p - 1{,}96\frac{\sigma}{n}$, so kann man an diesem Graphen für beliebige Werte von p die Breite der $1{,}96\frac{\sigma}{n}$-Umgebung ablesen. Fragt man umgekehrt nach der Stelle (d.h. nach dem Wert von n), für den der **„95 %-Trichter“** die halbe Breite von (beispielsweise) höchstens 0,03 hat, so lässt sich dies (näherungsweise) ebenfalls aus der Grafik entnehmen.
Die Grafik dient auch zur Veranschaulichung des **Gesetzes der Großen Zahlen:** Mit zunehmendem Stichprobenumfang wird der Bereich immer kleiner, in dem die Stichprobenergebnisse mit einer bestimmten Wahrscheinlichkeit (z. B. 95 %) liegen.

Übungen

1. Welchen Stichprobenumfang muss man in Aufgabe 1 a), d) wählen, um die Ergebnisse auf 2 % (1 %) genau zu erhalten?

2. Bestimme den notwendigen Stichprobenumfang für den Fall, dass bei einer Befragung vor einer Wahl

a) die Anteile zweier Parteien jeweils ungefähr 50 % betragen (Genauigkeit: 0,5 %);

b) der Anteil einer Partei bei 5 % liegt (Genauigkeit: 0,2 %).

3. Bei der Befragung zu einer Wahl gaben 51,3 % an, eine bestimmte Partei zu wählen. Wie groß muss der Umfang der Stichprobe sein, damit man aus dem Stichprobenergebnis mit einer Sicherheitswahrscheinlichkeit von 99 % (95 %) ablesen kann, dass die Partei die absolute Mehrheit der Stimmen erhält?

4. Liegt der Anteil einer Merkmalsausprägung in einer Gesamtheit deutlich unter oder über 50 %, dann genügen für Untersuchungen mit vorgegebenen Genauigkeiten geringere Stichprobenumfänge als dies für 50 %-Anteile notwendig ist. Daher empfiehlt es sich, kleine Voruntersuchungen zu machen, um eine grobe Information über die Größenordnung von p zu erhalten.
Berechne die Ersparnis für das folgende Beispiel: Man will den Anteil einer Merkmalsausprägung in der Grundgesamtheit mit 1 % Genauigkeit bestimmen (Sicherheitswahrscheinlichkeit 95 %).

a) Welcher Stichprobenumfang ist erforderlich, wenn nichts über den Anteil bekannt ist?

b) Aus einer Voruntersuchung vom Umfang 300 weiß man, dass der Anteil ungefähr bei 0,75 liegt. Bestimme den notwendigen Umfang der Stichprobe für die Hauptuntersuchung. Wie verringert sich der Stichprobenumfang prozentual gegenüber a)?

Exkurs: Polynomialverteilung und χ^2-Test

Bisher haben wir vor allem Zufallsversuche mit *zwei* Ergebnissen auf jeder Stufe (BERNOULLI-Versuche) betrachtet. Die Wahrscheinlichkeit, dass das erste Ergebnis (Erfolg) k_1-mal, das andere Ergebnis (Misserfolg) k_2-mal eintritt, ist:

$P(X_1 = k_1 \wedge X_2 = k_2) = \binom{n}{k_1} p_1^{k_1} \cdot p_2^{k_2}$, dabei ist $k_1 + k_2 = n$ und $p_1 + p_2 = 1$

Wahrscheinlichkeiten von Zufallsversuchen, bei denen auf jeder Stufe drei Ergebnisse (mit den Erfolgswahrscheinlichkeiten p_1, p_2, p_3) auftreten, berechnet man entsprechend:

$P(X_1 = k_1 \wedge X_2 = k_2 \wedge X_3 = k_3) = \binom{n}{k_1}\binom{n-k_1}{k_2} p_1^{k_1} \cdot p_2^{k_2} \cdot p_3^{k_3} = \frac{n!}{k_1!\,k_2!\,k_3!} p_1^{k_1} \cdot p_2^{k_2} \cdot p_3^{k_3}$

wobei $k_1 + k_2 + k_3 = n$ und $p_1 + p_2 + p_3 = 1$.

Durch Angabe von Werten für X_1 und für X_2 kennt man auch X_3, denn die absoluten Häufigkeiten k_1, k_2, k_3 müssen zusammen n ergeben. Man spricht deshalb hier auch von einem Zufallsversuch mit 2 **Freiheitsgraden.** (BERNOULLI-Versuche sind entsprechend Versuche mit Freiheitsgrad 1.)

Allgemein gilt für Zufallsversuche mit r möglichen Ergebnissen auf jeder Stufe:

Wahrscheinlichkeit bei Polynomialverteilungen

$P(X_1 = k_1 \wedge \ldots \wedge X_r = k_r) = \frac{n!}{k_1! \ldots k_r!} p_1^{k_1} \cdot \ldots \cdot p_r^{k_r}$

wobei $k_1 + \ldots + k_r = n$ und $p_1 + \ldots + p_r = 1$.

Die zugehörige Verteilung bezeichnet man als **Polynomialverteilung** mit Freiheitsgrad $f = r - 1$.

Erwartungswert und Standardabweichung der einzelnen Zufallsgrößen $X_1, \ldots, X_r$ berechnen sich (wie bei BERNOULLI-Versuchen):

$\mu_i = E(X_i) = n \cdot p_i$ und $\sigma_i^2 = V(X_i) = n \cdot p_i \cdot (1 - p_i)$

Beispiel für eine Polynomialverteilung:

$n = 5$ und $p_1 = 0{,}4$; $p_2 = 0{,}2$; $p_3 = 0{,}4$

k_1 \ k_2	0	1	2	3	4	5
0	0,010	0,026	0,026	0,013	0,003	0,000
1	0,051	0,102	0,077	0,026	0,003	–
2	0,102	0,154	0,077	0,013	–	–
3	0,102	0,102	0,026	–	–	–
4	0,051	0,026	–	–	–	–
5	0,010	–	–	–	–	–

Darstellung der Verteilung

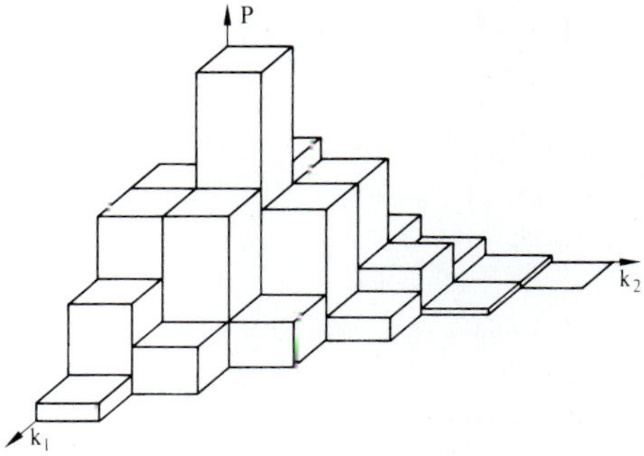

Das Maximum der Verteilung liegt beim Ergebnis $k_1 = 2$, $k_2 = 1$, $k_3 = 2$,
da $\mu_1 = E(X_1) = 0{,}4 \cdot 5 = 2$; $\mu_2 = E(X_2) = 0{,}2 \cdot 5 = 1$, $\mu_3 = E(X_3) = 0{,}4 \cdot 5 = 2$.

Bei Binomialverteilungen mit großen Stichprobenumfängen haben wir die Abweichungen der Anzahl der Erfolge (k_1) vom Erwartungswert (μ_1) mit der Standardabweichung (σ_1) verglichen, um *ungewöhnliche* von *verträglichen* Stichprobenergebnissen zu unterscheiden.

Bei Zufallsversuchen mit mehr als zwei möglichen Ergebnissen auf jeder Stufe ist dies schwieriger, wie wir an folgendem Beispiel sehen:

Aufgabe 1

Aus Kreuzungsversuchen mit Pflanzen gehen drei Arten mit den Wahrscheinlichkeiten $p_1 = 0{,}5$; $p_2 = 0{,}25$; $p_3 = 0{,}25$ hervor. Bei einem Versuch erhielt man insgesamt 60 Pflanzen, davon 27 von der ersten, 23 von der zweiten und 10 von der dritten Art. Ist das Stichprobenergebnis ungewöhnlich?

Lösung

Wir können bezüglich jeder einzelnen Merkmalsausprägung den Zufallsversuch als BERNOULLI-Versuch auffassen:

1. Art: $\mu_1 = 60 \cdot 0{,}5 = 30$; $\sigma_1 = \sqrt{60 \cdot 0{,}5 \cdot 0{,}5} \approx 3{,}87$

$k_1 = 27$ liegt innerhalb der $1{,}96\,\sigma_1$-Umgebung von μ_1

2./3. Art: $\mu_2 = \mu_3 = 60 \cdot 0{,}25 = 15$;

$\sigma_2 = \sigma_3 = \sqrt{60 \cdot 0{,}25 \cdot 0{,}75} \approx 3{,}35$

$k_2 = 23$ liegt außerhalb der $1{,}96\ \sigma_2$-Umgebung von μ_2.

$k_3 = 10$ liegt innerhalb der $1{,}96\ \sigma_3$-Umgebung von μ_3.

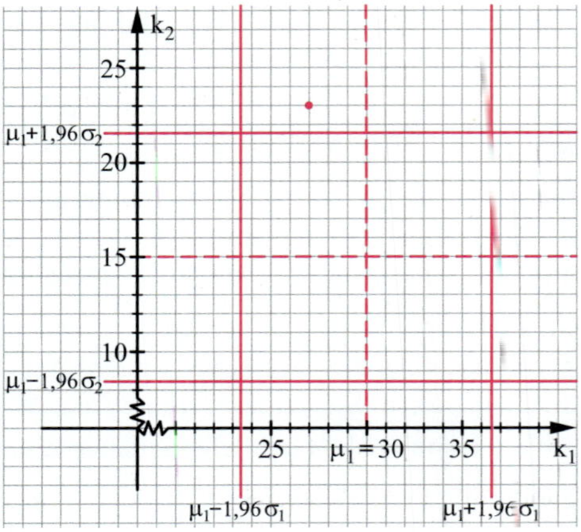

Wir benötigen deshalb eine Zufallsgröße, mit der wir entscheiden können, ob das Stichprobenergebnis *insgesamt* ungewöhnlich oder verträglich ist.

Bei Polynomialverteilungen untersuchen wir die Abweichung aller Zufallsgrößen $X_1, \ldots, X_r$ von den jeweiligen Erwartungswerten $\mu_1, \ldots \mu_r$ mit Hilfe der Zufallsgröße χ^2 (lies: Chi-Quadrat):

$$\chi^2 = \frac{(X_1 - \mu_1)^2}{\mu_1} + \frac{(X_2 - \mu_2)^2}{\mu_2} + \ldots + \frac{(X_r - \mu_r)^2}{\mu_r}$$

Mit den Daten der Aufgabe erhalten wir z. B.:

$$\chi^2 = \frac{(27-30)^2}{30} + \frac{(23-15)^2}{15} + \frac{(10-15)^2}{15} = \frac{9}{30} + \frac{64}{15} + \frac{25}{15} \approx 6{,}233$$

Welche Bedeutung hat χ^2 im Falle $r = 2$ (Binomialverteilung)?

Wegen $p_2 = 1 - p_1$ und $X_2 = n - X_1$ können wir den Term für χ^2 umformen:

$$\chi^2 = \frac{(X_1 - np_1)^2}{np_1} + \frac{(X_2 - np_2)^2}{np_2} = \frac{(X_1 - np_1)^2}{np_1} + \frac{(n - X_1 - n(1-p_1))^2}{np_2}$$

$$= \frac{(X_1 - np_1)^2}{np_1} + \frac{(np_1 - X_1)^2}{np_2}$$

$$= \frac{(1-p_1)(X_1 - np_1)^2 + p_1(X_1 - np_1)^2}{np_1(1-p_1)}$$

$$= \frac{(X_1 - np_1)^2}{np_1(1-p_1)} = \frac{(X_1 - \mu_1)^2}{\sigma_1^2} = \left(\frac{X_1 - \mu_1}{\sigma_1}\right)^2$$

Dies ist gerade das Quadrat der Abweichung von X_1 um Erwartungswert μ_1, gemessen in Vielfachen von σ_1; wir kennen also hier bereits die kritischen Werte:

$P(\chi^2 \le 1{,}96^2) = P(\chi^2 \le 3{,}84) \approx 0{,}95$ und $P(\chi^2 \le 2{,}58^2) = P(\chi^2 \le 6{,}63) \approx 0{,}99$

Analog zu $r = 2$ (Binomialverteilung) lassen sich auch Regeln über kritische Werte bei beliebigen Polynomialverteilungen formulieren (vgl. Seite 73: Wahrscheinlichkeiten von σ-Umgebungen):

Kritische Werte für χ^2 bei Polynomialverteilungen mit Freiheitsgrad r – 1

Falls $n \cdot p_i \geq 5$ (i = 1, …, r) und $n \geq 30$ ist, dann gibt es zu den Sicherheitswahrscheinlichkeiten 95 % und 99 % *kritische Werte* für χ^2 mit der Eigenschaft: 95 % (99 %) aller Stichprobenergebnisse haben einen Wert für χ^2, der höchstens gleich dem kritischen Wert ist.

Daher gilt folgende **Entscheidungsregel für χ^2** (sogen. χ^2-Test):
Ein Stichprobenergebnis bezeichnen wir als *verträglich* mit den Erfolgswahrscheinlichkeiten $p_1, \ldots, p_r$, wenn der χ^2-Wert höchstens gleich dem zugehörigen kritischen Wert ist.
Ist der Wert von χ^2 größer als der kritische Wert, dann verwerfen wir die Hypothese über $p_1, \ldots, p_r$.

Die nachfolgende Tabelle enthält für die Freiheitsgrade r = 1 bzw. r = 2 die kritischen Werte zum 95 %- bzw. 99 %-Niveau. Wir lesen ab, dass das Stichprobenergebnis in Aufgabe 1 insgesamt als ungewöhnlich anzusehen ist. Auf dem 95 %-Niveau würde wegen $\chi^2 = 6{,}233 > 5{,}99$ die Hypothese $p_1 = 0{,}5$; $p_2 = 0{,}25$; $p_3 = 0{,}25$ verworfen.

Die Grafik rechts veranschaulicht Annahme- und Verwerfungsbereich dieser Hypothese auf dem 95 %-Niveau; der innere Teil der Ellipse ist der Annahmebereich; Stichprobenergebnisse, die außerhalb der Ellipse liegen, führen zum Verwerfen der Hypothese.

Die kritischen Werte können auch im GTR abgelesen werden: Im Menü von DISTR ist die kumulierte Verteilung der χ^2- Verteilung enthalten. Man definiert eine Funktion mit Angabe des Anfangswerts 0, der Funktionsvariablen x und der Angabe des Freiheitsgrads. In der Wertetabelle dieser Funktion lässt sich der kritische Wert zur angegebenen Sicherheitswahrscheinlichkeit ablesen.

Freiheitsgrad f = r – 1	Sicherheitswahrscheinlichkeit 0,95	0,99
1	3,84	6,63
2	5,99	9,21

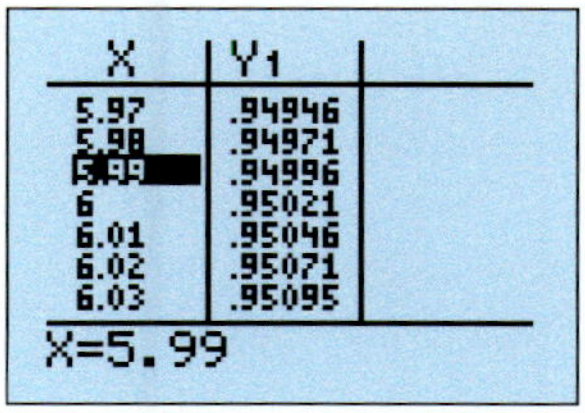

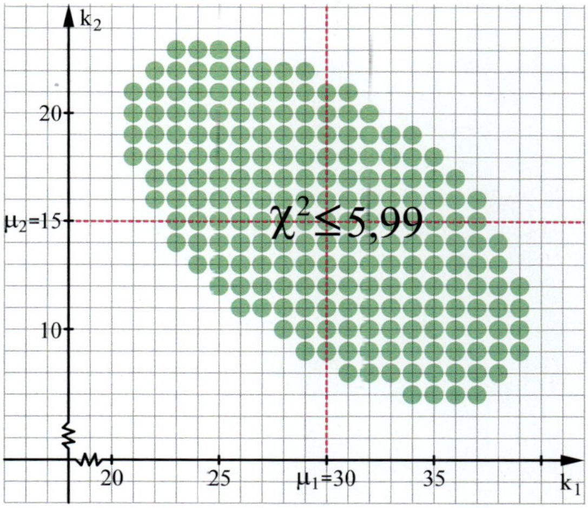

Beispiel: Ein Würfel wird 1200-mal geworfen. Die Augenzahlen treten mit den angegebenen Häufigkeiten auf.

Wir überprüfen, ob die Ergebnisse verträglich sind mit $p_1 = \ldots = p_6 = \frac{1}{6}$.

Es ist: $f = 6 - 1 = 5$; $n = 1200$; $\mu_i = n \cdot p_1 = 1200 \cdot \frac{1}{6} = 200$ und

$$\chi^2 = \frac{(185-200)^2}{200} + \frac{(220-200)^2}{200} + \ldots + \frac{(205-200)^2}{200} = 7{,}74$$

Wegen $\chi^2 = 7{,}74 < 11{,}07$ (kritischer Wert zum 95 %-Niveau) ist das Ergebnis insgesamt verträglich mit der Hypothese $p_1 = \ldots = p_6 = \frac{1}{6}$.

Augenzahl	abs. Häufigkeit
1	185
2	220
3	212
4	205
5	173
6	205

Kapitel 5 | Vorschläge für Projekte und Facharbeiten

5.1 Umfragen und Prognosen

5.1.1 Das Politbarometer

FORSCHUNGSGRUPPE WAHLEN E.V.

Die Forschungsgruppe Wahlen e. V. (FGW) führt im Auftrag des ZDF regelmäßig Befragungen durch, die beispielsweise in der Sendung „Politbarometer“ veröffentlicht werden.

Zur Methode der Befragung findet man Informationen unter
http://www.forschungsgruppewahlen.de/Studien/Politbarometer/Methoden/
beispielsweise den folgenden Text

Die Daten für das Politbarometer werden jeweils von Dienstag bis Donnerstag telefonisch erhoben und am Freitag werden die Ergebnisse veröffentlicht. Dabei werden in den westlichen Bundesländern jeweils ca. 1.000 zufällig ausgewählte Wahlberechtigte befragt, in den neuen Bundesländern ca. 700. Eine Überquotierung des Ostens erfolgt, um eigenständige Aussagen über die ostdeutschen Länder treffen zu können. Die Zusammenfassung dieser Befragten führt nach Ausgleich der Überquotierung im Osten rechnerisch zu ca. 1.250 Interviews.
Entscheidend ist dabei, dass die gewonnenen Ergebnisse repräsentativ für die Gesamtheit der wahlberechtigten Bevölkerung in Deutschland sind. Dies wird durch eine strenge Zufallsauswahl bei der Bestimmung der zu befragenden Personen gewährleistet. Für die Stichprobe wird eine zweistufige Zufallsauswahl verwendet: Zunächst werden Privathaushalte ausgewählt, dann eine Person eines jeden Haushalts. Die Auswahl der Privathaushalte erfolgt im RLD-Verfahren (randomize last digit). Das heißt zufällig aus der Gesamtheit aller eingetragenen Telefonanschlüsse gezogene Telefonnummern werden dadurch verändert, dass die letzte Stelle dieser Telefonnummer durch eine Zufallszahl zwischen 0 und 9 ersetzt wird, damit auch nicht eingetragene Telefonnummern erreicht werden. Die so generierten Anschlüsse bilden die Brutto-Haushalts-Stichprobe der Untersuchung. Mithilfe eines Zufallsverfahrens wird dann in der zweiten Stufe die Zielperson ausgewählt. Hierbei wird diejenige Person befragt, die von den Wahlberechtigten im Haushalt als letzte Geburtstag hatte.
Die Auswertung der Studie erfolgt gewichtet. Zunächst wird die Stichprobe, die ja haushaltsrepräsentativ ausgewählt wurde, in eine Personenstichprobe transformiert. Diese Transformation muss erfolgen, weil die Chance eines Haushaltsmitgliedes, befragt zu werden, umgekehrt proportional zur jeweiligen Haushaltsgröße ist. Die dabei gewonnene Personenstichprobe wird dann unter Berücksichtigung der amtlichen Statistik nach Geschlecht, Alter und Bildungsabschluss gewichtet, um die durch Random-Ausfälle auftretenden Verzerrungen zu beseitigen.
Die so gewichtete Umfrage ist unter Berücksichtigung der wahrscheinlichkeitstheoretischen Grundlagen von Stichproben repräsentativ für die wahlberechtigte Bevölkerung Deutschlands. Aufgrund der üblichen wahrscheinlichkeitstheoretischen Annahmen beträgt die Fehlertoleranz zum Beispiel bei 1.250 Befragten und einem Parteianteil von 40 % +/– 2,7 Prozentpunkte und bei einem Parteianteil von 7 % +/– 1,4 Prozentpunkte. In der Vergangenheit hat sich jedoch gezeigt, dass die Umfrageergebnisse der Forschungsgruppe Wahlen deutlich genauer waren, als es diese theoretischen Modellannahmen nahelegen.

- Gib eine Zusammenfassung des Textes mit eigenen Worten wieder.
- Erläutere, warum
  (1) in Ost-Deutschland vergleichsweise mehr Personen befragt werden als in West-Deutschland,
  (2) die Auswertung entsprechend der Haushaltsgröße gewichtet erfolgen muss,
  (3) bei einem Parteianteil von z. B. 40 % und 1250 Befragten die Fehlertoleranz 2,7 Prozentpunkte beträgt.
- Eine neue Entwicklung sind die Stichproben, bei denen das soziale „Milieu" der Befragten berücksichtigt wird. Recherchiere hierzu: http://www.forschungsgruppe.de/Unternehmen/FGW_Online_GmbH/Online-Forschung/Milieuquotierte_Stichproben/
- An das ZDF werden regelmäßig Fragen gestellt, z. B. ob man nicht durch Verdoppelung der Anzahl der Befragten die Genauigkeit der Befragungsergebnisse deutlich verbessern könnte. Beantworte diese Frage und die anderen Fragen von der ZDF-Homepage.

Politbarometer auf einen Blick

Antworten auf Ihre Fragen

Immer wieder erreichen die Politbarometer-Redaktion und die Forschungsgruppe Wahlen dieselben Fragen: Wieso gilt eine Umfrage unter 1250 Menschen als repräsentativ? Wie genau sind die Umfragen? Hier finden Sie Antworten auf die sieben wichtigsten Fragen.

Bettina Schausten moderiert das Politbarometer

- Wie genau sind die Umfrageergebnisse der rechts abgebildeten Sonntagsfrage/der aktuellen Sonntagsfrage?
- Man kann die Daten der Politbarometer der letzten Jahre im Archiv nachlesen. Welche interessanten Entwicklungen sind zu beobachten? (http://www.forschungsgruppe.de/Studien/Politbarometer/Archiv/)

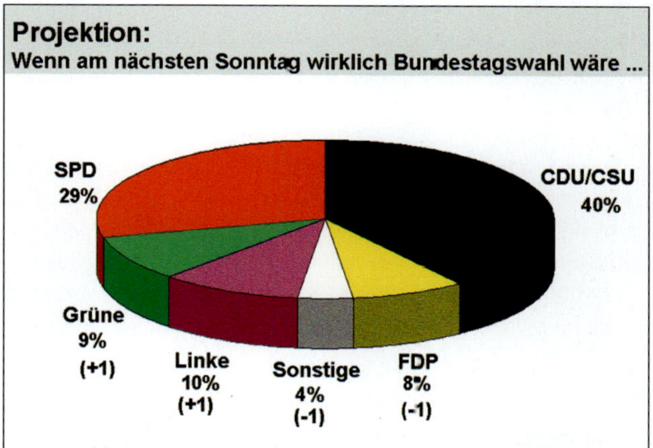

Forschungsgruppe Wahlen: Politbarometer September 2007, KW 37; Gewinne und Verluste zur KW 33 in Klammern.

5.1.2 Jugendstudien

1. Im Auftrag des Bundesverbandes der Banken wandte sich die Forschungsgruppe Wahlen im Jahr 2006 in einer telefonischen Umfrage an insgesamt 755 Jugendliche und junge Erwachsene zwischen 14 und 24 Jahren sowie in einer Vergleichsstudie an 1009 Erwachsene ab 18 Jahren.

Die Ergebnisse dieser Studie können abgerufen werden unter:
http://www.forschungsgruppe.de/Studien/Archiv/Jugendstudie/

- Beurteile die folgenden Darstellungen aus der Studie: Sind die Kommentare angemessen?

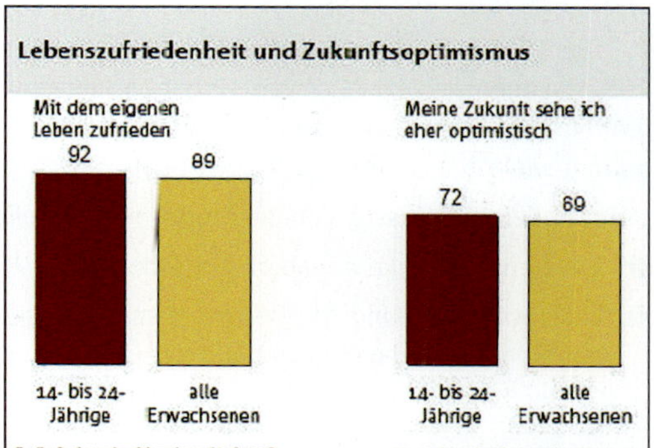

Quelle: Bankenverband/ipos, Jugendstudie 2006

Hier und im Folgenden Angaben in Prozent.

Zufriedene Jugend
Die heutige Jugend ist keine Generation der Unzufriedenen oder der Pessimisten. Im Gegenteil: 9 von 10 Jugendlichen und jungen Erwachsenen sind mit ihren Lebensumständen zufrieden, und 7 von 10 sehen optimistisch in ihre eigene Zukunft. In ihrer Lebenszufriedenheit und ihrem Zukunftsoptimismus übertreffen sie damit sogar noch die Erwachsenen.

Leistung vor Sicherheit und Lebensstandard
Der Vergleich der Lebensziele der Jugend mit jenen der Gesamtbevölkerung zeigt den größten Unterschied bei der „Selbstverwirklichung". Diese nimmt in der jungen Generation erwartungsgemäß einen höheren Stellenwert ein. Überraschender ist, dass auch „Leistung zu erbringen" bei Jugendlichen und jungen Erwachsenen häufiger im Vordergrund steht als bei den Erwachsenen insgesamt. Dies gilt freilich auch – auf einem allerdings deutlich niedrigeren Niveau – für das Streben nach einem hohen Lebensstandard.

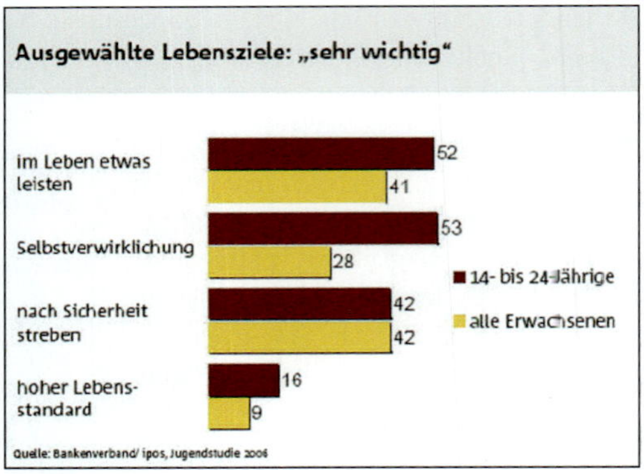

- Erläutere den folgenden Text, der ebenfalls in der Studie nachzulesen ist:

„Die Ergebnisse beider Studien sind repräsentativ, erstere für alle 14- bis 24-Jährigen in Deutschland, letztere für die wahlberechtigte Bevölkerung in Deutschland. ... Bei der Interpretation der Daten muss berücksichtigt werden, dass es sich bei der Auswahl der Befragten um Zufallsstichproben handelt, die anstelle der Gesamtheit untersucht werden. ... Wenn in der Umfrage bei einer Stichprobengröße von $n = 750$ ein Wert von 50 % ermittelt wird, liegt der wahre Wert in der Gesamtheit aller 14- bis 24-Jährigen mit einer Wahrscheinlichkeit von 95 % im Bereich von 46,4 % bis 53,6 %. Beträgt die Merkmalsausprägung 10 %, so liegt der wahre Wert zwischen 7,9 % und 12,1 %. Für die Erhebung der Erwachsenen-Studie ergeben sich folgende Vertrauensbereiche: Bei einem Merkmalswert von 50 % liegt der wahre Wert in der Gesamtheit aller Wahlberechtigten mit einer Wahrscheinlichkeit von 95 % bei einer Stichprobengröße von $n = 1000$ zwischen 46,9 % und 53,1 %, bei einer Merkmalsausprägung von 10 % zwischen 8,1 % und 11,9 %. Insofern müssen geringfügige Unterschiede sehr vorsichtig interpretiert werden."

- Führe eine eigene Befragung zu den in der Studie angesprochenen Themen durch.
- Die in den Telefoninterviews gestellten Fragen sind im Wortlaut in der Studie abgedruckt. Nimm sie als Anregungen für eigene Befragungen. Vergleiche die Ergebnisse der eigenen Befragung mit denen der Studie.

2. Die **15. Shell Jugendstudie 2006** stützt sich auf eine repräsentativ zusammengesetzte Stichprobe von 2532 Jugendlichen im Alter von 12 bis 25 Jahren aus den alten und neuen Bundesländern, die von geschulten Infratest-Interviewern zu ihrer Lebenssituation und zu ihren Einstellungen und Orientierungen persönlich befragt wurden.

Unter anderem befasste sich die Studie mit den religiösen Ansichten der Jugendlichen.

- Wie genau sind die Angaben? Bestimme dazu 95 %-Konfidenzintervalle.
- Lässt sich aufgrund der Befragungsergebnisse und des gewählten Stichprobenumfangs tatsächlich behaupten, dass „die Mädchen auf der Überholspur" sind?

- Die Fragen der Shell-Studie können Anregungen für eigene Befragungen geben. Einzelheiten zur Studie findet man unter: http://www.shell.com/home/content/de-de/society_environment/jugendstudie/2006/dir_jugendstudie.html

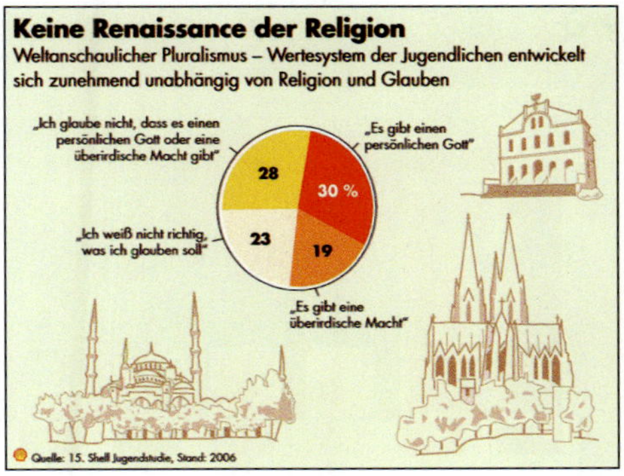

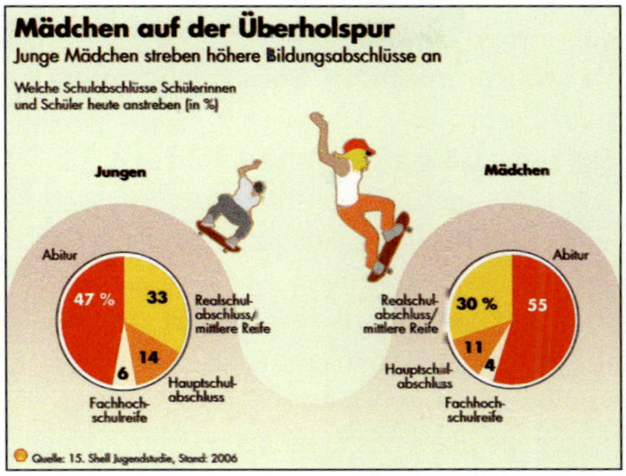

3. Auch das INSTITUT FÜR DEMOSKOPIE ALLENSBACH (IfD) veröffentlicht regelmäßig Ergebnisse von Befragungen zu aktuellen Themen. Die Kurzberichte können unter http://www.ifd-allensbach.de/ abgerufen werden. Beispielsweise meldete das IfD:

Auswandern? Jeder Dritte der Unter-30-Jährigen spielt mit diesem Gedanken
Allensbach am Bodensee, Anfang September 2007. – Jeder Fünfte würde gern aus Deutschland auswandern. Vor allem junge Leute unter Dreißig (33 Prozent) spielen zur Zeit mit dem Gedanken, Deutschland zu verlassen und ganz in den Lebensraum eines anderen Landes einzutauchen. Als Gründe für ihren Auswanderungswunsch geben die meisten an, dass ihnen andere Länder besser gefallen. Für die Jüngeren steht im Vordergrund, dass sie gerne einen Arbeitsplatz im Ausland finden würden. Das nennen 56 Prozent der Auswanderungswilligen im Alter unter Dreißig als ihr Motiv.

Die Personen, die angaben, dass sie auswandern würden, wurden gefragt, welches Land für sie in Frage käme:

An der Spitze der Länder und Gegenden, über die deutsche Auswanderungswillige am häufigsten nachdenken, stehen Länder innerhalb Süd- oder Westeuropas. Für die Älteren sind Italien (13 Prozent) und Spanien (11 Prozent) dabei besonders interessant. Die Jüngeren, die ans Auswandern denken, haben innerhalb Europas am ehesten Frankreich (7 Prozent) im Blick. Sehr viel beliebter sind bei Jüngeren jedoch Australien, Kanada oder die USA. 27 Prozent der Unter-30-Jährigen würden gern nach Australien auswandern, 15 Prozent nach Kanada und 14 Prozent in die USA.

Als „technische Daten" der Befragung werden genannt: Anzahl der Befragten: 883; Repräsentanz: Gesamtdeutschland, Bevölkerung ab 16 Jahre

- Nimm Stellung: Wie brauchbar sind die o. a. Befragungsergebnisse?
- Führe selbst eine Befragung zu diesem Thema durch.

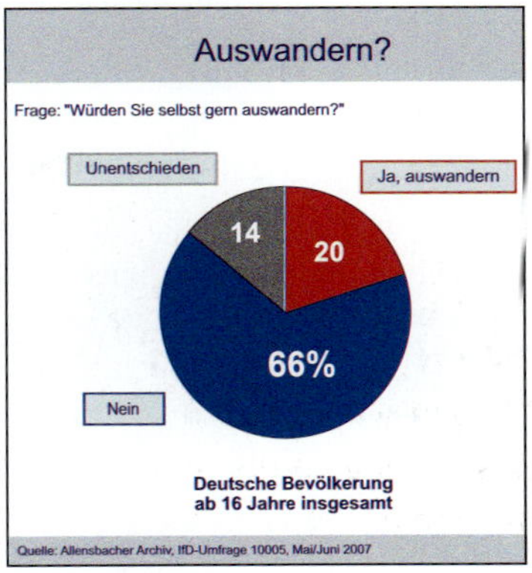

5.1.3 Wahlhochrechnungen und Wahltagsbefragungen

Das Institut infratest-dimap arbeitet für die ARD und veröffentlicht jede Woche die berühmte

Sonntagsfrage
Wenn am kommenden Sonntag Bundestagswahl wäre ...
Mit der Sonntagsfrage ermittelt Infratest dimap seit 1997 im Auftrag der ARD zwischen den Wahlen die aktuelle politische Stimmung in Deutschland. Wir stellen hierzu jede Woche mindestens 1000 Bundesbürgern die Frage: „Welche Partei würden Sie wählen, wenn am kommenden Sonntag Bundestagswahl wäre?“. Die Sonntagsfrage steht nie allein, ihr Ergebnis aber meist im Mittelpunkt des öffentlichen Interesses.
Die Befunde sind repräsentativ, da unsere Stichproben sehr genau die gesamte wahlberechtigte Bevölkerung abbilden.

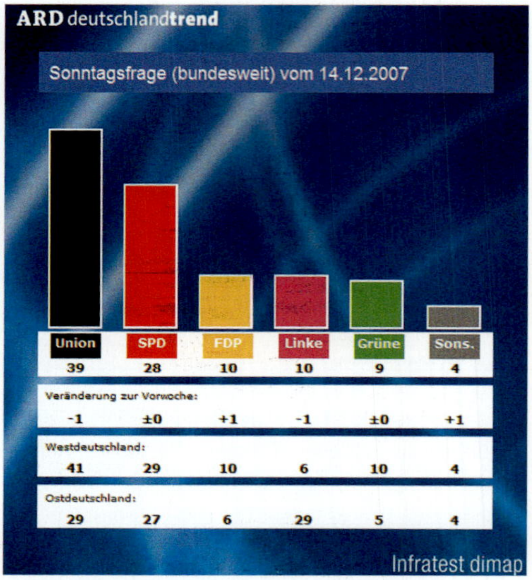

Quelle: http://www.infratest-dimap.de/

Als „technische Daten“ der Sonntagsfrage werden genannt:

Grundgesamtheit: Wahlberechtigte Bevölkerung in Deutschland
Stichprobe: Zufallsauswahl / Randomstichprobe
Erhebungsverfahren: Computergestützte Telefoninterviews (CATI)
Fallzahl: 1.500 Befragte
Erhebungszeitraum: 29.10. - 31.10.2007
Fehlertoleranz: 1,1* bis 2,5** Prozentpunkte (* bei einem Anteilswert von 5 %; ** bei einem Anteilswert von 50 %)

- Nimm Stellung: Wie brauchbar sind die o. a. Befragungsergebnisse?
- Was bedeutet die Angabe bei der Fehlertoleranz?

Zur Internetpräsentation gehört auch eine Liste mit FAQ (häufig gestellten Fragen):

1. Was ist die Sonntagsfrage?
2. Wie genau sind repräsentative Umfragen?
3. Wie kommen repräsentative Stichproben zustande?
4. Wie viele Personen muss eine Stichprobe umfassen, um brauchbare Ergebnisse zu erzielen?
5. Worin besteht der Unterschied zwischen einer Prognose und einer Hochrechnung am Wahltag?
6. Worin besteht der Unterschied zwischen einer Vorwahlerhebung und einer Wahltagsbefragung?
7. Was ist eine Wählerwanderung?
8. Warum werden Umfrageergebnisse immer noch nach alten und neuen Bundesländern getrennt ausgewiesen?

- Stelle die wichtigsten Informationen zu einem Text zusammen. Beachte auch die Querverweise.

Die von infratest dimap herausgegebenen Wahlreports enthalten eine Fülle von Informationen. Leider sind sie nicht über das Internet abrufbar und mit Kosten verbunden. Recherchiere, ob diese Wahlreports in der lokalen Öffentlichen Bibliothek zugänglich sind.

- Bei den Wahltagsbefragungen werden Wählerinnen und Wähler nach Verlassen des Wahllokals befragt (so genannte „Exit-polls"). Das Ergebnis einer solchen Stichprobe wird um 18.00 Uhr, dem Zeitpunkt der Schließung der Wahllokale im Fernsehen als erste Prognose veröffentlicht. Vergleiche die Wahlprognosen mit den tatsächlichen Wahlergebnissen.

	Bundestag Sept. 2005 (n = 102 713)		Sachsen Sept. 2004 (n = 22 107)		Brandenburg Sept. 2004 (n = 17 840)	
Partei	Prognose	Ergebnis	Prognose	Ergebnis	Prognose	Ergebnis
CDU	35,5 %	35,2 %	43,0 %	41,1 %	19,5 %	19,4 %
SPD	34,0 %	34,2 %	9,5 %	9,8 %	32,5 %	31,9 %
FDP	10,5 %	9,8 %	6,0 %	5,9 %	3,0 %	3,3 %
Grüne	8,5 %	8,1 %	5,0 %	5,1 %	3,5 %	3,6 %
PDS/Linke	7,5 %	8,7 %	22,5 %	23,6 %	28,5 %	28,0 %

	Saarland Sept. 2004 (n = 2351)		Schleswig-Holstein Febr. 2005 (n = 22 817)		Nordrhein-Westfalen Mai 2005 (n = 48 522)	
Partei	Prognose	Ergebnis	Prognose	Ergebnis	Prognose	Ergebnis
CDU	48,5 %	47,5 %	40,0 %	40,2 %	45,0 %	44,8 %
SPD	30,5 %	30,8 %	38,5 %	38,7 %	37,5 %	37,1 %
FDP	5,5 %	5,2 %	7,0 %	6,6 %	6,0 %	6,2 %
Grüne	5,5 %	5,6 %	7,0 %	6,2 %	6,0 %	6,2 %

	Rheinland-Pfalz März 2006 (n = 17 432)		Mecklenburg-Vorpommern März 2006 (n = 18 434)		Sachsen-Anhalt März 2006 (n = 18 374)	
Partei	Prognose	Ergebnis	Prognose	Ergebnis	Prognose	Ergebnis
CDU	32,0 %	32,8 %	28,5 %	28,8 %	37,0 %	36,2 %
SPD	46,5 %	45,6 %	30,0 %	30,2 %	21,0 %	21,4 %
FDP	8,0 %	8,0 %	10,0 %	9,6 %	7,0 %	6,7 %
Grüne	5,0 %	4,6 %	3,5 %	3,4 %	3,5 %	3,6 %
Linke/PDS	2,5 %	2,5 %	18,0 %	16,3 %	24,5 %	24,1 %
NPD			6,5 %	7,3 %		

	Baden-Württtemberg März 2006 (n = 23 480)		Berlin Sept. 2006 (n = 23 869)		Bremen Mai 2007 (n = 31 739)	
Partei	Prognose	Ergebnis	Prognose	Ergebnis	Prognose	Ergebnis
CDU	45,0 %	44,2 %	21,5 %	21,3 %	25,0 %	25,7 %
SPD	25,0 %	25,2 %	31,0 %	30,8 %	38,0 %	36,8 %
FDP	10,5 %	10,7 %	7,5 %	7,6 %	5,5 %	6,0 %
Grüne	12,0 %	11,7 %	13,5 %	13,1 %	16,5 %	16,4 %
Linke/PDS			13,5 %	13,4 %	8,5 %	8,4 %

5.1.4 Auswertung von repräsentativen Wahlerhebungen

- Den folgenden Grafiken ist zu entnehmen, wie bei der Bundestagswahl 2005 in den verschiedenen Altersgruppen gewählt wurde. Erläutere, welche Grafiken welche Informationen enthalten. Welche Daten aus welcher Grafik werden benötigt, um diese in Form von Baumdiagrammen darstellen zu können?
- Betrachte das Wahlverhalten nur in der Altersgruppe der 18- bis 25-jährigen. Wie muss das Wahlverhalten in den restlichen Gruppen insgesamt gewesen sein, damit sich das Gesamt-Wahlergebnis ergibt? Stelle dies in einem Baumdiagramm zusammen und verfasse einen Text. Welche Informationen ergeben sich aus dem umgekehrten Baumdiagramm?

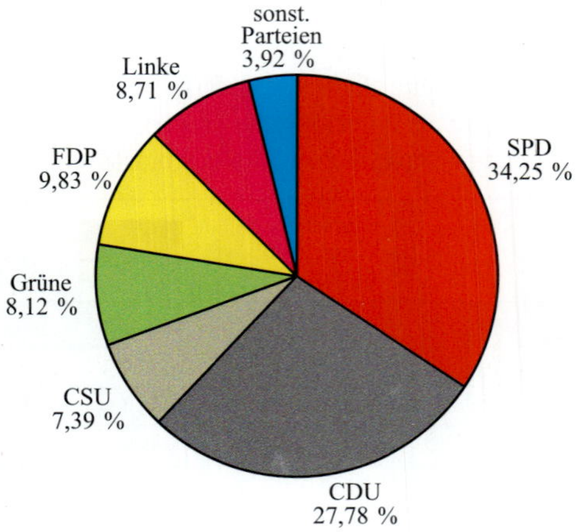

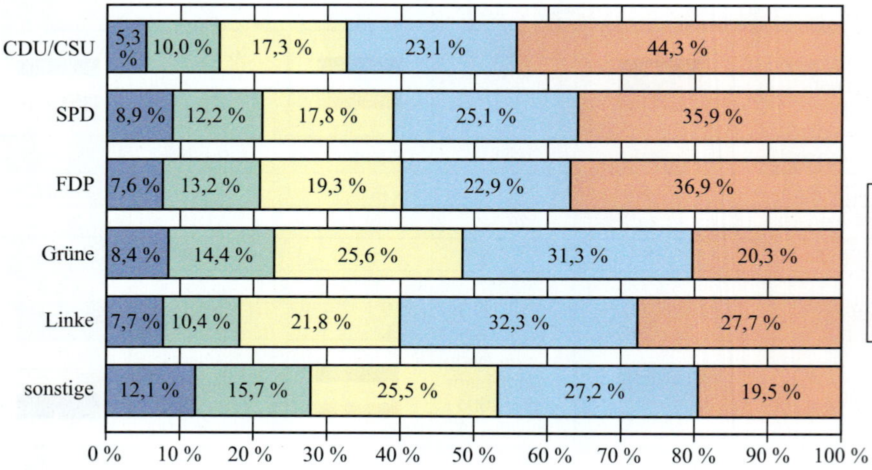

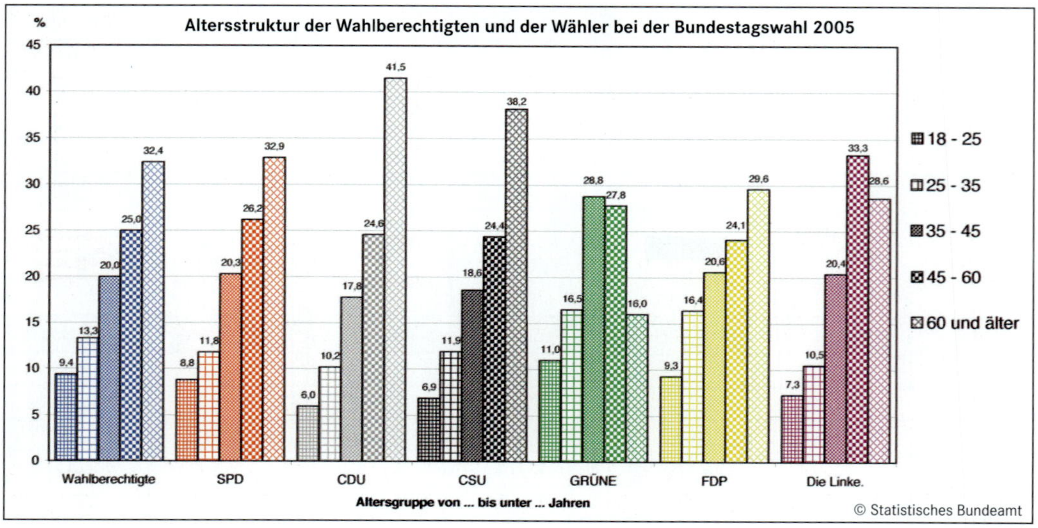

- Welche Informationen sind in folgendem Text enthalten? Stelle diese in geeigneter Form zusammen.

Immer mehr Briefwähler

Wenn am Wahlabend die Meinungsforscher mit ihren Prognosen daneben liegen, liegt dies vielleicht nicht daran, dass die befragten Wählerinnen und Wähler beim Verlassen des Wahlbüros falsche Angaben zu ihrer Wahl gemacht haben, sondern an der hohen Zahl der Briefwähler; denn diese werden durch die Meinungsforscher nicht befragt. Seit der Einführung der Möglichkeit, seine Stimme durch Briefwahl abzugeben, im Jahr 1957, hat der Anteil der Briefwähler kontinuierlich zugenommen; an der Bundestagswahl 2005 beteiligten sich insgesamt 48.044.134 Wählerinnen und Wähler, davon 8.969.355 durch Briefwahl.
Die gültigen Zweitstimmen, welche die einzelnen Parteien durch Briefwahl erhielten, hatten bei der SPD einen Anteil von 17,8 %, bei der CDU 20,7 %, bei der CSU 22,1 %, bei den GRÜNEN 18,2 %, bei der FDP 18,2 %, bei den Linken 16,5 % und bei den sonstigen Parteien 15,0 %.
Von den gültigen Briefwahl-Zweitstimmen entfielen auf die SPD 32,5 %, auf die CDU 30,7 %, auf die CSU 8,7 %, auf die GRÜNEN 7,9 %, auf die FDP 9,5 %, auf Die Linke 7,6 % und auf die sonstigen Parteien 3,1 %.
Die Urnenwähler hatten dagegen zu 34,7 % SPD, 27,1 % CDU, 7,1 % CSU, 8,2 % GRÜNE, 9,9 % FDP, 9,0 % Die Linke und 4,1 % die sonstigen Parteien mit ihrer Zweitstimme gewählt.
Übrigens: Insgesamt waren 756.146 der abgegebenen Zweitstimmen ungültig; der Anteil der von den Briefwählern abgegebenen ungültigen Zweitstimmen war allerdings um 47 % niedriger als bei den Urnenwählern.

- Entnimm der Grafik rechts, wie sich Frauen und Männer bei der Bundestagswahl 2005 entschieden haben. Erschließe hieraus und aus dem Gesamt-Wahlergebnis (Seite 108 oben), zu welchen Anteilen sich die Wählerschaft aus Frauen und Männern zusammensetzte.

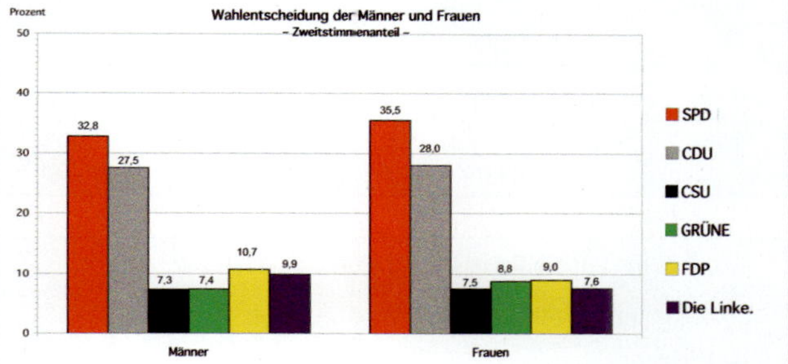

© Statistisches Bundeamt

- Bei der Wahl zum Abgeordnetenhaus 2006 in Berlin setzte sich die Wählerschaft wie folgt zusammen (Angaben in Prozent). Welche Baumdiagramme lassen sich hieraus entwickeln? Beschreibe die Sachverhalte in Form eines Zeitungstextes.

Alter in Jahren	Insgesamt	SPD	CDU	Die Linke	GRÜNE	FDP
18 bis unter 25	7,4	8,8	4,2	6,6	8,9	7,3
25 bis unter 35	13,0	13,3	7,4	10,4	21,6	15,4
35 bis unter 45	20,1	19,1	16,0	17,0	28,8	22,6
45 bis unter 60	26,1	24,8	23,2	30,7	27,6	25,5
60 und mehr	33,3	34,0	49,2	35,2	13,1	29,3
Insgesamt	100,0	100,0	100,0	100,0	100,0	100,0

- Bei der Bürgerschaftswahl in der Hansestadt Bremen im Mai 2007 wurden wieder zahlreiche Stimmzettel per Briefwahl abgegeben. Stelle die beiden möglichen Baumdiagramme auf und gib die darin enthaltenen Informationen in Form eines Artikels zur Wahl wieder.

	SPD	CDU	Grüne	FDP	Linke	gesamt
Urnenwahl	72 986	48 105	33 413	10 162	17 550	193 720
Briefwahl	13 188	11 582	6627	2384	2569	37 999

- In der repräsentativen Wahlstatistik zur Bürgerschaftswahl 2007 in Bremen wurden eine Fülle von Daten veröffentlicht; sie beziehen sich nur auf die Wählerinnen und Wähler, die keine Briefwahl durchgeführt haben. Wie sind die Daten zu lesen? Stelle die Informationen in Form von Baumdiagrammen dar.

Stimmabgabe bei der Bürgerschaftswahl 2007 in der Stadt Bremen nach Altersgruppen und Geschlecht (in %)

Altersgruppe von ... bis unter ... Jahre	Geschlecht	Gültige Stimmen	Von den gültigen Stimmen entfielen							Ungültige Stimmen
			SPD	CDU	GRÜNE	FDP	Sonstige	darunter		
								DVU	Die Linke.	
(A) in % jeder Altersgruppe										
18 – 25	Männer	100	35,6	16,2	22,5	7,9	17,8	6,6	6,8	2,1
	Frauen	100	32,7	14,8	37,4	3,1	11,9	4,4	6,0	0,3
	Insgesamt	100	34,3	15,5	29,4	5,7	15,1	6,4	6,4	1,3
Insgesamt	Männer	100	34,2	25,5	16,6	6,0	17,7	3,4	11,1	1,4
	Frauen	100	40,0	24,7	18,6	4,5	12,2	1,3	7,0	1,2
	Insgesamt	100	37,3	25,1	17,7	5,2	14,8	2,3	8,9	1,3
(B) in % der von den Männern und Frauen für die einzelnen Parteien in jeder Altersgruppe abgegebenen Stimmen										
18 – 25	Männer	53,4	55,6	55,7	40,8	74,4	63,1	63,2	56,8	88,9
	Frauen	46,6	44,4	44,3	59,2	25,6	36,9	36,8	43,2	11,1
	Insgesamt	100	100	100	100	100	100	100	100	100
Insgesamt	Männer	47,1	43,2	47,9	44,3	54,5	56,2	69,7	58,5	52,3
	Frauen	52,9	56,8	52,1	55,7	45,5	43,8	30,3	41,5	47,7
	Insgesamt	100	100	100	100	100	100	100	100	100
(C) in % der auf die Parteien entfallenen Stimmen										
18 – 25	Männer	7,8	8,1	4,9	10,5	10,3	7,8	15,1	4,8	11,6
	Frauen	6,0	4,9	3,6	12,1	4,3	5,9	20,3	5,1	1,6
	Insgesamt	6,9	6,3	4,2	11,4	7,6	7,0	16,7	4,9	6,8

- Bei den Landtagswahlen 2005 in Nordrhein-Westfalen gab es deutliche Unterschiede im Wahlverhalten einzelner Wählergruppen. Recherchiere oder erschließe aus den angegebenen Anteilen und dem Gesamt-Wahlergebnis, wie diese Wählergruppen im Vergleich zu den übrigen Wählergruppen das Wahlergebnis beeinflusst haben. Schreibe hierzu Zeitungsartikel.
- Die in der Tabelle angegebenen Anteile in den einzelnen Gruppen wurden aufgrund einer Befragung von 7717 Personen bestimmt. Wie genau sind die Angaben?

Landtagswahlen NRW 2005	SPD	CDU	FDP	Grüne
Gesamt-Wahlergebnis	37,1 %	44,8 %	6,2 %	6,2 %
18 bis unter 25 Jahre	38 %	34 %	8 %	11 %
60 Jahre und älter	39 %	52 %	5 %	2 %
evangelisch	45 %	36 %	7 %	6 %
katholisch	30 %	56 %	6 %	5 %
Gewerkschaftsmitglieder	42 %	30 %	4 %	6 %
Rentner	42 %	49 %	4 %	2 %
Beamte	34 %	45 %	6 %	10 %
Bildung hoch (mind. Abitur)	33 %	43 %	8 %	12 %

5.2 Probleme aus der Genetik

Fachliche Vorinformationen: MENDELsche Gesetze und HARDY-WEINBERG-Gesetz

Die Übertragung von Erbanlagen erfolgt durch die Keimzellen (Gameten). Träger der Erbanlagen (Gene) sind die Chromosomen in den Zellkernen. Die verschiedenen möglichen Zustände eines Gens heißen *Allele*; sie werden mit Buchstaben (z. B. A, B, a, b) bezeichnet.

Die Zellkerne der Körperzellen eines Menschen (und vieler anderer Lebewesen) enthalten einen doppelten Chromosomensatz, der zur einen Hälfte vom Kern der (mütterlichen) Eizelle und zur anderen Hälfte aus der (väterlichen) Samenzelle stammt. Die *Genotypen* der Nachkommen entstehen aus einem zufälligen Kombination je einer Hälfte des väterlichen und mütterlichen Chromosomensatzes.

Individuen vom Genotyp AA (oder BB) heißen reinerbig (*homozygot*); die Individuen von Genotyp AB werden als mischerbig (*heterozygot*) bezeichnet.

Wird beim Genotyp AB die Merkmalsausprägung nur vom Allel A bestimmt (d. h. stimmt das äußere Erscheinungsbild (*Phänotyp*) mit dem des Genotyps AA überein), dann heißt A *dominant* und B *rezessiv*.

Erste wichtige Erkenntnisse auf dem Gebiet der Genetik veröffentlichte GREGOR MENDEL (1822 – 1884) im Jahr 1866 mit seinen „Versuchen über Pflanzenhybriden" – Grundlagen der **klassischen Genetik**:

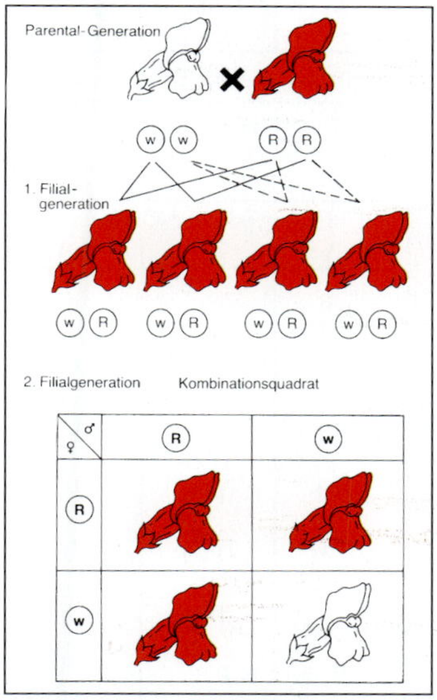

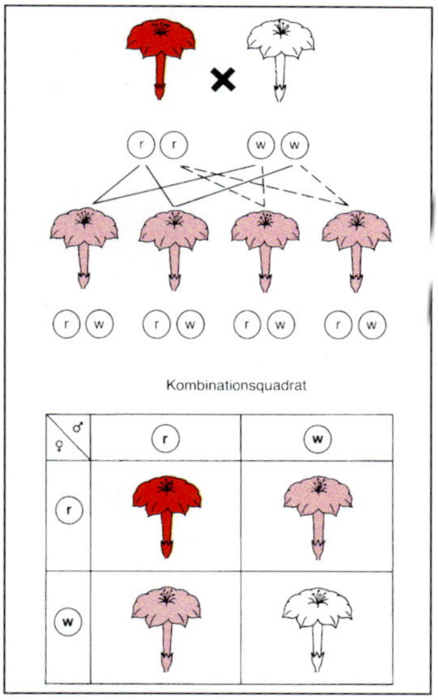

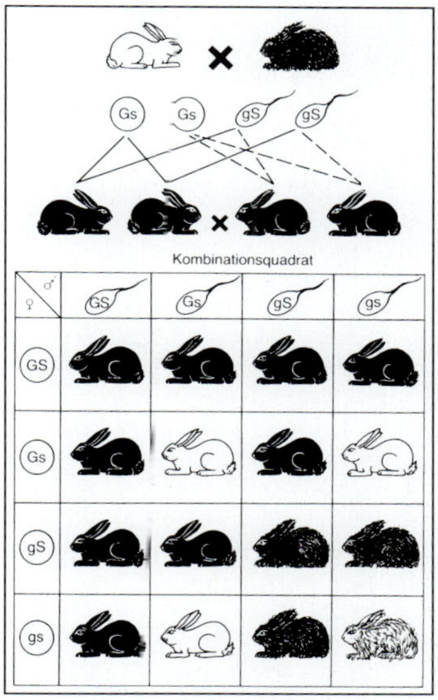

1. MENDELsches Gesetz (Gesetz der Uniformität): Kreuzt man zwei Individuen einer Art, die sich in einem Merkmal unterscheiden, für das sie reinrassig (reinerbig) sind, so sind die Nachkommen in der ersten Filialgeneration gleich (uniform).

2. MENDELsches Gesetz (Spaltungsgesetz): Kreuzt man zwei Individuen der ersten Filialgeneration untereinander, so ist die F_2-Generation nicht uniform, sondern spaltet in bestimmten Zahlenverhältnissen auf, und zwar beim dominant-rezessiven Erbgang im Verhältnis 1 : 3.

3. MENDELsches Gesetz (Gesetz der Neukombination): Kreuzt man Individuen einer Art, die sich in mehreren Merkmalen reinerbig unterscheiden, so gelten für jedes Merkmal Uniformitäts- und Spaltungsgesetz. Neben den Merkmalskombinationen der Parental(Eltern)-Generation treten in der F_2-Generation neue Merkmalskombinationen auf.

In der **Populationsgenetik** beschäftigt man sich mit den Häufigkeiten, mit der die Gene in einer Population auftreten. Dazu fanden um 1908 der englische Mathematiker GODFREY HAROLD HARDY (1877 – 1947) und der deutsche Arzt WILHELM WEINBERG (1862 – 1937) eine Regel:

HARDY-WEINBERG-Regel

Sind in einer Ausgangspopulation der Genotyp AA mit Wahrscheinlichkeit p und der Genotyp BB mit Wahrscheinlichkeit $q = 1 - p$ vorhanden, dann sind bei *zufälliger* Partnerwahl die Wahrscheinlichkeiten für die Genotypen AA, AB, BB von der ersten Nachkommengeneration an konstant $p^2 : 2pq : q^2$.
Der Anteil der Allele A und B in den Nachkommengenerationen ist wieder p bzw. q.

Herleitung der HARDY-WEINBERG-Regel:

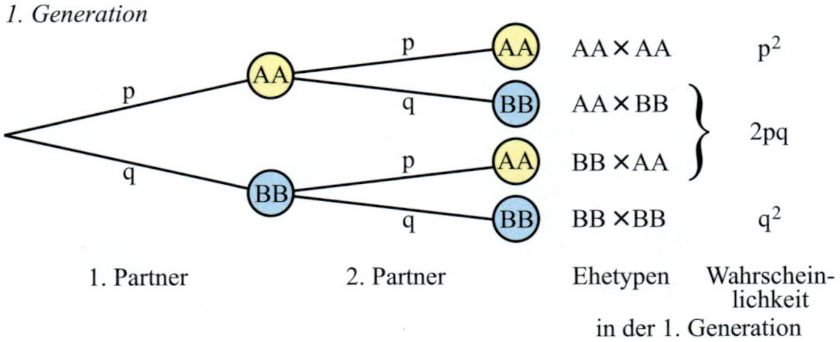

Genotypen der Kinder		
AA	AB	BB
p^2	0	0
0	$2pq$	0
0	0	q^2
p^2	$2pq$	q^2

Wahrscheinlichkeit der Genotypen in der 2. Generation

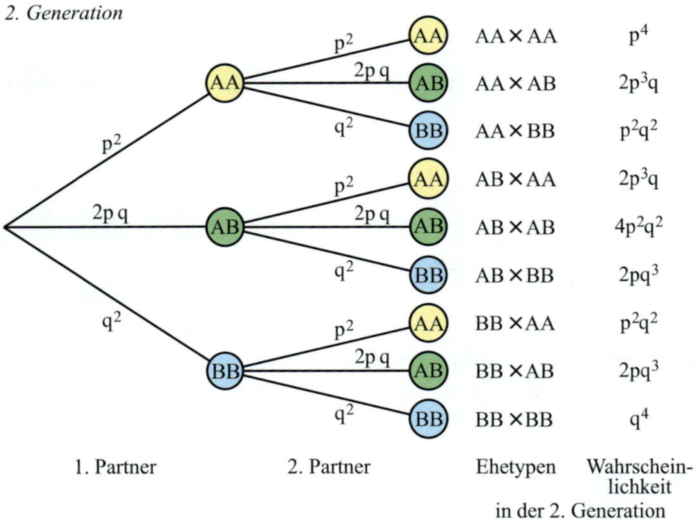

Genotypen der Kinder		
AA	AB	BB
p^4	0	0
p^3q	p^3q	0
0	p^2q^2	0
p^3q	p^3q	0
p^2q^2	$2p^2q^2$	p^2q^2
0	pq^3	pq^3
0	p^2q^2	0
0	pq^3	pq^3
0	0	q^4

Wahrscheinlichkeit der Genotypen in der 3. Generation

Für den Anteil der Genotypen in der dritten Generation gilt daher:

$P(AA) = p^4 + 2p^3q + p^2q^2 = p^2(p^2 + 2pq + q^2) = p^2(p + q)^2 = p^2$

$P(AB) = 2p^3q + 4p^2q^2 + 2pq^3 = 2pq\,(p^2 + 2pq + q^2) = 2pq\,(p + q)^2 = 2pq$

$P(BB) = p^2q^2 + 2pq^3 + q^4 = q^2(p^2 + 2pq + q^2) = q^2(p + q)^2 = q^2$

Der Anteil der Allele in der 1. und 2. Generation ist daher

Allel A: $p^2 + \frac{1}{2} \cdot (2pq) = p(p + q) = p$ bzw. Allel B: $\frac{1}{2} \cdot (2pq) + q^2 = q(p + q) = q$

5.2.1 Die Daten aus Mendels Versuchen

Gregor Mendel untersuchte bei seinen Kreuzungsversuchen mit Erbsen, wie oft verschiedene Merkmalsausprägungen nach der Kreuzung auftraten.
Aufgrund dieser Ergebnisse formulierte er folgende Hypothese:

Bei dominanter Vererbung haben in der zweiten Tochtergeneration 75 % der Merkmalsträger die eine und 25 % die andere Ausprägung.

Gregor Mendel (1822 - 1884)

- Überprüfe Mendels Hypothese anhand der folgenden Ergebnisse:

  (1) *Gestalt der Samen:* Von 7324 Samen waren 5474 rund oder rundlich, 1850 kantig.

  (2) *Färbung der Samen:* Von 8023 Samen waren 6022 gelb und 2001 grün.

  (3) *Farbe der Samenschale:* Von 929 Pflanzen hatten 705 violett-rote Blüten und graue Samenschalen und 224 weiße Blüten und weiße Samenschalen.

  (4) *Gestalt der Hülsen:* Von 1181 Pflanzen hatten 882 einfach gewölbte, 299 eingeschnürte Hülsen.

  (5) *Färbung der unreifen Hülsen:* Von 580 Pflanzen besaßen 428 grüne und 152 gelbe Hülsen.

  (6) *Stellung der Blüten:* In 651 von 858 Fällen waren die Blüten achsenständig und in 207 Fällen endständig.

  (7) *Länge der Blütenachse:* Von 1064 Pflanzen hatten 787 eine lange, 277 eine kurze Blütenachse.

- Die Ergebnisse der Untersuchungen Mendels gerieten in Vergessenheit und wurden erst 1900 wiederentdeckt. Verschiedene Forscher überprüften die 3 : 1-Hypothese Mendels.
  Untersuche auch hier die Verträglichkeit mit der Hypothese.

Forscher	Jahr	gelbe Samen	grüne Samen
Correns	1900	1394	453
Tschermak	1900	3580	1190
Hurst	1904	1210	445
Batson	1905	11 903	3903
Lock	1905	1438	514
Darbishire	1909	109 060	36 168

In weiteren Untersuchungen betrachtete Gregor Mendel jene Formen, die in der ersten Versuchsreihe die dominierende Merkmalsausprägung aufwiesen:

(1) *Gestalt der Samen:* Von 565 Pflanzen, die aus runden Samen gezogen wurden, brachten 193 nur runde Samen (372 hatten runde und kantige Samen im Verhältnis 3 : 1).

(2) *Färbung der Samen:* Von 519 Pflanzen, die aus gelben Samen gezogen wurden, gaben 166 ausschließlich gelbe Samen.

(3) *Farbe der Samenschale:* Von 100 Pflanzen hatten 36 ausschließlich graubraune Samenschalen.

(4) *Gestalt der Hülsen:* Von 100 Pflanzen hatten 29 nur einfach gewölbte Hülsen.

(5) *Färbung der unreifen Hülsen:* Von 100 Pflanzen hatten die Nachkommen von 40 Pflanzen grüne Hülsen.

(6) *Stellung der Blüten:* Von 100 Pflanzen hatten die Nachkommen von 35 Pflanzen ausschließlich achsenständige Blüten.

(7) *Länge der Blütenachse:* Von 100 Pflanzen hatten die Nachkommen von 28 Pflanzen eine lange Blütenachse.

- Prüfe die Hypothese: *Ein Drittel behält die dominierende Merkmalsausprägung (homozygot), während bei zwei Dritteln beide Merkmalsausprägungen (im Verhältnis 3:1) auftreten (heterozygot).*
- Für die Untersuchungen (3) bis (7) wählte MENDEL 100 Pflanzen aus (mit dominierendem Merkmal in der ersten Versuchsreihe) und baute je 10 Samen an um zu prüfen, ob die Pflanze homozygot oder heterozygot war. Nun ist es aber möglich, dass alle ausgewählten 10 Samen Pflanzen mit dem dominierenden Merkmal hervorbringen, obwohl die Nachkommenschaft der ursprünglich betrachteten Pflanze heterozygot ist. Die Wahrscheinlichkeit hierfür ist $0{,}75^{10} \approx 0{,}056$.
  MENDEL musste also mit folgendem Spaltungsverhältnis rechnen:
  $\frac{2}{3} \cdot 0{,}944 : (\frac{1}{3} + \frac{2}{3} \cdot 0{,}056) = 0{,}629 : 0{,}371$.
  Prüfe, ob die Versuchsergebnisse in (3) – (7) mit dieser Hypothese verträglich sind.

5.2.2 Blutgruppen und Krankheiten

- 1927 entdeckten KARL LANDSTEINER (1868 – 1943) und PHILIP LEVINE (1900 – 1987) im Blut des Menschen die Antigene M und N. Alle Menschen besitzen entweder M-, N- oder MN-Blut (die zugehörigen Genotypen sind MM, NN, MN).

  In einer Stichprobe wurden die Genotypen von Eltern und Kindern untersucht:

  a) Sind die Häufigkeiten mit der Annahme der zufälligen Kombination der Allele verträglich?

  D. h. im Einzelnen:

  (1) In Ehen vom Typ MM × MN treten Kinder der Genotypen MM bzw. MN im Verhältnis 1 : 1 auf,

  (2) in Ehen vom Typ MN × NN treten Kinder der Genotypen MN bzw. NN im Verhältnis 1 : 1 auf,

  (3) in Ehen vom Typ MN × MN treten Kinder der Genotypen MM bzw. MN bzw. NN im Verhältnis 1 : 2 : 1. auf.

  b) In der Elterngeneration hatten die Allele M und N den Anteil 54,8 % bzw. 45,2 %.
  Zeige, dass die Anteile in der Kindergeneration hiermit verträglich sind.

Genotypen der Eltern	Anzahl der Ehen	Häufigkeit der Genotypen der Kinder		
		MM	MN	NN
MM × MM	153	326	0	0
NN × NN	57	0	0	107
MM × NN	179	0	376	0
MM × MN	463	499	473	0
NN × MN	351	0	411	382
MN × MN	377	199	405	196
Gesamt	1580	1024	1665	685

- In 286 Familien wurde der Erbgang der M-N-Blutgruppen untersucht.
  Zeige, dass diese Häufigkeiten mit der Annahme der zufälligen Kombination der Allele verträglich sind (vgl. oben).

Genotypen der Eltern	Häufigkeit der Genotypen der Kinder		
	MM	MN	NN
MM × MM	98	–	–
NN × NN	–	–	27
MM × NN	–	43	–
MM × MN	183	196	–
NN × MN	–	156	167
MN × MN	71	141	63

- In verschiedenen Populationen wurde erforscht, mit welchen Anteilen die Allele M und N auftreten. Angenommen, 500 Personen einer dieser Volksgruppen würden zufällig ausgesucht: Wie viele Personen mit den Blutgruppen MM, MN bzw. NN wurden voraussichtlich darunter sein?
  (Sicherheitswahrscheinlichkeit 95 %)

Population	Anteile %	
	M	N
Indianer (USA)	77,6	22,4
Eskimos	91,3	8,7
Japaner	43,0	57,0
Australische Ureinwohner	17,8	82,2

- 1940 entdeckte Landsteiner, dass ca. 83 % der weißen Amerikaner ein Antigen besitzen, das man mit Rh^+ bezeichnete (Rhesus-Faktor). Tritt bei einer Person dieses Antigen auf, dann bezeichnet man das Blut als Rh-positiv, sonst als Rh-negativ.
Aus der Tabelle ersieht man, dass das Auftreten bzw. Fehlen des Antigens erblich bedingt ist.

Ehetyp	Anteil der Ehen	Anzahl der Kinder mit Rh^+	RH^-
$Rh^+ \times Rh^+$	73 %	248	16
$Rh^+ \times Rh^-$	20 %	54	23
$Rh^- \times Rh^-$	7 %	--	34

Da in $Rh^- \times Rh^-$-Ehen keine Nachkommen vom Typ Rh^+ vorkommen, wohl aber in den beiden anderen Ehe-Typen sowohl Rh^+- als auch Rh^--Nachkommen, ist das zugehörige Allel für Rh^+ dominant (Bezeichnung: R), das für Rh^- rezessiv (Bezeichnung: r).

(1) 83 % der Elterngeneration besaßen Rh-positives Blut. Zeige, dass auch der Anteil in der Kindergeneration hiermit verträglich ist.

(2) Nach der Hardy-Weinberg-Regel treten die Genotypen RR, Rr, rr im Verhältnis $p^2 : 2pq : q^2$ auf. Von den 375 Kindern waren 73 vom Genotyp rr (Warum?). Prüfe, ob dieser Anteil verträglich ist mit dem Anteil in der Elterngeneration ($q = 0{,}41$; $q^2 = 0{,}17$).

- Nach dem Ansatz des deutschen Mathematikers Felix Bernstein (1878 - 1956) erfolgt die Vererbung der Blutgruppen A, B, AB, 0 durch die drei Gene A, B, 0 (Wahrscheinlichkeiten p, q, r).

Phänotyp	Genotyp *(Wahrscheinlichkeit)*
A	A0 (2pr) oder AA (p^2)
B	B0 (2qr) oder BB (q^2)
AB	AB (2pq)
0	00 (r^2)

In den einzelnen Ehetypen können daher nur bestimmte Blutgruppen bei den Kindern auftreten. Die zweite Tabelle enthält die möglichen Phänotypen.

Ehetyp	Mögliche Blutgruppen der Kinder
0 × 0	0
0 × A	0, A
0 × B	0, B
0 × AB	A, B
A × A	0, A
A × B	0, A, B, AB
A × AB	A, B, AB
B × B	0, B
B × AB	A, B, AB
AB × AB	A, B, AB

a) Welche Ehetypen sind bezüglich der Genotypen möglich? Welche Gruppen können bei den Kindern auftreten (mit Wahrscheinlichkeiten)?

b) Zeige: Die Anteile der Genotypen bleiben in den verschiedenen Generationen gleich.
(Hardy-Weinberg-Regel für multiple Allele)

- In der nebenstehenden Tabelle sind Daten aus Stichproben abgedruckt. Schätze die Anteile der Allele A, B, 0 nach der Hardy-Weinberg-Regel.

Population	Umfang der Stichprobe	rel. Häufigkeit in % 0	A	B	AB
Chinesen	1000	30,7	25,1	34,2	10,0
Ägypter	502	27,3	38,5	25,5	8,8
Deutsche	39 174	36,5	42,5	14,5	6,5
Engländer	422	47,9	42,4	8,3	1,4
Isländer	800	55,7	32,1	9,6	2,6
Italiener	540	45,9	33,4	17,3	3,4
Japaner	29 799	30,1	38,3	21,9	9,7
Polynesier	413	36,5	60,8	2,2	0,5
Russen	489	31,9	34,4	24,9	8,8

Beachte:
P (Blutgruppe A oder Blutgruppe 0) = $(p + r)^2$,
P (Blutgruppe B oder Blutgruppe 0) = $(q + r)^2$,
also wegen $p + q + r = 1$:

$p = 1 - \sqrt{P(\text{Blutgruppe B oder Blutgruppe 0})}$

$q = 1 - \sqrt{P(\text{Blutgruppe A oder Blutgruppe 0})}$

$r = \sqrt{P(\text{Blutgruppe 0})}$

- Recherchiere auch Daten aus anderen Stichproben.

- Kurz nach der Geburt bilden sich im menschlichen Blut Antikörper: Menschen mit der Blutgruppe 0 besitzen Antikörper der Blutgruppen A und B. Bei Menschen mit der Blutgruppe A entwickeln sich Antikörper gegen das Blut der Blutgruppe B und umgekehrt. Menschen mit Blutgruppe AB besitzen keine Antikörper. Menschen mit der Blutgruppe 0 sind also ideale Spender – Menschen mit der Blutgruppe AB ideale Empfänger.
  Entwickeln sich bereits vor der Geburt Antikörper im Embryo, dann kann es zu Fehlgeburten oder zum Absterben des Embryos im frühen Stadium kommen, wenn Mutter und Embryo inkompatible (unverträgliche) Blutgruppen besitzen.
  In Japan untersuchte man die Häufigkeit der Blutgruppen von Kindern in Abhängigkeit von den Blutgruppen der Eltern (vgl. Tabelle rechts).
  Überprüfe, ob die Abweichungen noch als zufällig angesehen werden können.

Inkompatible Blutgruppen	
Mutter	Vater
0	A
0	B
A	B
B	B
0	AB
A	AB
B	AB

Blutgruppen der Eltern		Blutgruppen der Kinder: theoretische Wahrscheinlichkeit		Blutgruppen der Kinder: Häufigkeit in der Stichprobe	
Mutter	Vater	0	A bzw. B	0	A bzw. B
A	0	0,400	0,600	282	430
0	A	0,400	0,600	320	369
B	0	0,433	0,567	142	214
0	B	0,433	0,567	190	204

- Die ersten systematischen Unterschungen über den Zusammenhang von Blutgruppenzugehörigkeit und Krebserkrankung wurden Anfang der 50er Jahre in England und Schottland durchgeführt. Man bestimmte die Blutgruppen von Personen, die an Magenkrebs erkrankt waren, und verglich die relative Häufigkeit der Blutgruppen mit den Werten, die für die betreffende Bevölkerungsgruppe vorlagen.
  Insbesondere betrachtete man die Anteile der Blutgruppen A und 0.
  Prüfe, ob in den Stichproben der nebenstehenden Tabelle die relativen Häufigkeiten erkrankter Personen mit Blutgruppe A signifikant vom erwarteten Anteil abweichen.

Ort	Karzinom-Kranke mit Blutgruppe 0	Karzinom-Kranke mit Blutgruppe A	Anteil in der Bevölkerung $\frac{A}{A+0}$ in %
Manchester	343	349	42,3
Liverpool	85	97	44,3
Leeds	92	104	46,0
Birmimgham	37	57	46,8
Newcastle	44	44	41,1
London	578	617	47,9
Schottland	245	174	38,1
gesamt	1424	1442	44,5

- In den 30er-, 50er- und 60er Jahren wurden zum ersten Mal systematisch Abhängigkeiten zwischen Krankheiten und Blutgruppen untersucht.
  Prüfe, ob in den folgenden Stichproben von Erkrankten signifikante Abweichungen auftreten. Betrachte dazu folgende Verhältnisse A : 0, B : 0, AB : 0 und (A + B + AB) : 0 in Stichprobe und Gesamtheit.

Krankheit	Stichprobenumfang	Anteil in der Stichprobe				Anteil in der Gesamtheit				Ort und Zeit der Stichprobe
		0	A	B	AB	0	A	B	AB	
Dickdarmkarzinom	1514	0,439	0,446	0,085	0,030	0,458	0,422	0,089	0,031	London 1954
Uterushalskarzinom	1197	0,352	0,424	0,160	0,064	0,368	0,419	0,150	0,063	Berlin 1967
Brustkarzinom	1600	0,378	0,519	0,068	0,035	0,369	0,481	0,086	0,037	Norwegen 1964
Leukämie	655	0,427	0,376	0,154	0,042	0,457	0,370	0,133	0,040	Brooklyn 1958
Magengeschwür	2361	0,377	0,349	0,193	0,081	0,322	0,393	0,203	0,082	Krakau 1960
Gallensteine	830	0,349	0,483	0,112	0,055	0,363	0,449	0,129	0,059	Greifswald 1964
Angeborene Herzfehler	1303	0,447	0,408	0,107	0,037	0,458	0,397	0,108	0,037	Boston 1959
Rheumatische Erkrankung	770	0,268	0,482	0,160	0,091	0,328	0,420	0,179	0,073	Budapest 1967
Tuberkulose	771	0,329	0,342	0,242	0,087	0,319	0,367	0,228	0,086	Japan 1960
Lepra	1426	0,265	0,392	0,238	0,105	0,305	0,382	0,219	0,094	Japan 1937

5.2.3 Anwendungen des Hardy-Weinberg-Gesetzes

- Man kann Menschen danach unterscheiden, ob sie Phenylthiocarbamid (PTC) schmecken (stark bitterer Geschmack) oder gar nichts empfinden, wenn PTC auf die Zunge genommen wird.
Man bezeichnet das Allel, auf dem die Fähigkeit beruht, PTC zu schmecken, mit T, das andere mit t.
Aus der Tabelle mit Ergebnissen einer Untersuchung unter weißen US-Bürgern ist zu entnehmen, dass die Nichtschmecker-Eigenschaft rezessiv ist. *Schmecker* sind also vom Genotyp TT oder Tt.

(1) Aufgrund von Untersuchungen schätzte man den Anteil der Schmecker in dieser Population auf 70%. Schätze nach der Hardy-Weinberg-Regel:

- Mit welchen Anteilen treten Personen mit den Genotypen TT, Tt und tt auf?

- Mit welchen Anteilen treten in der betrachteten Population die Allele T und t auf?

(2) Überprüfe, ob die Werte der Tabelle verträglich sind mit den in a) berechneten Anteilen.
- 800 Ehepaare werden aus der Population zufällig ausgesucht: Mit welchen Anteilen treten die verschiedenen Elterntypen in der Stichprobe auf?

- 1059 Kinder haben Eltern, die beide Schmecker sind: Wie groß ist der Anteil der Schmecker unter den Kindern?

- Bei 761 Kindern ist ein Elternteil Schmecker, der andere Nichtschmecker: Wie groß ist der Anteil der Nichtschmecker unter den Kindern?

Eltern	Anzahl der Ehen	Kinder	
		Schmecker	Nicht-schmecker
Schmecker × Schmecker	425	929	130
Schmecker × Nichtschmecker	289	483	278
Nichtschmecker × Nichtschmecker	86	–	218
insgesamt	800	1412	626

- Bei der Auswertung von Familienstammbäumen wurde festgestellt, wie eine besondere Form von Kraushaar vererbt wird:

(1) Aus Ehen von Trägern dieser Eigenschaft mit Nichtträgern gingen 145 Kinder mit Kraushaar und 130 mit glattem Haar hervor;

(2) unter den 60 Kindern von Kraushaar-Vätern waren 24 mit Kraushaar;

(3) unter den Kindern mit Kraushaar-Müttern war das Verhältnis 34 : 26.

Zeige, dass diese Daten verträglich sind mit der Hypothese, dass aus Ehen von Trägern der Eigenschaft mit Nichtträgern Kinder mit bzw. ohne diese Eigenschaft im Verhältnis 1 : 1 hervorgehen.

- Viele Menschen sind in der Lage, ihre Zunge entlang ihrer Längsachse zu rollen.
Die Fähigkeit des Zungenrollens wird durch mehr als ein Gen übertragen: Die Vererbungsregeln sind kompliziert.
In zwei Kursen wurden Schüler beauftragt zu prüfen, ob ihre Eltern, ihre Geschwister oder sie selbst zu den *Zungenrollern* gehören.
Von 83 Eltern konnten 52 ihre Zunge rollen; unter 106 Kindern waren 68 Zungenroller.
Prüfe, ob bezüglich dieses Merkmals die Hardy-Weinberg-Regel erfüllt ist.

- Führe selbst ähnliche Erhebungen durch: Außer der Fähigkeit des Zungenrollens werden z. B. folgende Merkmale (bzw. Ausprägungen) vererbt: Grübchen, angewachsene/freie Ohrläppchen, Behaarung der Finger, rotes Haar, gelocktes/glattes Haar, kurze/lange Wimpern, braune/blaue Augenfarbe.

5.3 Statistik der Geburten

Der Engländer JOHN ARBUTHNOT (1667 - 1735) stellte als erster fest, dass die Wahrscheinlichkeit für eine Jungengeburt größer als 0,5 ist. Er führte dies auf die göttliche Vorsehung zurück, die durch die höhere Anzahl von Jungengeburten die Kriegsverluste ausgleicht.

Wir beschäftigen uns im Folgenden mit den Anteilen von Jungen- und Mädchengeburten und vergleichen dabei die relativen Häufigkeiten der Jungengeburten in verschiedenen Zeiträumen.

Bei der Untersuchung der Geburtenzahlen Deutschlands in den Nachkriegsjahren fällt auf, dass der Anteil der Jungengeburten größer ist als heute. Es gibt verschiedene Theorien darüber: Einfluss könnte die Tatsache der Mangelernährung gehabt haben; aber auch das (höhere) Alter der Ehepartner spielt eine Rolle.

5.3.1 Mädchen- und Jungengeburten

Anhand der im Folgenden aufgeführten Daten lassen sich eine Reihe von Untersuchungen anstellen:

- Bestimme 95%-Konfidenzintervalle für die Wahrscheinlichkeit einer Mädchengeburt in den Zeiträumen 1946 - 1961, 1962 - 1976, 1977 - 1991, 1992 - 2006 und vergleiche die Daten.
- Benutze die relativen Häufigkeiten für eine Mädchengeburt als Schätzwerte (Punktschätzung) für die jeweilige Wahrscheinlichkeit. Treten in den betr. Zeitintervallen signifikante Abweichungen auf?
- In Deutschland wurden 2006 insgesamt 672 724 Kinder geboren, davon 345 816 Jungen, also $p = 0,514$. Gibt es signifikante Abweichungen in den einzelnen Bundesländern?
- Vergleiche die Daten aus dem Jahr 2006 einiger Nachbarländer Deutschlands. Recherchiere im Internet aktuelle Daten über Mädchen- und Jungengeburten.

  Ein Verzeichnis mit Links zu Statistischen Ämter vieler Staaten findet man z. B. unter: http://statbel.fgov.be/info/links_de.asp#2

Tabelle 1: Geburtszahlen für Deutschland (1946 - 2006)

Jahr	männlich	weiblich	gesamt
1946	478 592	443 085	921 677
1947	532 767	495 929	1 028 696
1948	545 001	504 384	1 049 385
1949	573 204	533 621	1 106 825
1950	578 191	538 510	1 116 701
1951	571 699	534 681	1 106 380
1952	571 152	533 932	1 105 084
1953	564 929	530 100	1 095 029
1954	572 559	537 184	1 109 743
1955	575 079	538 329	1 113 408
1956	586 127	551 042	1 137 169
1957	602 041	563 514	1 165 555
1958	607 095	568 775	1 175 870
1959	641 377	602 545	1 243 922
1960	648 928	612 686	1 261 614
1961	675 417	638 088	1 313 505
Zwischensumme	9 324 158	8 726 405	18 050 563

Jahr	männlich	weiblich	gesamt
1962	677 283	639 251	1 316 534
1963	696 986	658 609	1 355 595
1964	698 046	659 258	1 357 304
1965	682 200	643 186	1 325 386
1966	677 053	641 250	1 318 303
1967	653 649	618 627	1 272 276
1968	624 373	590 595	1 214 968
1969	587 443	554 923	1 142 366
1970	537 922	509 815	1 047 737
1971	521 361	492 035	1 013 396
1972	463 472	438 185	901 657
1973	418 899	397 070	815 969
1974	413 510	391 990	805 500
1975	402 790	379 520	782 310
1976	409 749	388 585	798 334
Zwischensumme	17 788 894	16 729 304	34 518 198

Jahr	männlich	weiblich	gesamt
1977	414 649	390 847	805 496
1978	415 866	392 753	808 619
1979	419 590	397 627	817 217
1980	444 148	421 641	865 789
1981	442 540	419 560	862 100
1982	442 759	418 516	861 275
1983	425 439	402 494	827 933
1984	417 247	395 045	812 292
1985	417 248	396 555	813 803
1986	434 901	413 331	848 232
1987	446 671	421 298	867 969
1988	459 051	433 942	892 993
1989	451 586	428 873	880 459
1990	465 379	440 296	905 675
1991	426 098	403 921	830 019
Zwischen-summe	24 312 066	22 906 003	47 218 069

Jahr	männlich	weiblich	gesamt
1992	414807	394307	809114
1993	410071	388376	798447
1994	395869	373734	769603
1995	392729	372492	765221
1996	409213	386800	796013
1997	417006	395167	812173
1998	402865	382169	785034
1999	396296	374448	770744
2000	393323	373676	766999
2001	377586	356889	734475
2002	369277	349973	719250
2003	362709	344012	706721
2004	362017	343605	705622
2005	351757	334038	685795
2006	345816	326908	672724
gesamt	30 113 407	28 402 597	58 516 004

Tabelle 2: Geburtszahlen der Bundesländer

		1990	1995	2000	2005	2006
Baden-Württemberg	männlich	60 680	57 878	54 399	43 279	47 091
	weiblich	57 899	54 581	51 783	45 000	44 864
Bayern	männlich	69 950	64 625	61 673	55 146	53 893
	weiblich	66 172	61 370	59 092	52 162	50 929
Berlin	männlich	19 351	14 781	15 202	14 941	15 108
	weiblich	18 245	13 867	14 493	14 035	14 519
Brandenburg	männlich	15 078	6905	9461	9125	9258
	weiblich	14 160	6589	8983	8785	8625
Bremen	männlich	3588	3245	3120	2894	2903
	weiblich	3307	3184	2950	2595	2603
Hamburg	männlich	8689	8182	8326	8233	8344
	weiblich	8004	7690	7833	7946	7745
Hessen	männlich	31 815	30 826	30 113	27 315	26 225
	weiblich	30 211	29 032	28 704	26 054	25 179
Mecklenburg-Vorpommern	männlich	11 951	5086	6825	6244	6470
	weiblich	11 552	4792	6494	6113	6168
Niedersachsen	männlich	42 505	41511	40 943	34 281	33 656
	weiblich	39 947	39 483	38 493	32 712	31 671
Nordrhein-Westfalen	männlich	102 383	93 399	90 030	79 082	76 863
	weiblich	96 911	88 994	85 114	74 290	73 062
Rheinland-Pfalz	männlich	21 961	20 323	19 309	16 716	16 404
	weiblich	20 771	19 361	18 517	15 876	15 351
Saarland	männlich	5803	4953	4522	3841	3807
	weiblich	5407	4774	4261	3643	3415
Sachsen	männlich	25 507	12 288	17 003	16 639	16 737
	weiblich	24 165	11716	16 136	15 942	15 819
Sachsen-Anhalt	männlich	16 486	7529	9716	8674	8838
	weiblich	15 351	7039	9007	8492	8089
Schleswig-Holstein	männlich	14 936	14 035	13 712	11 779	11 727
	weiblich	14 110	13 395	13 208	11 248	10 959
Thüringen	männlich	14 696	7163	8969	8568	8492
	weiblich	14 084	6625	8608	8145	7910

Land	weiblich	männlich	gesamt
Belgien	59 432	61 950	121 382
Deutschland	326 908	345 816	672 724
Frankreich	403 792	422 930	826 722
Niederlande	90 078	94 979	185 057
Österreich	38 169	39 745	77 914
Polen	183 484	194 530	378 014
Schweiz	35 605	37 766	73 371
Tschechien	49 884	52 614	102 498

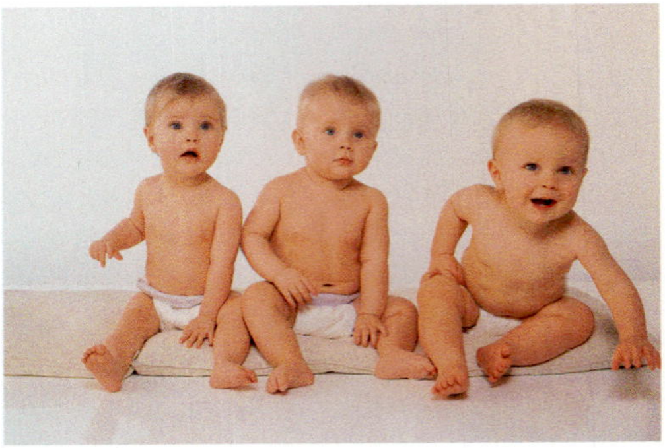

5.3.2 Geburtenhäufigkeit im Laufe eines Jahres

- Gibt es Monate im Jahr, in denen in Deutschland bzw. in Nachbarländern besonders viele oder besonders wenige Kinder geboren werden? Überprüfe die Hypothese: Die Geburten sind zufällig über das Jahr verteilt, d. h. z. B. die Wahrscheinlichkeit für eine Geburt im Monat Januar ist $p = \frac{1}{365}$ bzw. $p = \frac{31}{366}$.

Jahr	Jan.	Feb.	März	April	Mai	Juni	Juli	Aug.	Sept.	Okt.	Nov.	Dez.	gesamt
1950	95 836	91 475	103 103	95 636	97 978	92 361	91 701	89 460	91 705	91 255	87 384	88 807	1 116 701
1960	105 142	106 106	113 434	107 347	110 045	104 757	107 021	105 874	106 830	98 331	95 708	101 019	1 261 614
1970	89 656	85 069	95 800	91 249	91 756	89 058	90 423	85 095	82 059	79 460	80 283	87 829	1 047 737
1980	72 179	67 873	73 306	71 803	75 080	72 224	77 280	73 147	73 439	71 562	67 184	70 712	865 789
1990	75 800	70 491	76 630	72 614	76 566	73 072	81 098	81 563	80 349	76 756	70 483	70 253	905 675
1995	63 792	59 078	64 265	58 170	61 697	65 065	69 423	68 629	67 345	65 766	61 000	60 991	765 221
2000	65 715	62 509	64 465	61 215	65 004	63 467	67 564	68 256	66 465	62 978	58 676	60 685	765 999
2005	57 338	53 165	57 071	55 684	56 866	58 146	61 471	61 476	60 670	56 419	52 765	54 724	685 795
2006	55 299	51 340	55 647	52 150	58 243	56 481	61 012	60 526	60 150	57 517	52 504	51 855	672 724

	Belgien 2005	Frankreich 2005	Niederlande 2006	Österreich 2006	Schweiz 2006	Tschechien 2005
Januar	9 701	66 766	15 399	6 526	6 079	8 034
Februar	9 049	61 378	14 286	6 079	5 625	7 604
März	10 190	66 816	15 646	6 515	6 060	8 704
April	9 706	65 165	14 543	6 126	5 800	8 863
Mai	9 765	67 979	15 673	6 545	6 264	9 043
Juni	9 893	66 309	15 171	6 413	6 187	9 169
Juli	9 994	69 232	15 999	6 939	6 417	9 366
August	10 433	69 769	16 262	6 941	6 327	9 040
September	10 073	69 324	16 123	6 858	6 478	8 819
Oktober	10 112	70 031	16 144	6 705	6 376	8 289
November	9 266	66 427	15 005	6 239	5 803	7 907
Dezember	9 820	68 591	14 806	6 028	5 955	7 660
gesamt	118 002	807 787	185 057	77 914	73 371	102 498

5.3.3 Mehrlingsgeburten

In den Jahren 1950 bis 1979 gab es in Deutschland insgesamt 32 486 690 Geburten, darunter 349 983 Zwillings-, 3071 Drillings-, 36 Vierlings- und 6 Fünflingsgeburten. (Mehrlingsgeburten zählen als *eine* Geburt.)

- Bestimme ein 95 %-Konfidenzintervall für die Wahrscheinlichkeit p_z einer Zwillingsgeburt.
- Aus den o. a. Häufigkeiten ergibt sich als Schätzwert für $p_z \approx 0{,}0108$.
  Überprüfe, ob der Anteil der Zwillingsgeburten in einzelnen Jahren signifikant von p_z abweicht.
- Von den 349 983 Zwillingsgeburten waren 119 321 Geburten von 2 Jungen, 114 084 Geburten von 2 Mädchen. Aus diesen Angaben lässt sich ungefähr der Anteil e der ein- (EZ) bzw. z der zweieiigen (ZZ) Zwillinge berechnen. Betrachte dazu das Baumdiagramm. Beachte dabei, dass sich eineiige Zwillinge aus demselben befruchteten Ei entwickeln, zweieiige aus zwei verschiedenen Eiern.

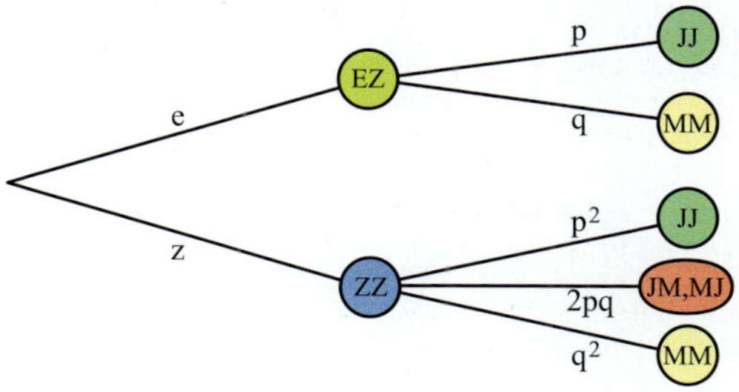

  Es ist also $P(JM, MJ) = z \cdot 2pq = z \cdot 2 \cdot 0{,}515 \cdot 0{,}485 \approx 0{,}5\,z$
  Daher ist $z \approx 2 \cdot P(JM, MJ) \approx 2 \cdot 0{,}333 \approx \frac{2}{3}$ und $e \approx \frac{1}{3}$.
  Prüfe dies für die Anteile von JJ bzw. MM nach.
- Ab 1980 hat – bedingt durch Hormonbehandlungen von Frauen – die Anzahl der Mehrlingsgeburten erheblich zugenommen: Im Zeitraum bis 2006 wurden – bei insgesamt 21 566 474 Geburten – 267 367 mal Zwillinge, 6800 mal Drillinge, 266 mal Vierlinge, 27 mal Fünflinge und sogar 5 mal Sechslinge geboren. Zeige, dass sich der Anteil der Zwillingsgeburten unter allen Geburten signifikant gegenüber $p_z = 0{,}0108$ verändert hat.
- Unter den 267 367 Zwillingsgeburten der Jahre 1980 bis 2006 waren 89 053 Geburten mit 2 Mädchen und 90 617 mit 2 Jungen.
  Weichen diese Häufigkeiten signifikant von den Anteilen der Jahre 1950 bis 1979 ab?
  Anleitung: Es ist z. B. $P(MM) = eq + zq^2$ mit $p = 0{,}515$; $q = 0{,}485$; $e = \frac{1}{3}$; $q = \frac{2}{3}$, vgl. oben.

Jahr	Anzahl der Zwillingsgeburten	Anzahl der Geburten insgesamt
1950	13 103	1 116 701
1951	13 181	1 106 380
1952	12 698	1 105 084
1953	12 295	1 095 029
1954	12 728	1 109 743
1955	13 089	1 113 408
1956	13 307	1 137 169
1957	13 380	1 165 555
1958	13 428	1 175 870
1959	14 183	1 243 922
1960	14 509	1 261 614
1961	14 701	1 313 505
1962	14 657	1 316 534
1963	14 817	1 355 595
1964	15 028	1 357 304
1965	14 365	1 325 386
1966	13 773	1 318 303
1967	13 018	1 272 276
1968	12 186	1 214 968

Jahr	Anzahl der Zwillingsgeburten	Anzahl der Geburten insgesamt
1969	11 296	1 142 366
1970	10 250	1 047 737
1971	9751	1 013 396
1972	8558	901 657
1973	7699	815 969
1974	7554	805 500
1975	7186	782 310
1976	7488	798 334
1977	7141	805 496
1978	7243	808 619
1979	7371	817 217
1980	7967	865 789
1981	7781	862 100
1982	7867	861 275
1983	7792	827 933
1984	7909	812 292
1985	8249	813 803
1986	8792	848 232
1987	9186	867 969

Jahr	Anzahl der Zwillingsgeburten	Anzahl der Geburten insgesamt
1988	9483	892 993
1989	9544	880 459
1990	10 024	905 675
1991	9620	830 019
1992	9564	809 114
1993	9826	798 447
1994	9744	769 603
1995	10 095	765 221
1996	11 063	796 013
1997	11 465	812 173
1998	11 702	785 034
1999	11 481	770 744
2000	11 546	766 999
2001	11 064	734 475
2002	11 438	719 250
2003	11 148	706 721
2004	12 032	705 622
2005	10 447	685 795
2006	10 538	672 724

- Im Zeitraum 1950 bis 2006 gab es insgesamt 9871 Drillingsgeburten, davon 2061 mit 3 Jungen, 2825 mit 2 Jungen/1 Mädchen, 2889 mit 1 Jungen/2 Mädchen sowie 2096 mit 3 Mädchen. Überlege, wie diese Anteile zustande kommen könnten.
- In Lexika findet man die Faustregel: Wahrscheinlichkeit für eine Schwangerschaft mit Zwillingen 1:85, mit Drillingen $1:85^2$, Vierlingen $1:85^3$, Fünflingen $1:85^4$ (nach HELLIN, 1895).
  Vergleiche dies mit den vorliegenden Daten und dem nachfolgenden Zeitungsartikel links.

Eineiige Drillinge geboren

Den Haag – In den Niederlanden hat eine Frau eineiige Drillinge zur Welt gebracht – ein äußerst seltenes Ereignis. Die drei Jungen Luc, Wes und Nik seien durch einen Kaiserschnitt auf die Welt gekommen, berichtete das Sint Radboud Hospital in Nijmegen am Dienstag. Die Babys wiegen den Angaben zufolge 2250, 2045 und 2060 Gramm. Die Wahrscheinlichkeit für die Geburt eineiiger Drillinge liege schätzungsweise bei eins zu zehn Millionen, sagte der Direktor der Universitäts-Frauenklinik in Lübeck, Klaus Diedrich. Eineiige Drillinge entstehen, wenn sich eine Eizelle in einem sehr frühen Stadium teilt und eine der kompletten Fruchtanlagen später noch einmal spaltet. (dpa)

Amerikanerin bekommt zum zweiten Mal Drillinge

CINCINNATI (afp) Die US-Amerikanerin Victoria Lasita hat zum zweiten Mal Drillinge zur Welt gebracht – beide Male ohne künstliche Befruchtung oder Hormonbehandlung. Nun bereiten sich die Eltern erneut darauf vor, wöchentlich 300 Windeln zu wechseln und 170 Fläschchen zu geben. Die Wahrscheinlichkeit, zweimal „natürliche" Drillinge zu bekommen, liegt laut Experten bei eins zu 64 Millionen. Die ersten Lasita-Drillinge sind knapp vier Jahre alt.

- Kommentiere den Zeitungsartikel zur doppelten Drillingsgeburt.

5.3.4 Geschlechterverteilung in Familien

In den Jahren 1876 – 1885 untersuchte GEISSLER in Sachsen die Geschlechtsverteilung in 10 690 Familien mit 12 Kindern.

Anzahl der Jungen	Anzahl der Mädchen	beobachtete Anzahl der Familien
12	0	7
11	1	60
10	2	298
9	3	799
8	4	1398
7	5	2033
6	6	2360
5	7	1821
4	8	1198
3	9	521
2	10	160
1	11	29
0	12	6

- Zeige: Die beobachtete Verteilung weicht von der theoretischen (Binomial-)Verteilung erheblich ab. (Wahrscheinlichkeit für eine Jungengeburt: $p = 0{,}5148$).
- Nach STERN werden die Abweichungen durch folgende Theorie erklärbar:
  Die Wahrscheinlichkeit für eine Jungengeburt ist unterschiedlich für die einzelnen Familien.
  Ist zum Beispiel die Wahrscheinlichkeit für eine Jungengeburt in der Hälfte der Familien einer Population gleich 0,615 und in der anderen Hälfte gleich 0,415, dann ist die Wahrscheinlichkeit für eine Jungengeburt in der Gesamtbevölkerung gleich 0,515.
  Zeige für Familien mit 4 Kindern, dass die zu erwartende Verteilung nicht mit der (Binomial-)Verteilung für $p = 0{,}515$ übereinstimmt und dass die auftretende Verschiebung der beobachteten Verteilung (wie in Sachsen) entspricht.
- Führe in deiner Schule eine Erhebung durch, wie die Geschlechterverteilung in den Familien ist. Unterscheide dabei Familien mit 1, 2, 3 Kindern.
  Warum muss bei der Erhebung berücksichtigt werden, ob ein Mädchen oder ein Junge befragt wird? Prüfe, ob die Ergebnisse der Erhebung verträglich sind mit $p = 0{,}4865$ (Wahrscheinlichkeit für eine Mädchengeburt).

5.4 Lottospiele

Jede Woche schauen Millionen Menschen fasziniert der Ziehung der Lottozahlen zu. Obwohl die Wahrscheinlichkeit für einen Gewinn sehr gering ist (vgl. Kapitel 2.2), werden wöchentlich viele Millionen EURO für die Glücksspiele Lotto, Toto, Rennquintett, Spiel 77 u. a. m. ausgegeben.

In diesem Kapitel untersuchen wir die Frage, ob bei diesen Glücksspielen alles mit rechten Dingen zugeht; wir betrachten dabei insbesondere die mit dem Lottospiel zusammenhängenden Glücksspiele.

Schon immer haben Glücksspiele fasziniert. Ein Würfelspiel war 1654 Anlass für PASCAL und FERMAT, grundlegende Regeln für die Wahrscheinlichkeitsrechnung zu entwickeln.

Die Erfolgsgeschichte der öffentlichen Glücksspiele hat auch ihre Kehrseiten. Heutzutage wird das Thema Spielsucht – im Rahmen einer Selbstverpflichtung – auch von den Betreiber-Gesellschaften aufgegriffen. In der Internetpräsentation findet man folgende Hinweise:

Verhaltensweisen für verantwortungsvolles Spiel

Spielen Sie nicht mit dem Vorsatz, gewinnen zu müssen.
Legen Sie Ihr monatliches Spielkapital vorab fest.
Erhöhen Sie nicht nachträglich den von Ihnen vorab festgesetzten Maximalbetrag.
Legen Sie im Voraus fest, wie hoch ihr Spielverlust sein darf.
Spielen Sie nie unter Einfluss von Alkohol und Medikamenten.
Spielen Sie nicht in einer depressiven Stimmung.
Spielen Sie nur, wenn Sie ausgeruht und konzentriert sind.

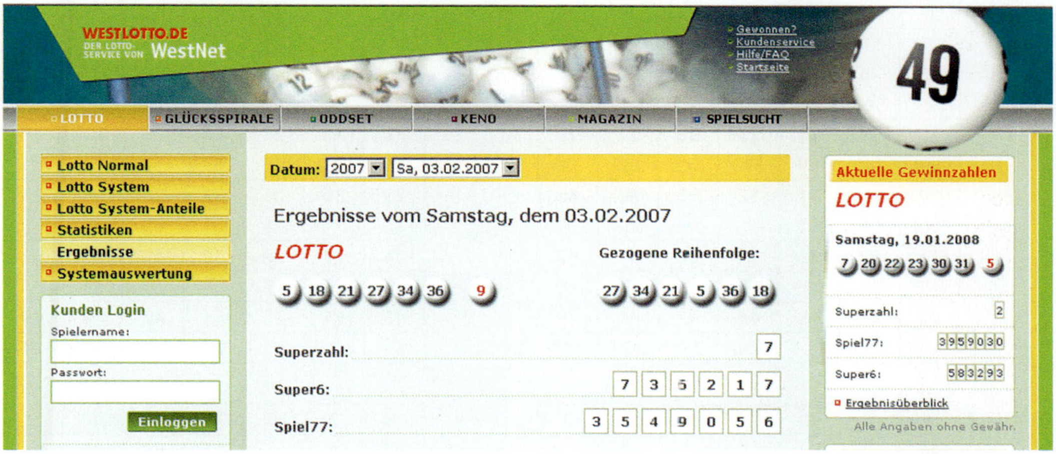

Am Samstag, dem 3. Februar 2007, fand die 3000. Ziehung des Lottospiels *6 aus 49* statt. Eingeführt wurde das Lottospiel in der Bundesrepublik Deutschland am Samstag, dem 9. Oktober 1955.

Im Laufe der Jahre gab es eine Reihe von Änderungen, z. B. wurde im April 1982 zusätzlich das Lottospiel *7 aus 38* eingeführt, das dann im Mai 1986 abgelöst wurde durch ein eigenständiges „Mittwochslotto", bei dem ebenfalls 6 aus 49 Zahlen gezogen werden, allerdings zweifach.

Seit Dezember 2000 sind Mittwochs- und Samstagslotto (mit jeweils einer Ziehung) integriert. In den o. a. 3000 Ziehungen sind die Ziehungen des Mittwochslottos (Mai 1986 bis Dezember 2000) nicht enthalten. Auch wurden im Laufe der Jahre die Bedingungen für einen Gewinn mehrfach geändert, z. B. neue Gewinnklassen eingeführt.

5.4.1 Untersuchung der Ziehungshäufigkeiten

Die Wahrscheinlichkeit für die Ziehung einer bestimmten Zahl beim Lottospiel *6 aus 49* beträgt $\frac{6}{49}$.

- Untersuche die Ziehungshäufigkeiten beim Lottospiel *6 aus 49* in 3000 Ziehungen (vgl. Tabelle 1).
- Untersuche die Ziehungshäufigkeit der Zusatzzahlen (vgl. Tabelle 2).

  Hinweis: Die Zusatzzahl wurde erst bei der 37. Ziehung eingeführt. In der Tabelle sind die Zusatzzahlen aller 3000 Ziehungen bis einschließlich 09.06.2007 erfasst.
- Untersuche auch die Ziehungshäufigkeiten der Lottospiele *Mittwochslotto A* bzw. *Mittwochslotto B* (vgl. Tabelle 3 bzw. Tabelle 4). Diese Lottoziehungen wurden je 757-mal durchgeführt.
- Fasse alle Ziehungshäufigkeiten der Lottospiele, bei denen 6 Kugeln aus 49 gezogen wurden, zusammen und untersuche diese Gesamthäufigkeiten.
- Untersuche jeweils auch: Wie viele der Zahlen liegen mit ihrer Ziehungshäufigkeit in der 50%-, 75%-, 90%-, 95%-Umgebung des Erwartungswerts μ? Entspricht dies den Erwartungen?

Tabelle 1

1	**2**	**3**	**4**	**5**	**6**	**7**
373	369	372	367	380	388	364
8	**9**	**10**	**11**	**12**	**13**	**14**
334	383	358	366	355	304	350
15	**16**	**17**	**18**	**19**	**20**	**21**
339	344	379	369	372	351	369
22	**23**	**24**	**25**	**26**	**27**	**28**
369	348	358	390	393	389	335
29	**30**	**31**	**32**	**33**	**34**	**35**
352	358	377	407	388	344	372
36	**37**	**38**	**39**	**40**	**41**	**42**
376	366	405	370	380	373	372
43	**44**	**45**	**46**	**47**	**48**	**49**
375	359	339	360	362	389	408

Tabelle 2

1	**2**	**3**	**4**	**5**	**6**	**7**
62	66	63	65	58	54	78
8	**9**	**10**	**11**	**12**	**13**	**14**
60	52	78	55	46	67	62
15	**16**	**17**	**18**	**19**	**20**	**21**
64	74	69	59	61	52	55
22	**23**	**24**	**25**	**26**	**27**	**28**
56	67	55	65	57	51	51
29	**30**	**31**	**32**	**33**	**34**	**35**
66	71	63	62	62	57	70
36	**37**	**38**	**39**	**40**	**41**	**42**
57	56	67	50	67	66	65
43	**44**	**45**	**46**	**47**	**48**	**49**
49	71	66	61	56	55	61

Tabelle 3

1	**2**	**3**	**4**	**5**	**6**	**7**
96	91	98	95	76	109	91
8	**9**	**10**	**11**	**12**	**13**	**14**
96	98	80	94	90	109	92
15	**16**	**17**	**18**	**19**	**20**	**21**
84	98	83	91	83	91	91
22	**23**	**24**	**25**	**26**	**27**	**28**
102	102	88	106	105	99	92
29	**30**	**31**	**32**	**33**	**34**	**35**
79	97	96	69	86	95	94
36	**37**	**38**	**39**	**40**	**41**	**42**
90	89	90	96	98	97	86
43	**44**	**45**	**46**	**47**	**48**	**49**
113	112	81	80	98	89	77

Tabelle 4

1	**2**	**3**	**4**	**5**	**6**	**7**
89	99	102	91	100	74	94
8	**9**	**10**	**11**	**12**	**13**	**14**
95	90	91	81	94	74	99
15	**16**	**17**	**18**	**19**	**20**	**21**
96	108	91	99	98	78	85
22	**23**	**24**	**25**	**26**	**27**	**28**
75	92	96	96	95	102	83
29	**30**	**31**	**32**	**33**	**34**	**35**
95	96	104	82	96	94	94
36	**37**	**38**	**39**	**40**	**41**	**42**
89	91	112	87	81	99	96
43	**44**	**45**	**46**	**47**	**48**	**49**
98	85	94	100	97	89	96

5.4.2 Benachbarte Glückszahlen

- Zeige: Die Wahrscheinlichkeit dafür, dass beim Lottospiel *6 aus 49* zwei benachbarte Zahlen gezogen werden, beträgt $p = 1 - \frac{\binom{44}{6}}{\binom{49}{6}} \approx 0{,}4952$.
- Untersuche die Ziehungshäufigkeit benachbarter Zahlen beim Samstagslotto nach n Ziehungen.
- Die Grafik zeigt die Entwicklung der relativen Häufigkeiten und den 95 %-Trichter. Erläutere die Grafik.

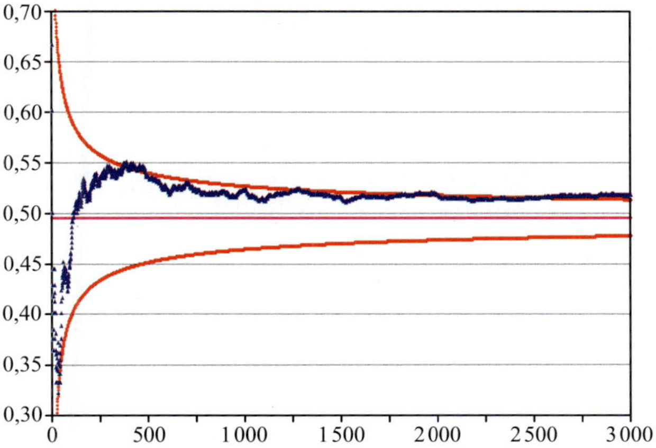

Anzahl n der Ziehungen	Anzahl der Ziehungen mit benachbarten Zahlen
200	103
400	217
600	314
800	415
1000	522
1200	623
1400	725
1600	826
1800	929
2000	1034
2200	1128
2400	1230
2600	1342
2800	1446
3000	1552

5.4.3 Verteilung der geraden und ungeraden Lottozahlen

- Begründe: Die Wahrscheinlichkeit, dass bei einer Ziehung im Lottospiel *6 aus 49* genau k Zahlen gerade und 6 - k Zahlen ungerade sind, beträgt:

  $$p_k = \frac{\binom{24}{k}\binom{25}{6-k}}{\binom{49}{6}} \text{ für } k = 0, 1, \ldots, 6$$

  Bestimme die Wahrscheinlichkeiten für k = 0, 1, … , 6.
- Vergleiche die Wahrscheinlichkeiten p_k mit den tatsächlichen Häufigkeiten nach 3000 Ziehungen.

Anzahl gerade	Häufigkeit
0	35
1	240
2	811
3	1009
4	659
5	211
6	35

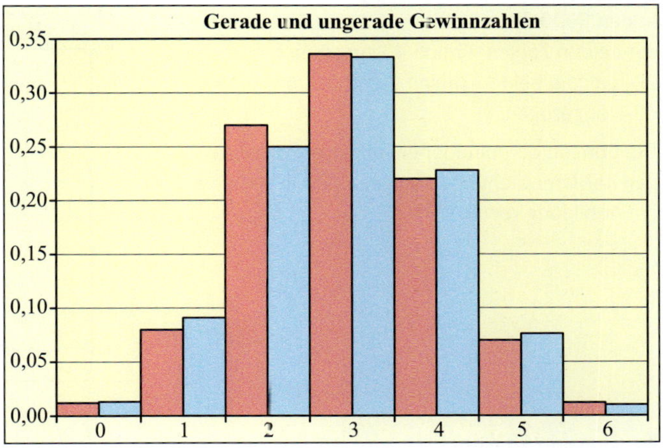

5.4.4 Kleinste und größte Glückszahlen in den Lottoziehungen

- Die Wahrscheinlichkeit, dass die Zahl 1 als kleinste der 6 Gewinnzahlen gezogen wird, beträgt
  $p_1 = \frac{\binom{48}{5}}{\binom{49}{6}} = \frac{6}{49}$,
  denn es gibt $\binom{48}{5}$ Möglichkeiten für die übrigen 5 Gewinnzahlen.
  In n = 3000 Wochenziehungen des Samstagslottos wurde die Zahl 1 genau 373-mal gezogen. War dies zu erwarten?
- Die Wahrscheinlichkeit, dass die Zahl k als kleinste der 6 Gewinnzahlen gezogen wird, beträgt
  $p_k = \frac{\binom{49-k}{5}}{\binom{49}{6}}$.
  Vergleiche die Ziehungshäufigkeiten nach n = 3000 Wochenziehungen mit dem theoretischen Wert.
- Begründe: Die Wahrscheinlichkeit $\overline{p}_k$, dass die Zahl k als größte der 6 Gewinnzahlen gezogen wird, ist genauso groß wie die Wahrscheinlichkeit, dass die Zahl 50 - k als kleinste gezogen wird.
  Beispiele: k = 49: $\overline{p}_{49} = \frac{\binom{48}{5}}{\binom{49}{6}} = p_1$ k = 48: $\overline{p}_{48} = \frac{\binom{47}{5}}{\binom{49}{6}} = p_2$ usw.
  Vergleiche auch hier die tatsächlichen Ziehungshäufigkeiten mit dem Erwartungswert.

kleinste gezogene Zahl	Ziehungshäufigkeit
1	373
2	325
3	302
4	268
5	245
6	225
7	169
8	139
9	150
10	127

größte gezogene Zahl	Ziehungshäufigkeit
40	135
41	134
42	167
43	190
44	196
45	205
46	248
47	279
48	348
49	408

5.4.5 Gewinnzahlkombinationen

- Begründe: Beim Lottospiel *6 aus 49* ist die Wahrscheinlichkeit dafür, dass zwei bestimmte Zahlen gemeinsam in einer Wochenziehung gezogen werden, gleich $\frac{5}{392}$.
- Mit wie vielen gemeinsamen Ziehungen zweier Zahlen kann man nach n = 3000 Wochenziehungen rechnen? (95 %-Niveau)
- Bei 49 Zahlen kann man $\binom{49}{2}$ = 1176 Paare von Zahlen bilden und für jedes Zahlenpaar überprüfen, wie oft beide Zahlen gemeinsam in einer Wochenziehung gezogen werden.

In den 3000 Ziehungen des Lottospiels wurden die beiden Zahlen 15 und 45 zusammen nur 20-mal, die beiden Zahlen 9 und 38 zusammen 65-mal gezogen.

Die übrigen Kombinationen von zwei Zahlen lagen mit ihrer Ziehungshäufigkeit dazwischen, vgl. die Abbildung rechts.

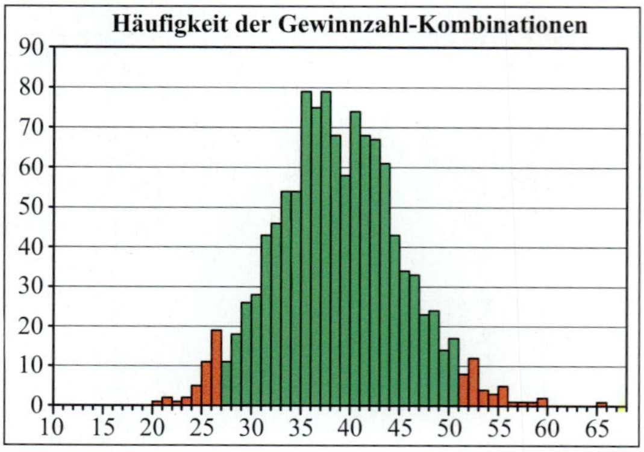

- Zeige: In 95 % der Fälle wird die Ziehungshäufigkeit im Intervall [27; 50] liegen. Ist es ungewöhnlich, dass die Häufigkeiten von 79 Paaren außerhalb der 1,96 σ-Umgebung von μ liegen?

5.4.6 Anordnung der Lottozahlen

- Wenn die sechs Glückszahlen bei einer Ausspielung gezogen sind, werden sie der Reihenfolge nach sortiert. Man kann ausrechnen, mit welcher Wahrscheinlichkeit es vorkommt, dass k Zahlen bereits an der richtigen Stelle stehen (k = 0, 1, 2, 3, 4, 5, 6), vgl. nachfolgende Tabelle. In der Tabelle ist auch aufgeführt, wie oft dies in 3000 Ziehungen tatsächlich der Fall war. Untersuche die Daten.

k	0	1	2	3	4	5	6
Wahrscheinlichkeit	$\frac{265}{720}$	$\frac{264}{720}$	$\frac{135}{720}$	$\frac{40}{720}$	$\frac{15}{720}$	0	$\frac{1}{720}$
Häufigkeit	1125	1092	553	165	59	0	6

- Eine weitere Möglichkeit, die Zufälligkeit der Reihenfolge der gezogenen Lottozahlen zu überprüfen, besteht darin nachzuzählen, wie oft in der Folge der sechs Glückszahlen eine steigende Teilfolge (ein so genannter „Run“) vorkommt. Zwischen k = 1 und k = 6 Teilfolgen sind möglich. Untersuche die Daten.

  Beispiele:
  Die Ziehungsfolge 27, 34, 21, 5, 36, 18 vom 03.02.2007 besteht aus 4 steigenden Teilfolgen,
  die Ziehungsfolge 40, 45, 18, 27, 44, 15 vom 27.01.2007 aus 3 steigenden Teilfolgen,
  die Ziehungsfolge 45, 42, 33, 14, 13, 9 vom 10.01.2004 aus 6 steigenden Teilfolgen,
  die Ziehungsfolge 14, 21, 26, 27, 28, 39 vom 17.07.2002 aus 1 steigenden Teilfolge.

k	1	2	3	4	5	6
Wahrscheinlichkeit	$\frac{1}{720}$	$\frac{57}{720}$	$\frac{302}{720}$	$\frac{302}{720}$	$\frac{57}{720}$	$\frac{1}{720}$
Häufigkeit	6	221	1246	1279	242	6

5.4.7 Bevorzugte Zahlen?

- Die Wahrscheinlichkeit, dass eine Zahl als Erste in einer Ziehung gezogen wird, beträgt 1/49. Untersuche die Ziehungshäufigkeit nach n = 3000 Ziehungen.

1	**2**	**3**	**4**	**5**	**6**	**7**
61	62	68	55	60	48	47
8	**9**	**10**	**11**	**12**	**13**	**14**
55	60	60	58	58	61	58
15	**16**	**17**	**18**	**19**	**20**	**21**
58	58	72	63	61	64	59
22	**23**	**24**	**25**	**26**	**27**	**28**
59	67	66	56	75	67	44
29	**30**	**31**	**32**	**33**	**34**	**35**
48	66	67	66	64	57	60
36	**37**	**38**	**39**	**40**	**41**	**42**
63	65	77	58	72	69	68
43	**44**	**45**	**46**	**47**	**48**	**49**
57	52	63	65	71	55	63

- Bevor die 49 Kugeln mit den aufgedruckten Zahlen in die Trommel fallen, sind sie übersichtlich angeordnet. Unten liegen die Kugeln mit den Zahlen 43 bis 49. Werden diese bevorzugt gezogen, weil sie zuerst in die Trommel fallen?

5.4.8 Beliebte Lottotipps

Sechs Richtige im Lotto

Auch Höhe der Gewinne ist Glücksache

DÜSSELDORF (tü). Baden-Württemberg 35, Bayern 26, Hessen 20, Niedersachsen 10, in allen Bundesländern zusammen 124 Lottospieler mit sechs Richtigen, plus zehn vermeintliche Glückspilze mit zusätzlich erwischter Superzahl. Dumm gelaufen, denn den Pott, aus dem Millionäre gemacht werden, gibt es nur einmal, der lässt sich nicht strecken. Statt der üblichen Top-Gewinne für ein halbes Dutzend Volltreffer zahlte er an die Hunderschaft von „Sechsern" nur 53 982 DM aus. Ironischer Trost: In Nordrhein-Westfalen waren nur zwei Tipper vom tiefen Sturz aus hoher Erwartung zu niedrigen Quoten betroffen.

Dass das bevölkerungsreichste Bundesland mit wöchentlich vier Millionen Lotto-Spielern unter den Pechvögeln zahlenmäßig so gering vertreten war, liegt an den unterschiedlichen Spielscheinen. Die meisten der 16 Lottogesellschaften verwenden darauf die Kästchen-Anordnung. In ihnen lässt sich mit den angekreuzten Ziffern, 9, 13, 23, 27, 38 und 40 herrlich ein „U" für Ute, Ulla oder Udo markieren. Genauso geschah es, dutzendmal, zur Ausspielung am vorigen Wochenende. In Nordrhein-Westfalen dagegen hat WestLotto den Schein in zwölf waagerechte Reihen aufgeteilt. Darin ist für Zahlen-Malerei kein Platz.

1988 erhielten 222 Hauptgewinner einmal „nur" 84 000 Mark. Eine noch miesere Zuteilung befürchtet Siegfried Drach vom WestLotto, wenn einmal „die Zahlen von eins bis sechs" gezogen werden sollten. Das wäre „der absolute Gau", denn die kreuzen aus Jux jede Woche Tausende an.

(aus „Rheinische Post", Lottoziehung am 04.10.1997)

- Machte sich das „U" auf dem 7 × 7-Tippzettel auch bei den anderen Gewinnrängen bemerkbar?

Gewinnrang	Anzahl der Gewinntipps
5 Richtige mit Z.	61
5 Richtige	4 259
4 Richtige	148 239
3 Richtige mit Z.	121 400
3 Richtige	1 983 716
Anzahl der abgegebenen Tipps	99 866 749

- Bei der angesprochenen Lottoausspielung vom 23.01.1998 wurden als Gewinnzahlen gezogen: 24, 25, 26, 30, 31, 32, Zusatzzahl: 33. Wie wirkte sich diese Konstellation auf die Anzahl der Gewinntipps aus?

Gewinnrang	Anzahl der Gewinntipps
6 Richtige	222
5 Richtige m. Z.	1 509
5 Richtige	4 725
4 Richtige	151 822
3 Richtige	2 536 551
Anzahl der abgegebenen Tipps	150 931 641

- Auch bei den folgenden Ausspielungen waren teilweise geometrische Muster auf dem 7 × 7-Lottoschein erkennbar. Überprüfe, ob sich dies auf die Anzahl der Gewinner auswirkte.

Ausspielung Nr. (Jahr)	Gewinnzahlen	Anzahl der Gewinntipps mit 4 Richtigen	Anzahl der abgegebenen Tipps
230 (1960)	2, 6, 25, 34, 44, 48	35 045	43 411 939
518 (1965)	13, 19, 21, 25, 31, 37	82 613	61 422 945
944 (1973)	3, 17, 19, 31, 33, 49	190 350	96 077 172
1501 (1984)	3, 10, 20, 33, 40, 47	84 936	73 891 871

16 Lottospieler müssen sich den Jackpot teilen

Aus der Traum vom Millionär

MAGDEBURG (RP). Neun Millionen Euro – was könnte man damit alles machen … . Ein Haus bauen, ach was, eine Villa kaufen. Einen Privatjet noch dazu. Mit der Familie auf Weltreise gehen. Und mal endlich dem Chef die Meinung sagen und die Brocken hinschmeißen. So ähnlich wird wohl gedacht haben, wer die Lottozahlen 5 – 14 – 23 – 32 – 41 – 48, nebst der Superzahl 3 angekreuzt hatte und am Samstag erfuhr, dass genau diese Kombination gezogen worden ist.

Doch nachdem die Sektkorken am Wochenende knallten, erste Auto- und Urlaubskataloge gewälzt wurden, folgte gestern die Ernüchterung: Insgesamt hatten 16 Lottospieler die gleichen Zahlen angekreuzt. Da bleibt pro Nase nur noch die schlappe Summe vom 570000 Euro übrig. Allenfalls noch D-Mark-Millionäre dürfen die sich jetzt nennen.

Noch schlimmer hat es die 117 Gewinner erwischt, die „nur“ sechs Richtige ohne die Superzahl hatten: Auf sie entfallen jetzt gerade einmal 26000 Euro. Das ist die zweitniedrigste Summe, die in der Lotto-Geschichte bislang für sechs Richtige ausgezahlt worden ist.

Die Experten stehen vor einem Rätsel. Eine eindeutige Erklärung, warum ausgerechnet diese Zahlenkombination am Wochenende so häufig getippt worden ist, gebe es nicht, sagte Ute Semkat, Sprecherin bei der Lotto-Toto GmbH in Magdeburg. Sie vermutet, dass es daran liegen könnte, dass fünf der sechs gezogenen Zahlen einen Abstand von neun haben.

10.04.1999

- Untersuche auch die folgenden Muster. Hatte das Muster (oder ein Teil des Musters) Einfluss auf die Anzahl der Gewinner mit 5 bzw. 4 Richtigen? Recherchiere dazu in den Archiven der Lottogesellschaften, z. B. bei Ergebnisüberblick von https://wlpws1.westlotto.de/de/

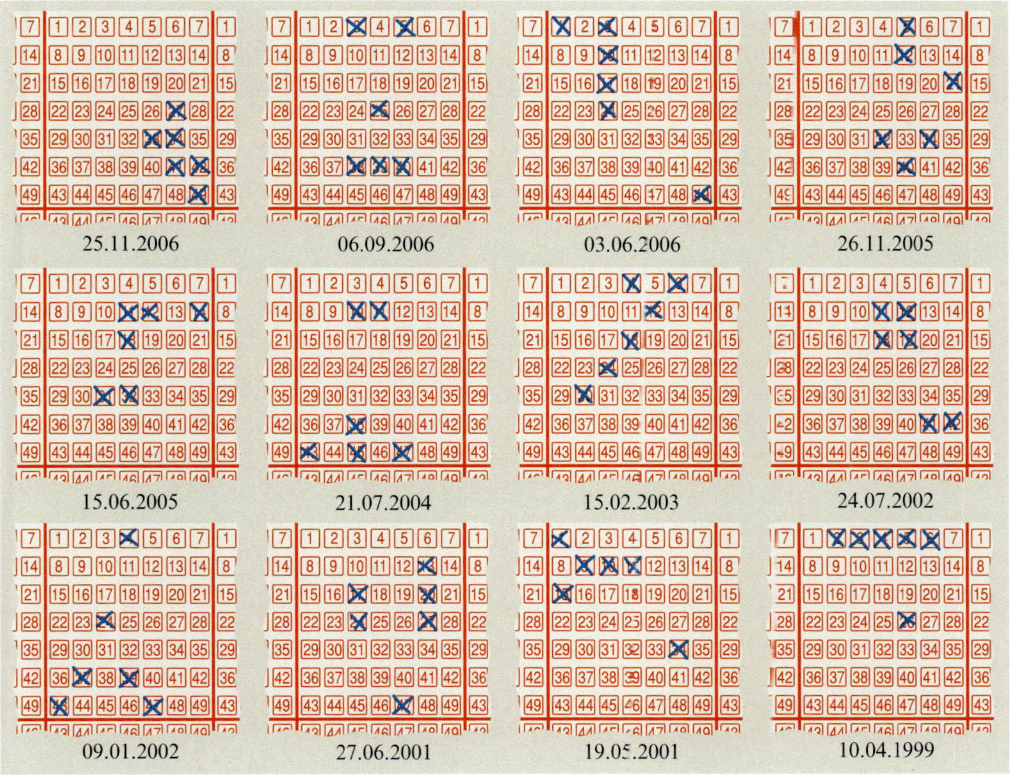

- Bringen Geburtsdaten Glück? Werden tatsächlich die kleineren Zahlen häufiger angekreuzt als die größeren?
  Die Wahrscheinlichkeit, dass alle gezogenen Glückszahlen einer Ziehung kleiner sind als 32, ist $p = \frac{\binom{31}{6}}{\binom{49}{6}}$, die Wahrscheinlichkeit, dass alle größer sind als 31, nur $p = \frac{\binom{18}{6}}{\binom{49}{6}}$. Begründe dies.
- In den 3000 Ziehungen des Lottospiels kam es 143-mal vor, dass alle sechs gezogenen Zahlen kleiner als 32 waren, aber nur 6-mal waren alle größer als 31. Ist dies ungewöhnlich?
- Untersuche, ob dies Auswirkungen auf die Anzahl der Gewinner in den verschiedenen Gewinnklassen hatte (jeweils zwei Klassen sind zusammengefasst).

Datum	Gewinnzahlen						abgegebene Tipps	5 Richtige (mit/ohne Z.)	4 Richtige (mit/ohne Z.)	3 Richtige (mit/ohne Z.)
29.03.2006	3	10	16	17	26	30	34 279 161	871	46 084	757 642
15.02.2006	11	17	19	20	26	30	84 672 173	1104	72 607	1 510 454
11.01.2006	1	4	5	16	19	26	32 201 845	1031	44 755	719 262
07.01.2006	3	17	19	21	26	31	85 757 783	2999	139 818	2 065 786
02.11.2005	13	14	16	17	25	27	83 185 860	2239	107 892	1 787 436
29.10.2005	2	5	11	18	30	31	34 152 786	636	35 101	656 231
04.05.2002	32	34	38	39	47	49	125 678 698	4067	157 647	2 437 310
10.02.2001	32	34	39	41	42	44	131 637 484	4046	125 632	1 934 225
25.11.1995	32	39	42	44	48	49	136 250 248	4800	320 493	2 141 364

- Entspricht die Anzahl der Gewinntipps den Erwartungswerten? Untersuche dazu die Lottoausspielungen Nr. 3001 bis 3015:

Datum	Gewinnzahlen						Anzahl Tipps	5 Richtige	4 Richtige	3 Richtige
07.02.2007	6	11	7	48	23	16	34 468 508	625	36 506	686 020
10.02.2007	16	26	20	38	4	32	78 220 790	4054	127 896	1 619 925
14.02.2007	45	7	33	8	24	44	32 124 881	597	30 388	568 5[illegible]3
17.02.2007	1	31	39	34	14	49	78 532 860	1048	63 411	1 251 664
21.02.2007	23	13	41	14	43	38	33 860 599	573	31 580	582 110
24.02.2007	13	33	14	36	8	11	82 646 669	979	60 301	1 250 649
28.02.2007	14	43	26	31	28	13	42 463 207	569	34 649	683 215
03.03.2007	16	7	26	4	29	23	94 924 581	2037	99 183	1 768 181
07.03.2007	9	43	24	17	49	19	33 896 220	613	37 036	709 955
10.03.2007	42	49	18	23	5	30	80 807 479	1311	69 262	1 364 21[illegible]
14.03.2007	3	22	24	15	5	37	35 421 620	541	33 191	617 977
17.03.2007	6	11	26	9	10	22	85 945 315	2675	121 323	1 911 118
21.03.2007	31	11	33	6	2	3	32 520 567	814	42 191	743 862
24.03.2007	25	32	29	28	24	1	79 494 472	825	52 846	1 186 055
28.03.2007	3	41	27	15	11	26	34 185 619	756	39 579	679 167

- Bestimme auch für die aktuellen Lottoziehungen die Erwartungswerte der Anzahl der Gewinntipps in den verschiedenen Gewinnrängen und vergleiche mit der tatsächlichen Anzahl der Gewinner.

5.4.9 Das Lottospiel „7 aus 38“

- Bestimme die Wahrscheinlichkeit, im Zahlenlotto *7 aus 38*

  (1) 7 Richtige,

  (2) 6 Richtige mit Zusatzzahl,

  (3) 6 Richtige (ohne Zusatzzahl),

  (4) 5 Richtige,

  (5) 4 Richtige,

  (6) weniger als 4 Richtige zu haben.

1 41 (4)	2 39 (4)	3 42 (11)	4 41 (5)	5 44 (6)	6 57 (6)	7 41 (10)	8 41 (5)
9 33 (5)	10 44 (7)	11 34 (5)	12 45 (10)	13 38 (4)	14 30 (2)	15 42 (4)	16 54 (6)
17 44 (4)	18 38 (6)	19 39 (4)	20 38 (5)	21 39 (6)	22 39 (7)	23 27 (6)	24 42 (6)
25 44 (5)	26 44 (4)	27 35 (2)	28 34 (5)	29 36 (5)	30 41 (6)	31 35 (9)	32 45 (9)
33 40 (4)	34 23 (2)	35 39 (7)	36 44 (8)	37 34 (6)	38 32 (4)		

- Untersuche für die 214 durchgeführten Wochenziehungen, ob signifikante Abweichungen auftreten

  (1) für die Gewinnzahlen, (2) für die Zusatzzahlen, (3) für die 8 Glückszahlen einer Wochenziehung.

- (1) Begründe: Die Wahrscheinlichkeit dafür, dass beim Lottospiel *7 aus 38* zwei benachbarte Zahlen gezogen werden, beträgt $1 - \binom{32}{7}/\binom{38}{7}$.

  (2) In den 214 Wochenziehungen trat 168-mal dieser Fall ein. Ist dies ungewöhnlich?

5.4.10 Spiel 77 und Super 6

Auf den Lottoscheinen kann man die Teilnahme an weiteren Glücksspielen vermerken:

- Jeder Lottoschein besitzt eine „Los-Nr.“, mit der man im Falle von 6 Richtigen seinen Gewinn erhöhen kann, nämlich dann, wenn die letzte Ziffer der Losnummer mit der ausgelosten *Superzahl* übereinstimmt. Wie groß ist die Wahrscheinlichkeit für den Gewinnrang „6 Richtige plus Superzahl“?
- Beim *Spiel 77* bzw. beim Spiel *Super 6* kommt es darauf an, dass möglichst viele Endziffern der Losnummer mit der ausgelosten 7-stelligen bzw. 6-stelligen Glückszahl übereinstimmen. Die Auslosung der Glückszahl erfolgt Ziffer für Ziffer als Urnenziehung mit Zurücklegen. Wie groß ist die Wahrscheinlichkeit für die einzelnen Gewinnränge bei *Spiel 77* bzw. *Super 6*?
- Wie groß ist der Mindest-Erwartungswert der Auszahlung bei diesen Spielen? Die Höhe der Auszahlung im höchsten Gewinnrang richtet sich nach der Höhe des Jackpots; im Mittel wurden tatsächlich ca. 900 000 Euro bei 7 richtigen Endziffern beim *Spiel 77* ausgezahlt. Welcher Erwartungswert ergibt sich nun?

Los-Nr. 7937201 — Superzahl

Los-Nr. 7937201

Spiel 77

1 richtige Endziffer	2,50 EUR
2 richtige Endziffern	7,00 EUR
3 richtige Endziffern	70,00 EUR
4 richtige Endziffern	700,00 EUR
5 richtige Endziffern	7 000,00 EUR
6 richtige Endziffern	70 000,00 EUR
7 richtige Endziffern	mind. 170 000,00 EUR

Los-Nr. 7937201

Super 6

1 richtige Endziffer	2,50 EUR
2 richtige Endziffern	6,00 EUR
3 richtige Endziffern	66,00 EUR
4 richtige Endziffern	666,00 EUR
5 richtige Endziffern	6 666,00 EUR
6 richtige Endziffern	100 000,00 EUR

- Mithilfe der o. a. bestimmten Wahrscheinlichkeiten kann man Prognosen machen, wie viele Lose voraussichtlich an einem Ausspielungstag gewinnen werden. Gibt es besonders beliebte Endziffern? (Die Spieler können diese auswählen.) Hat dies Auswirkungen auf die Anzahl der Gewinner? Recherchiere.

5.5 Sprache und Namen

5.5.1 Buchstaben, Silben und Wörter in der deutschen Sprache

In Lexika findet man Angaben über die Wahrscheinlichkeiten, mit denen die Buchstaben in Wörtern der deutschen Sprache auftreten. Die Angaben in der Tabelle sind aus *Wikipedia* übernommen (ß wurde wie ss gewertet, ä wie ae, ö wie oe, ü wie ue).

e	17,40 %	m	2,53 %
n	9,78 %	o	2,51 %
s	7,58 %	b	1,89 %
i	7,55 %	w	1,89 %
r	7,00 %	f	1,66 %
a	6,51 %	k	1,21 %
t	6,15 %	z	1,13 %
d	5,08 %	p	0,79 %
h	4,76 %	v	0,67 %
u	4,35 %	j	0,27 %
l	3,44 %	y	0,04 %
c	3,06 %	x	0,03 %
g	3,01 %	q	0,02 %

- Welchen Umfang muss eine Stichprobe haben, damit diese Wahrscheinlichkeiten mit 4stelliger Genauigkeit angegeben werden können? Spielt dabei der betrachtete Buchstabe eine Rolle?

Die Häufigkeitsverteilung der Anfangs- und Endbuchstaben der Wörter weicht hiervon erheblich ab. In *Wikipedia* werden die in der Tabelle aufgeführten Buchstaben genannt. Als Quelle wird für die Endbuchstaben die Auszählung des Romans *Effi Briest* von Theodor Fontane angegeben.

	Anfangsbuchstaben		Endbuchstaben	
1	d	14,2 %	n	21,0 %
2	s	10,8 %	e	15,1 %
3	e	7,8 %	r	13,0 %
4	i	7,1 %	t	10,3 %
5	w	6,8 %	s	9,6 %

- Überprüfe die Angaben an einem Beispiel aus einer anderen Literatur-Epoche.
- Als weitere Quelle zum Thema Buchstabenhäufigkeit wird auf eine Auszählung eines Textes mit 10 000 Buchstaben durch Peter Vogelsang verwiesen. Gibt es signifikante Abweichungen im Vergleich zur o. a. Tabelle?

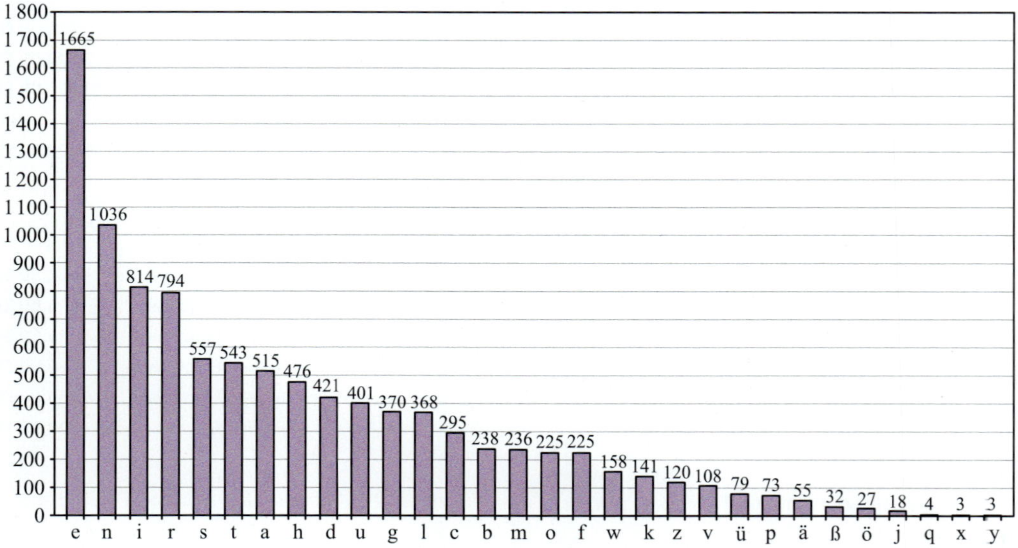

- Recherchiere, ob es im Internet andere Informationen zur Verteilung der Buchstabenhäufigkeit gibt. Vergleiche diese Angaben mit den o. a. Daten. Sind die Abweichungen signifikant?

Für die Entschlüsselung von Texten ist es notwendig, Besonderheiten der jeweils verwendeten Sprache zu kennen. Die folgende Tabelle enthält Beispiele zur Häufigkeitsverteilung der Kombination zweier bzw. dreier Buchstaben in Wörtern der deutschen Sprache (sogenannte Bigramme bzw. Trigramme).

Bigramm	Wahrscheinlichkeit (nach Beutelspacher)	Wahrscheinlichkeit (nach F.L. Bauer)
en	0,0388	0,0400
er	0,0375	0,0409
ch	0,0275	0,0242
de	0,0200	0,0227
nd	0,0199	0,0187
ei	0,0188	0,0193
te	0,0226	0,0185
ie	0,0179	0,0163
in	0,0167	0,0168

Trigramm	Wahrscheinlichkeit (nach F. L. Bauer)
ein	0,0122
ich	0,0111
nde	0,0089
die	0,0087
und	0,0087
der	0,0086
che	0,0075
end	0,0075
sch	0,0066

- Unter http://www.staff.uni-mainz.de/pommeren/Kryptologie/Klassisch/6_Transpos/Bigramme.html findet man das Ergebnis einer Auszählung von 9974 Bigrammen. Überprüfe, ob es signifikante Abweichungen zu den Angaben der Tabelle gibt.
- Vergleiche die Angaben bzgl. der Bigramme bzw. Trigramme. Wie groß muss eine Stichprobe gewählt werden, damit man über die Richtigkeit der einen oder anderen Angabe entscheiden kann? Welche Genauigkeit muss eine Stichprobe haben, damit die Angaben mit 4stelliger Genauigkeit erfolgen können?
- Führe Stichproben durch um herauszufinden, mit welcher Wahrscheinlichkeit in einem deutschen (englischen, französischen) Wort nach einem Konsonanten wieder ein Konsonant folgt (oder ein Vokal oder das Wortende), mit welcher Wahrscheinlichkeit nach einem Vokal ein weiterer Vokal folgt (oder ein Konsonant oder das Wortende).

Verteilung der Anzahl der Silben eines Wortes und der Wortlängen

In Lexika findet man die Angabe, dass 55% der in belletristischen Texten verwendeten Wörter der deutschen Sprache einsilbig, 31% zweisilbig und 9% dreisilbig sind.

- Führe Stichproben durch, um diese Angaben zu überprüfen. Untersuche auch Texte in Tageszeitungen, Wochenmagazinen und Romanen oder Erzählungen aus verschiedenen Epochen. Vergleiche mit den u. a. Stichprobenergebnissen.
- Wie viele Wörter muss man dabei in einer Stichprobe erfassen, damit man die Anteile auf 1% genau schätzen kann?
- Erfasse in der gleichen Stichprobe auch die jeweilige Länge der Wörter (Verteilung der Anzahl der Buchstaben in einem zufällig ausgewählten Wort des Textes).
- In Lexika findet man die Angabe, dass in fortlaufenden Texten etwa 15% der „Zeichen" Leerstellen (Zwischenräume zwischen Wörtern) bzw. Satzzeichen (Interpunktionen) sind. Welcher Zusammenhang besteht mit der mittleren Wortlänge?

> Jemand mußte Josef K. verleumdet haben, denn ohne dass er etwas Böses getan hätte, wurde er eines Morgens verhaftet. Die Köchin der Frau Grubach, seiner Zimmervermieterin, die ihm jeden Tag gegen acht Uhr früh das Frühstück brachte, kam diesmal nicht. Das war noch niemals geschehen. K. wartete noch ein Weilchen, sah von seinem Kopfkissen aus die alte Frau, die ihm gegenüber wohnte und die ihn mit einer an ihr ganz ungewöhnlichen Neugierde beobachtete, dann aber, gleichzeitig befremdet und hungrig, läutete er.
> *(Franz Kafka: Der Prozess)*

Beispiel einer Stichprobe: Text bestehend aus 2600 Wörtern

Anzahl k der Silben	1	2	3	>3
Anzahl der Wörter mit k Silben	1355	788	261	196

Anzahl k der Buchstaben	2	3	4	5	6	7	8	>8
Anzahl der Wörter mit k Buchstaben	196	770	320	388	291	196	121	318

Häufig verwendete Wörter

Unter http://wortschatz.uni-leipzig.de/html/wliste.html findet man Listen mit Angaben über die am häufigsten in den Sprachen Deutsch, Englisch, Französisch verwendeten Wörter. Genannt werden hier:

Deutsch: der, die, und, in, den, von, zu, das, mit, sich
Englisch: of, to, and, a, in, for, is, the, that, on
Französisch: de, la, le, et, les, des, en, un, du, une

- Welchen Anteil haben diese Wörter insgesamt in unserer Sprache? Führe dazu Stichproben durch. Unterscheide dabei Texte in Tageszeitungen, Wochenmagazinen und literarische Werke (Romane).
- Sind die Ergebnisse der Stichproben verträglich mit den folgenden Aussagen *(Wikipedia)*?

Folgende 30 Wörter stellen 31,8 % der in der deutschen Sprache verwendeten Wörter dar:

die, der, und, in, zu, den, das, nicht, von, sie, ist, des, sich, mit, dem, dass/daß, er, es, ein, ich, auf, so, eine, auch, als, an, nach, wie, im, für

Weitere 70 Formen stellen weitere 15,3 % der Wörter:

man, aber, aus, durch, wenn, nur, war, noch, werden, bei, hat, wir, was, wird, sein, einen, welche, sind, oder, um, haben, einer, mir, über, ihm, diese, einem, ihr, uns, da, zum, kann, doch, vor, dieser, mich, ihn, du, hatte, seine, mehr, am, denn, nun, unter, sehr, selbst, schon, hier, bis, habe, ihre, dann, ihnen, seiner, alle, wieder, meine, Zeit, gegen, vom, ganz, einzelnen, wo, muss/muß, ohne, eines, können, sei

5.5.2 Vornamen

Im Unterschied zu unseren Nachbarländern werden von den statistischen Ämtern in Deutschland keine Vornamen-Statistiken erstellt. Jedoch veröffentlicht die Gesellschaft für deutsche Sprache e.V. (http://www.gfds.de) in jedem Jahr eine Liste der beliebtesten Vornamen.

	2006	2004	2002	2000	1998	1996	1994	1992
1	Leon	Maximilian	Alexander	Alexander	Lukas	Alexander	Alexander	Alexander
2	Maximilian	Alexander	Maximilian	Maximilian	Alexander	Lukas	Daniel	Daniel
3	Alexander	Paul	Paul	Lukas	Maximilian	Maximilian	Maximilian	Michael
4	Lukas	Leon	Leon	Leon	Daniel	Daniel	Christian	Patrick
5	Paul	Lukas	Lukas	Tim	Philipp	Michael	Lukas	Kevin
6	Luca	Luca	Jonas	Paul	Felix	Christian	Tobias	Christian
7	Tim	Felix	Tim	Niklas	Tim	Philipp	Kevin	Tobias
8	Felix	Jonas	David	Jonas	Jan	Marcel	Marcel	Sebastian
9	David	Tim	Niklas	Daniel	Florian	Jan	Philipp	Maximilian
10	Elias	David	Luca	Jan	Jonas	Tobias	Sebastian	Florian

	2006	2004	2002	2000	1998	1996	1994	1992
1	Marie	Marie	Marie	Marie	Maria	Maria	Julia	Julia
2	Sophie	Sophie	Sophie	Sophie	Julia	Julia	Katharina	Maria
3	Maria	Maria	Maria	Maria	Anna	Katharina	Maria	Lisa
4	Anna	Anna	Anna	Anna	Sophie	Anna	Laura	Sarah
5	Leonie	Leonie	Laura	Laura	Marie	Laura	Anna	Katharina
6	Lena	Lea	Lea	Lea	Laura	Marie	Lisa	Anna
7	Emily	Laura	Katharina	Julia	Lisa	Sophie	Sarah	Christina
8	Johanna	Lena	Sarah	Michelle	Vanessa	Lisa	Vanessa	Vanessa
9	Laura	Katharina	Julia	Katharina	Sarah	Sarah	Jessica	Laura
10	Lea	Johanna	Lena	Sarah	Katharina	Lena	Franziska	Jennifer

Hinweis: Maria und Marie werden üblicherweise getrennt ausgewertet, da der Vorname Maria dreisilbig, Marie aber nur zweisilbig ist – im Unterschied zu Anna und Anne, Christine und Christina. Vornamen, deren unterschiedliche Schreibweisen nicht hörbar sind, wie z. B. Lea und Leah, Sarah und Sara, Sophie und Sofie, Lukas und Lucas, wurden ebenfalls zusammengefasst.

- Vornamen wechseln in ihrer Beliebtheit – oft nur langsam, wie man aus den obigen Tabellen ablesen kann –, immer wieder tauchen aber auch Vornamen unter den Spitzenplätzen auf, die eine Zeit lang als „unmodern" gegolten hatten. Von der o. a. „Hitliste der beliebtesten Vornamen" gibt es oft auch deutlich abweichende regionale Unterschiede. Manche Standesämter veröffentlichen ihre eigenen „beliebtesten Vornamen des Jahres" in den lokalen Medien. Recherchiere.

Die Stadt Münster veröffentlicht auf ihrer Homepage in jedem Jahr konkrete Daten, wie viele Neugeborene welchen der beliebten Vornamen erhalten haben (http://www.muenster.de/stadt/standesamt/).

	2003 (2574 Geburten)		2004 (2451 Geburten)		2005 (2441 Geburten)		2006 (2396 Geburten)	
1	Marie	112	Marie	119	Marie	105	Marie	95
2	Sophie	80	Sophie	73	Sophie	78	Sophie	69
3	Maria	67	Maria	47	Johanna	61	Maria	45
4	Anna	63	Anna	43	Maria	57	Johanna	40
5	Lena	41	Katharina	39	Anna	46	Anna	38

1	Paul	68	Alexander	61	Jan	53	Alexander	48
2	Alexander	60	Paul	47	Maximilian	50	Maximilian	46
3	Jonas	56	Leon	45	Paul	48	Noah	41
4	Jan	50	Maximilian	44	Alexander	45	Leon	40
5	Lukas	46	Jan	41	Luca	43	Paul	38

- Vergleiche die Häufigkeitsverteilung der Vornamen in der eigenen Schule mit der in der Region. Gibt es signifikante Unterschiede?

Warum heißen plötzlich alle Leon?

Früher orientierten sich Eltern bei der Namenswahl an Religion oder Tradition, heute sollen Namen möglichst individuell sein. Namensforscher zeigen: Mit der Gesellschaft wandeln sich auch die Vornamen.

Früher spielten religiöse Bindungen bei der Namenswahl eine entscheidende Rolle, erklärt der Berliner Soziologe Gerhards: „Doch mit der Säkularisierung nahm auch die Beliebtheit von christlichen Namen ab." Im Verlauf der 100 von Gerhards untersuchten Jahre ist ihr Anteil von 50 auf 32 Prozent gesunken. „Wenn Eltern heute ihr Kind Martin oder Lukas nennen, dann kaum noch aus religiösen Gründen", so Gerhards. Und trotzdem stehen selbst bei Atheisten Namen wie Jonas, David, Katharina und Johanna hoch im Kurs.

Der Wunsch nach Individualität bringt freilich auch Probleme mit sich. Der Name soll hübsch exotisch sein, aber bitte nicht so, dass das Kind damit unangenehm auffällt oder am Ende gar gehänselt wird. Viel schlimmer jedoch: Die breite Masse orientiert sich gerne an den Gewohnheiten der nach Exklusivität strebenden Elite. Deshalb gibt es heute so viele Leons. Gerhards meint, dass die Akademiker diesen Namen vor gut zehn Jahren für sich entdeckt haben und er mittlerweile erfolgreich „diffundiert" ist, sich also ausgebreitet hat. Dem einstigen Distinktionsmittel der Oberschicht droht ein Schicksal als massenhaft verbreiteter Unterschichtenname. Nach dieser Logik wächst die Zahl der Vornamen im Deutschen stetig, obwohl die Deutschen immer weniger Kinder bekommen. So unterschieden sich 1894 noch 38 Prozent der Vornamen voneinander, 100 Jahre später waren es schon 81 Prozent. „Die große Namensvermehrung hat mit der Gründung der Bundesrepublik angefangen", erklärt Gerhards. Die kulturelle Öffnung des Landes zeigte den Deutschen, dass die Kinderzimmer nicht nur mit Heinrichs und Helgas gefüllt werden können. (Quelle: Deutsche Welle, 2005)

- Gib eine Zusammenfassung des Textes mit eigenen Worten wieder. Ergänze die Aussagen durch weitere Informationen aufgrund eigener Recherchen im Internet.
- Recherchiere über die beliebtesten Vornamen in der deutsch-sprachigen Schweiz und in Österreich. Hier werden die Häufigkeiten von den statistischen Ämtern erfasst.

Anzahl der Vornamen

Soziologen haben eine weitere Wellenbewegung bei der Wahl der Vornamen beobachtet: In der sozialen Oberschicht begann man im 17. Jahrhundert mit der Wahl von Doppelnamen für die Neugeborenen, was dann im Laufe des 19. Jahrhunderts auch von den „unteren“ Schichten fast vollständig übernommen wurde. In der Oberschicht nahm dann wieder der Trend zu Einzel-Vornamen zu ...

- Recherchiere, wie viele Mitschüler/innen mehr als einen Vornamen haben und befrage sie, wie dies bei deren Eltern ist. Recherchiere, ob es Veröffentlichungen des regionalen Standesamts zum Thema „Anzahl der Vornamen“ gibt.
- Werte die folgenden Daten der Stadt Münster (Westfalen) aus. Hat sich hier das Verhalten der Eltern im Laufe der Jahre geändert?

Jahr	1998	1999	2000	2001	2002	2003	2004	2005	2006
Anzahl der Geburten	2876	2983	2765	2546	2574	2574	2451	2441	2396
mindestens zwei Vornamen	1335	1328	1430	1391	1295	1395	1458	1411	1464
mindestens drei Vornamen	193	209	211	173	181	186	189	172	180
mehr als drei Vornamen	21	23	17	24	29	15	23	23	14

Konsonanten und Vokale

Nach Untersuchungen von Katharina Dreger, Humboldt-Universität Berlin, spielt es bei der Wahl der Vornamen eine erhebliche Rolle, welchen Klang die Namen haben. Mithilfe von über 50 000 Datensätzen von Personen aus verschiedenen Generationen untersuchte sie verschiedene Eigenschaften, die den „Klang“ eines Namens ausmachen.

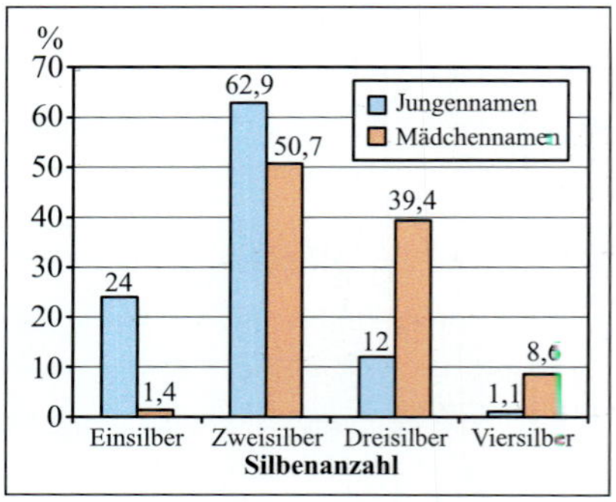

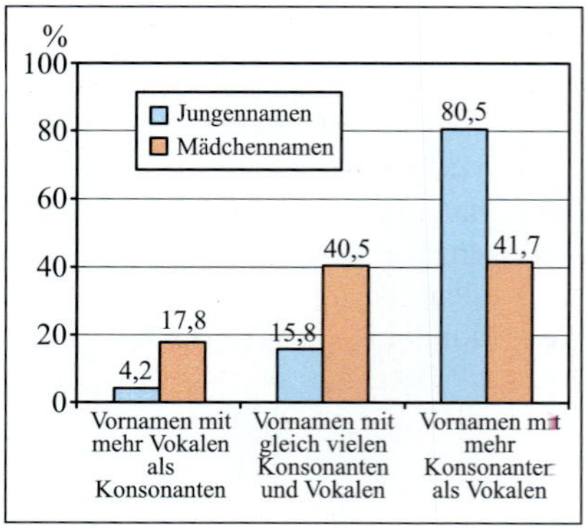

- Frauennamen haben im Allgemeinen mehr Silben als Männernamen. Recherchiere, ob diese Eigenschaft auch für die Vornamen der Mitschüler/innen zutrifft.
- Mädchennamen sind im Allgemeinen vokalreicher als Jungennamen. Stimmt diese Aussage?
  (Beachte: Gezählt werden nicht alle Buchstaben des Vornamens, sondern nur diejenigen, die man hört,
  z. B. Anna – ANA, Yvonne – IVON).
- Etwa 90 % der Jungennamen beginnen mit einem Konsonanten, der Anteil bei den Mädchen-Vornamen beträgt nur etwa 85 %. Im Laufe der Jahrzehnte haben sich die Anteile bei den Geschlechtern einander angepasst: Vor 50 Jahren lag der Anteil bei den Mädchen-Vornamen noch unter 70 %. Zeigt dies auch eine Recherche unter den Vornamen von Schülerinnen und Schülern und deren Eltern?
- 75 % der Mädchennamen enden heute auf einen vokalischen Laut (über 60 % enden auf „a“; der frühere Anteil lag bei 40 % und bei ca. 30 % für Namen, die auf „e“ endeten, wie Renate). Dagegen enden nur etwa 12 % der Jungennamen auf einen vokalischen Laut; in den 70er Jahren endeten über 10 % der Jungennamen auf „o“, was heute keine Rolle mehr spielt.
- Während früher noch 20 % der Mädchennamen auf „d“ oder „t“ endeten, spielt diese Namens-Endung heute kaum mehr eine Rolle. Heute dominiert mit ca. 12 % unter den Konsonanten der Buchstabe „r“ als Endbuchstabe. Bei den Jungennamen nahm der Anteil der Vornamen, die auf „n“ enden im Laufe der Jahrzehnte von unter 10 % auf 30 % zu; etwa 20 % enden auf „s“-Laute und ca. 10 % auf „k“; dagegen spielen Vornamen, die auf „r“ enden, praktisch keine Rolle mehr (früher über 15 %).

Vornamen – Vorurteile?

Wer Felix heißt, hat's leichter

Der Vorname allein weckt Erwartungen. Sein Träger gilt als klug oder als dumm, als jugendlich oder altmodisch – noch bevor er den Mund aufgemacht hat. Das ist das Ergebnis einer Studie von Psychologen an der Universität Chemnitz.

CHEMNITZ „Name ist Schall und Rauch." Die Redensart stammt aus Goethes Faust I. Wer das Zitat verwendet, will damit betonen: Ein Name allein sagt noch nichts über eine Person aus. Ganz anders sehen das die beiden Diplomanden Robert Böhm und Michaela Lummer von der technischen Universität Chemnitz. „Ein Vorname sagt mehr als 1000 Worte" lautet der Titel ihrer Studie.

Jeder zieht schon beim Hören eines Vornamens unbewusst seine Schlüsse und Schlussfolgerungen über den jeweiligen Menschen – obwohl er von ihm nichts kennt außer dessen Vorname.

Doch das ist genug, wie die Ergebnisse der Studie bewiesen. Felix beispielsweise heißt nicht nur übersetzt „der Glückliche". Bei diesem Vornamen stellten sich die von den Forschern Befragten einen jungen, attraktiven und intelligenten Mann vor. Männer mit dem Namen Holger haben es dagegen von Anfang an schwer. Bei den weiblichen Vornamen lösen laut Studie die Namen Birgit, Petra und Silke, was Attraktivität und Klugheit betrifft, geringe Erwartungen aus.

Grundsätzlich gilt nach Meinung der Chemnitzer Psychologen: „Die Träger moderner Vornamen wurden stets jünger eingeschätzt als solche mit altmodischen", erklärt Robert Böhm.

„Es zeigte sich zudem, dass anhand des geschätzten Alters auch Schlussfolgerungen über die Attraktivität und in geringerem Ausmaß auch die Intelligenz des Besitzers eines Vornamens getroffen werden", sagt Michaela Lummer.

Die Studie hat einen ganz praktischen Nutzen, wie die Wissenschafler darlegen. Werbung etwa, die sich an Jugendliche richtet, dürfte erfolgreicher sein, wenn sie mit modernen Namen operiert.

Die Psychologen warnten aber alle Eltern, ihrem Nachwuchs nur deshalb einen gängigen Mode-Namen zu geben. Wie schnell diese altern können und mit ihnen dann eher negative Erwartungen geweckt würden, zeige sich an Namen, die in den 60er und 70er Jahren beliebt gewesen seien. Eltern, die auf Nummer sicher gehen möchten, raten die Wissenschaftler deshalb zu zeitlosen Klassikern wie Alexander und Anna oder Michael und Claudia.

Mädchen	jung	attraktiv	intelligent
Andrea	−	−	o
Anna	o	+	+
Birgit	−	−	−
Claudia	o	o	o
Hannah	o	o	+
Heike	−	−	−
Ines	o	−	−
Jana	+	+	o
Johanna	−	o	+
Katharina	o	+	+
Kerstin	−	−	−
Lea	+	+	+
Leonie	+	+	o
Maria	−	o	+
Petra	−	−	−
Silke	−	−	−
Sophie	+	+	+
Sylvia	−	o	−

Jungen	jung	attraktiv	intelligent
Andreas	−	o	o
Alexander	+	+	+
David	o	+	o
Dirk	−	−	−
Felix	+	+	+
Heiko	o	−	−
Holger	−	−	−
Jan	o	+	+
Jonas	+	+	+
Lukas	+	+	+
Mario	o	−	−
Michael	o	+	+
Nikolas	+	+	+
Olaf	−	−	−
Paul	−	o	o
Peter	−	o	+
Thomas	o	o	+
Uwe	−	−	o

\+ trifft zu o neutral − trifft nicht zu

(aus Rheinische Post, März 2007)

- Stelle selbst eine Liste von Vornamen zusammen und befrage Mitschülerinnen und -schüler, mit welchen Vornamen sie die Eigenschaften jung, attraktiv, intelligent assoziieren.
- Da nicht auszuschließen ist, dass die Eigenschaften deshalb zugeordnet werden, weil man Personen kennt, die diesen Namen tragen, kann man den Versuch auch so durchführen, dass man Fotos verwendet und diesen zufällig die Vornamen zuordnet, dann zur Kontrolle die Zuordnung der Namen für eine zweite Versuchsreihe vertauscht.

Anfangsbuchstaben

In einer Stichprobe wurden die Vornamen und Geburtsjahre aller 27432 Leverkusener Bürgerinnen und Bürger der Geburts-Jahrgänge 1989 bis 1998 sowie die Häufigkeitsverteilung der Anfangsbuchstaben ihrer Vornamen erfasst; dies soll mit Anfangsbuchstaben der Vornamen der 15862 Einwohner der Jahrgänge 1959 bis 1968 verglichen werden.

Anfangs-buchstabe	1959 bis 1968	1989 bis 1998
A	9,7%	9,1%
B	6,2%	2,0%
C	5,0%	5,2%
D	4,5%	7,0%
E	3,4%	2,3%
F	3,2%	3,9%
G	4,8%	1,3%
H	6,2%	1,7%
I	2,7%	1,2%
J	5,0%	9,9%
K	4,1%	4,8%
L	1,3%	6,9%
M	12,6%	13,3%

Anfangs-buchstabe	1959 bis 1968	1989 bis 1998
N	1,5%	5,4%
O	1,0%	0,7%
P	3,7%	3,8%
R	6,4%	3,2%
S	8,0%	9,7%
T	3,1%	4,5%
U	3,9%	0,2%
V	1,2%	2,4%
W	2,0%	0,2%
Z	0,4%	0,2%
QXY	0,2%	1,1%
Vokal	20,8%	13,4%
Konsonant	79,2%	86,6%

In einer Stichprobe unter 834 Jungen und 980 Mädchen im Alter zwischen 10 und 20 Jahren sowie deren Eltern traten folgende Anfangsbuchstaben der Vornamen besonders häufig auf:

Jungen		Mädchen		Väter		Mütter	
M	14,9%	J	12,3%	H	9,9%	M	11,5%
J	10,4%	L	11,9%	M	9,2%	A	10,9%
T	9,0%	S	11,4%	R	8,3%	S	9,7%
A	7,6%	M	10,6%	D	8,2%	B	9,3%
S	7,2%	A	10,5%	A	7,7%	C	7,5%
P	6,0%	K	6,8%	J	7,5%	E	4,9%
D	5,9%	C	5,9%	W	5,2%	K	4,9%
F	5,9%	N	5,0%	K	4,8%	R	4,8%
C	5,4%	E	3,8%	S	4,3%	H	4,7%
N	4,7%	V	3,1%	U	4,3%	G	4,6%
Vokal	11,0%	Vokal	16,6%	Vokal	15,5%	Vokal	24,8%
Konsonant	89,0%	Konsonant	83,4%	Konsonant	84,5%	Konsonant	75,2%

- Beschreibe die Veränderungen zwischen den Generationen. Mache Angaben zur Genauigkeit der Stichproben (Konfidenzintervalle).
- Führe selbst entsprechend Stichproben durch. Gibt es Unterschiede?

5.5.3 Familiennamen

Für verschiedene Probleme in Wirtschaft und Verwaltung ist es wichtig, die Häufigkeit der Anfangsbuchstaben von Familiennamen zu kennen; z.B. könnten bei Stichproben die zu Befragenden nach dem Anfangsbuchstaben der Familiennamen ausgesucht werden.

Anfangsbuchstaben der Familiennamen

Eine allgemein zugängliche Möglichkeit herauszufinden, mit welcher Häufigkeit ein bestimmter Name in Deutschland vorkommt, ist die mithilfe einer Telefon-CD. Dabei muss man allerdings bedenken, dass hier auch zahlreiche Firmen-Eintragungen enthalten sind, an denen man – unter dieser Fragestellung – kein Interesse hat, und andererseits auch etliche Teilnehmer nicht erfasst sind, weil sie einer Veröffentlichung ihrer Telefonnummer widersprochen haben.

Die Telefon-CD 2007 für Deutschland enthielt insgesamt 35 496 055 Eintragungen mit folgenden relativen Häufigkeiten (Ä, Ö, Ü sind jeweils in A, O, U enthalten):

S	14,22%
K	9,66%
B	9,28%
H	8,46%
M	6,50%
W	6,05%
G	5,67%

R	5,31%
L	4,35%
F	4,05%
P	4,03%
D	3,50%
A	2,78%
T	2,72%

E	2,51%
N	2,03%
J	1,77%
V	1,47%
Z	1,45%
C	1,31%
O	1,27%

I	0,79%
U	0,60%
Q	0,115%
Y	0,096%
X	0,009%

- Mache eine Prognose: Wie viele Eintragungen wird es – unter der Annahme gleichartiger Verteilung in ganz Deutschland – für die einzelnen Anfangsbuchstaben im Telefonbuch für Berlin (insgesamt 1 026 328 Eintragungen) geben? Vergleiche die Schätzung mit der folgenden Häufigkeitstabelle.

Anfangsbuchstabe	Häufigkeit
S	140 695
K	102 487
B	92 954
H	77 613
M	66 113

Anfangsbuchstabe	Häufigkeit
G	60 038
W	59 776
R	54 930
L	48 517
P	46 178

- Welche Prognosen ergeben sich für das örtliche Telefonbuch? Recherchiere.

Sc	7,40 %
St	2,76 %
He	2,64 %
Ha	2,47 %
We	2,16 %
Be	2,06 %

Ma	2,05 %
Ho	1,93 %
Ba	1,89 %
Ko	1,88 %
Kr	1,78 %
Wi	1,65 %

Br	1,64 %
Gr	1,53 %
Me	1,53 %
Re	1,52 %
Ka	1,43 %
Bo	1,38 %

Mu	1,35 %
Ro	1,32 %
Fr	1,29 %
Ku	1,26 %
Ge	1,19 %
La	1,18 %

- Führe entsprechende Untersuchungen auch durch für die am häufigsten auftretenden Kombinationen von Anfangsbuchstaben.
- Vergleiche die o. a. relativen Häufigkeiten (als Schätzwerte für Wahrscheinlichkeiten) mit den Namen der Schülerinnen und Schüler deiner Schule.

Beispiel einer Stichprobe: Unter 1817 Schülerinnen und Schüler einer Schule ergaben sich folgende Häufigkeitsverteilungen. Treten signifikante Abweichungen zu den bundesweiten Daten auf?

A	55
B	170
C	24
D	66
E	43
F	62

G	94
H	136
I	9
J	47
K	185
L	76

M	129
N	38
O	29
P	85
R	83
S	246

T	51
U	14
V	30
W	115
Z	24
CXY	6

Sc	105
St	58
He	37
Ha	43
We	38
Be	53

Ma	36
Ho	26
Ba	22
Ko	28
Kr	33
Wi	33

Br	32
Gr	18
Me	31
Re	26
Ka	32
Bo	18

Mu	10
Ro	13
Fr	16
Ku	12
Ge	20
La	19

Im Rahmen der Volkszählung 1970 wurden die Familiennamen aller Einwohner der Bundesrepublik Deutschland (alte Bundesländer einschl. Berlin-West) erfasst, die am 31. März, 31. Mai oder 31. Juli geboren waren. Unter den insgesamt 503 400 Personen ergaben sich die in der Tabelle angegebenen relativen Häufigkeiten.

- Wie genau sind diese Angaben? (Berücksichtige den Stichprobenumfang.)
- Vergleiche die relativen Häufigkeiten (interpretiert als Schätzwerte für Wahrscheinlichkeiten) mit denen einer eigenen Stichprobe, z. B. an der eigenen Schule. Treten signifikante Abweichungen auf?

Anfangs-buchst.	Anteil in %		Anfangs-buchst.	Anteil in %	
	einzeln	kumuliert		einzeln	kumuliert
A	1,992	1,992	M	6,755	60,230
B	9,847	11,839	N	2,042	62,272
C	1,018	12,857	O	1,260	63,532
D	3,381	16,238	PQ	3,983	67,515
E	2,465	18,703	R	5,392	72,907
F	3,962	22,665	S	14,923	87,830
G	5,247	27,912	T	2,296	90,126
H	9,058	36,970	UV	1,788	91,914
IJ	2,133	39,103	W	6,598	93,512
K	9,812	48,915	XYZ	1,488	100,00
L	4,560	53,475			

Beispiel einer Stichprobe: Unter den 9181 Ehemaligen einer Schule findet man folgende Häufigkeiten bei den Anfangsbuchstaben der Familiennamen.

A	159
B	865
C	156
D	307
E	218
F	333

G	480
H	860
I J	211
K	911
L	444
M	616

N	214
O	139
P Q	383
R	495
S	1318
T	227

U V	155
W	541
X Y Z	148

Besonders häufig auftretende Familiennamen in Deutschland

Als Nebenergebnis der Volkszählung 1970 fand man heraus, welche Familiennamen am häufigsten auftreten.

- Wie genau sind die Angaben? (Stichprobenumfang: 503400)
- Wie viele Personen sind dies jeweils? (*Hinweis:* 1970 hatte die Bundesrepublik einschl. Berlin-West 60,65 Mio. Einwohner)

Müller	1,008%
Schmid (Schmidt, Schmitt)	0,987%
Maier (Mayer, Meier, Meyer)	0,788%
Schneider	0,422%
Hoffmann (Hofmann)	0,384%
Fischer	0,379%

Im Internet findet man unter http://www.verwandt.de/karten/ findet folgendes Angebot:

> Sie wollen wissen, wie verbreitet Ihr Nachname in Deutschland ist? Hier finden Sie zu über einer Million Namen Übersichtskarten, die die **Verteilung Ihres Nachnamens** in allen Landkreisen zeigen.

Zum Familiennamen Müller erhält man beispielsweise die nachfolgend abgedruckte Information. Hierzu gehören zwei Deutschland-Karten.

> In Deutschland gibt es **277 695 Telefonbucheinträge** zum Namen Müller und damit ca. **740 520 Personen** mit diesem Nachnamen.

- Welche Informationen sind aus den beiden Karten ablesbar? Erkläre die unterschiedliche Einfärbung.
- Im Informationstext wird aufgrund der Anzahl der Telefonbucheinträge geschätzt, wie viele Personen in Deutschland diesen Namen tragen. Welche Überlegung wird dieser Schätzung zugrunde gelegt?
- Vergleiche die Häufigkeiten der am häufigsten auftretenden Namen aus der Volkszählung von 1970 mit denen der Internet-Seite.

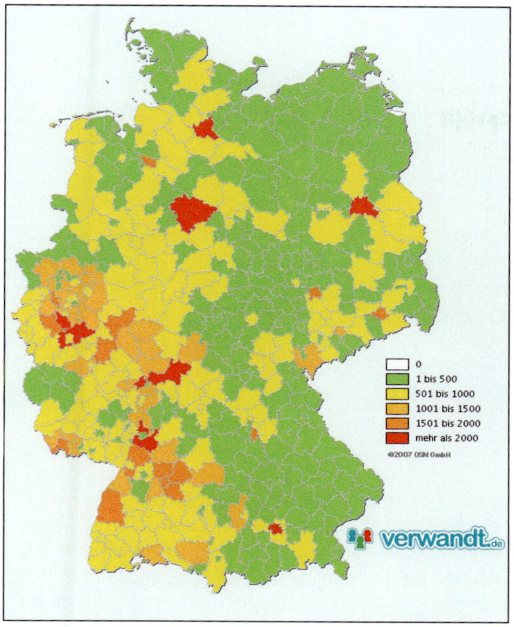

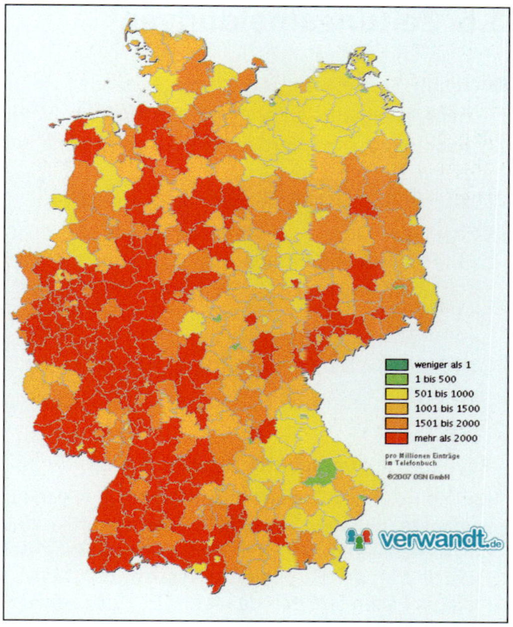

absolute (links) und relative (rechts) Häufigkeitsverteilung des Familiennamens Müller in Deutschland

- Aus den Karten wird die unterschiedliche regionale Ausbildung von Familiennamen deutlich. Recherchiere dies auch für andere Familiennamen mit gleichem Klang, aber unterschiedlichen Schreibweisen. Welche der beiden Kartentypen geben hierzu eine bessere Information?

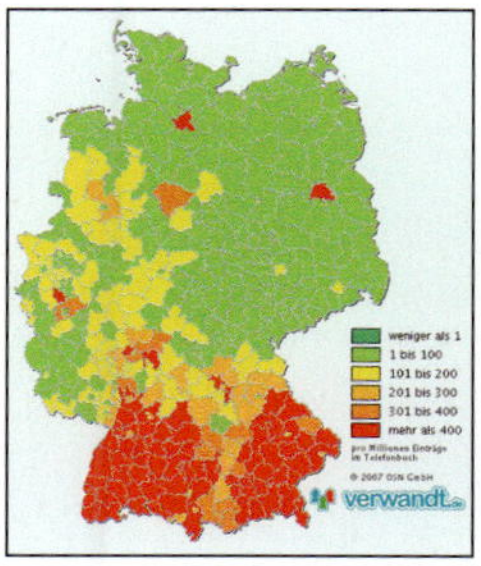

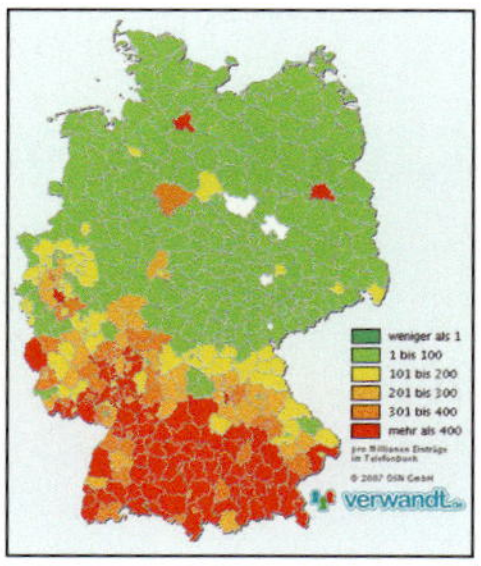

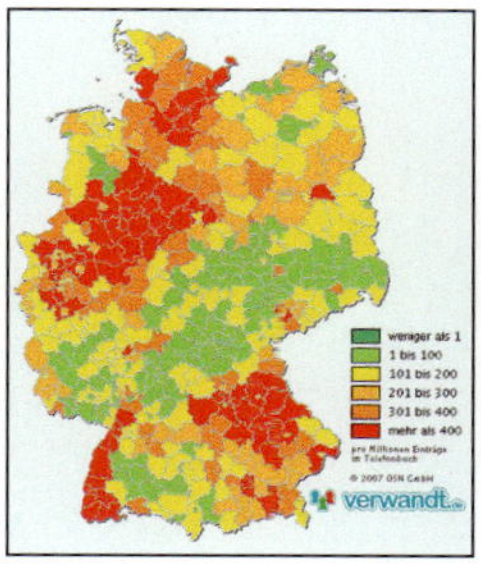

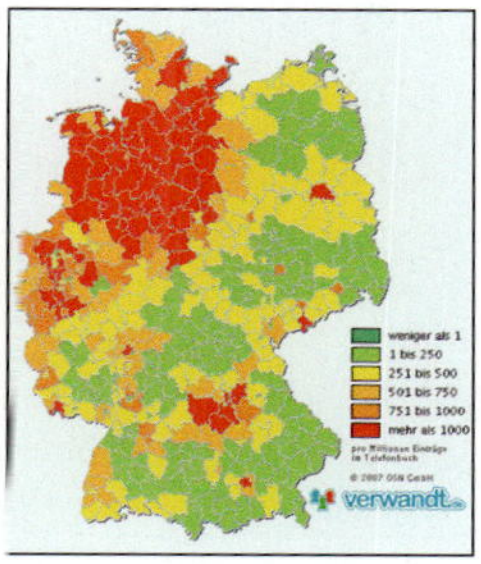

relative Häufigkeitsverteilung der Familiennamen Maier, Mayer, Meier und Meyer in Deutschland

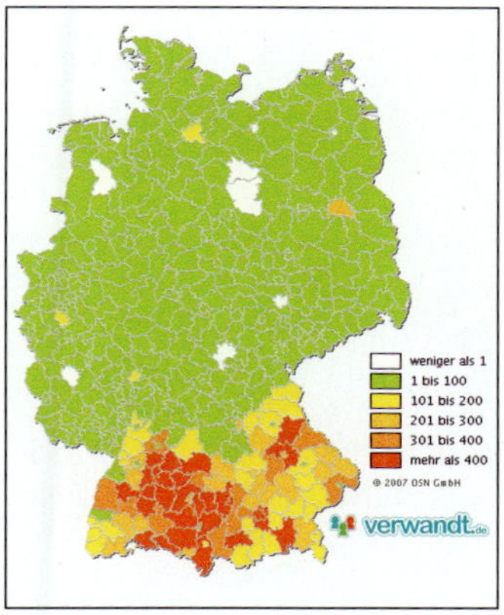

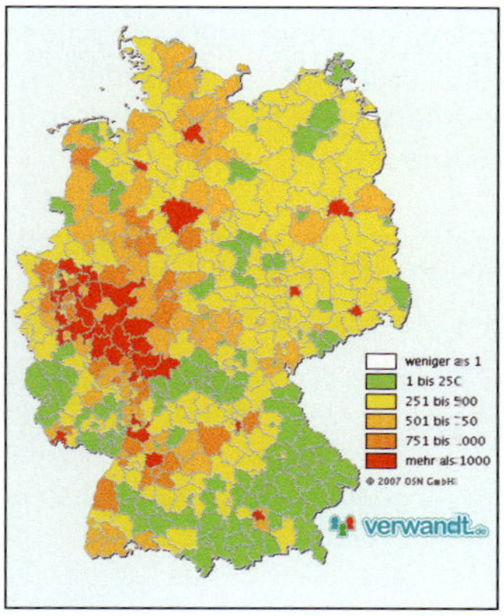

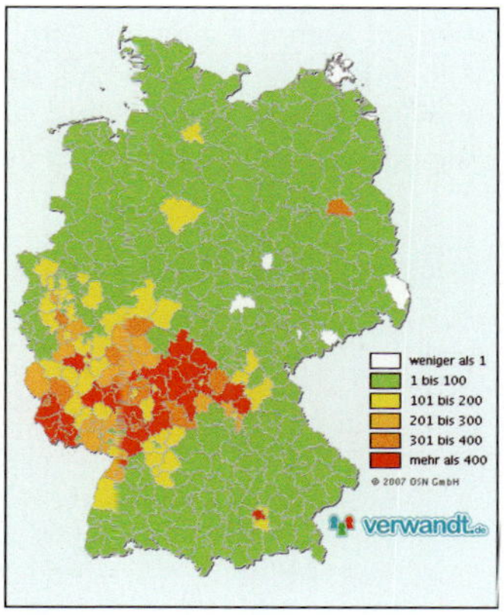

absolute Häufigkeitsverteilung der Familiennamen Schmid, Schmidt und Schmitt in Deutschland

5.6 Zeitungsmeldungen

- Nimm Stellung zu den in den folgenden Zeitungsmeldungen enthaltenen Daten. Sind die gezogenen Schlussfolgerungen angemessen? Reicht der Umfang der betr. Stichprobe aus, um die aufgestellte Behauptung zu rechtfertigen? Führe ggf. eigene Recherchen oder Versuche durch.

Gefoulte dürfen selbst Elfmeter schießen

Als Opfer einer Attacke nie selbst zum Foul-Elfmeter antreten, das bringt Unglück: Diese altbekannte Fußballweisheit ist falsch. Wissenschaftler haben errechnet, dass es egal ist, ob der Gefoulte oder ein Mannschaftskamerad den Strafstoß tritt. Allerdings gilt das nur für Profis. Wissenschaftler der Universität Halle-Wittenberg werteten alle 835 Foulelfmeter der Bundesliga-Statistik von August 1993 bis Februar 2005 aus. Immerhin ein knappes Achtel, nämlich 102 davon, wurden vom gefoulten Spieler selbst ausgeführt. Das Ergebnis: Die Erfolgsquote der Gefoulten lag bei 73 %, die der nichtgefoulten Schützen bei 75 %.

(SPIEGEL-ONLINE April 2007)

Psycho-Trick verschafft Torwart Vorteil

Kann ein Fußball-Torwart beeinflussen, in welche Ecke der Ball beim Elfmeter fliegt - ohne dass der Schütze die Manipulation bemerkt? Wissenschaftler glauben, dass das geht – und verraten auch, wie. Ein Team um Rich Masters von der University of Hong Kong hat 200 Videoaufzeichnungen von Strafstößen der Fußball-WM, der Europameisterschaft, des Afrika-Cup und der Uefa Champions League analysiert. In den meisten Fällen standen dabei die Torhüter seitlich leicht versetzt – im Durchschnitt rund zehn Zentimeter von der Mitte des Tors entfernt. Dies geschehe ohne Absicht, schließen die Forscher. Denn zwischen der Seite, auf welcher der Torwart steht, und der Richtung, in die er beim Elfmeter hechtet, konnten sie keinen Zusammenhang erkennen. In sechs von zehn Fällen zielte der Kicker auf die offenere der beiden Seiten – obwohl ein Unterschied von zehn Zentimetern für ihn kaum wahrnehmbar ist. Der Ratschlag der Forscher für alle Fußballtorhüter lautet deshalb: beim Elfmeter zwischen 6 und 10 Zentimetern von der Mitte entfernt stehen. Der Schütze könne eine so kleine Abweichung kaum erkennen. Doch die Wahrscheinlichkeit, dass er in die offenere Ecke schießt, betrage so immerhin 60 Prozent. (SPIEGEL ONLINE März 2007)

Kölner Friseure denken über das Phänomen der Linkshaarigkeit nach

Nun also die Linkshaarer. Nein, nicht die Linkshänder, sondern die Männer im Alter von 20 bis 40 Jahren, die Bonner Neurologen für eine Studie suchen. Ihre Haare sollen sich am Hauptwirbel links herum drehen – entgegen dem Uhrzeigersinn. Es könnte nämlich sein, dass es einen Zusammenhang gibt zwischen der Wirbelrichtung des Haupthaars und der Gehirnhälfte, in der die Sprache verarbeitet wird. Das Fachmagazin „Nature“ berichtete: Während 95 % der Rechtshänder rechtshaarig seien, habe die Minderheit der Linkshänder immerhin eine 50 zu 50 Chance, Linkshaarer zu sein. (Kölner Stadtanzeiger Januar 2004)

Geburtsmonat beeinflusst Risiko für Kurzsichtigkeit

Wer im Sommer geboren wird, ist später mit einer höheren Wahrscheinlichkeit kurzsichtig. Das schließen israelische Forscher aus den Ergebnissen einer statistischen Studie. Verantwortlich für diesen Effekt könnte nach Ansicht der Forscher die unterschiedlichen Mengen an Tageslicht sein, denen die Mütter kurz vor oder die Kinder kurz nach der Geburt ausgesetzt sind. (Rheinische Post August 2007)

Zeugung im März erhöht die Chance auf Mädchen

Gifte, Stress aber auch Jahreszeiten beeinflussen, ob es ein Junge oder ein Mädchen wird

Mädchen oder Junge? Zu gerne hätten Könige und Kaiser selbst entschieden. Doch die Natur macht ihre Rechnung ohne Rücksicht auf Elternwünsche. Dabei stehen die Chancen für beide Geschlechter fifty fifty. Oder? Weit gefehlt: Noch nie war das Verhältnis der neugeborenen Jungen und Mädchen eins zu eins, und viele Faktoren können es verschieben. ... Sogar die Jahreszeiten scheinen das Verhältnis zu beeinflussen. Nach einer Zeugung im Herbst kommen bevorzugt Jungen zur Welt, so Gagnacci. Die Chancen für die Geburt eines Mädchens seien dagegen am besten, wenn das Kind in den Monaten März bis Mai empfangen wurde ...

(Rheinische Post März 2004)

Monat der Zeugung prägt Leistung in der Schule

Im Sommer gezeugte Kinder sind in der Schule und Sprachen weniger erfolgreich als Kinder, die in anderen Jahreszeiten gezeugt wurden. Das haben amerikanische Wissenschaftler bei Tests mit rund 1,7 Millionen Schülern herausgefunden. Die Wissenschaftler vermuten hinter dem Zusammenhang den saisonal schwankenden Einsatz von Pestiziden in der Landwirtschaft, die über das Trinkwasser den Hormonhaushalt der Mutter und damit die Gehirnentwicklung des Ungeborenen beeinflussen könnten.

(Rheinische Post Mai 2007)

Schöne Menschen bekommen eher Töchter

Wer eine Tochter hat, ist vermutlich sehr schön. Das legt zumindest eine englische Studie nahe. Schöne Menschen bekommen demnach eher Töchter als Söhne. Bei sehr attraktiven Menschen sei die Wahrscheinlichkeit, dass ihr erstes Kind eine Tochter ist, um 36 % höher als die Geburt eines Sohnes, zitiert der „Daily Telegraph“ aus einer Studie der London School of Economics. Als Grund sehen die Forscher „unterschiedliche Evolutionsstrategien“. So neigten Eltern dazu, ein Baby des Geschlechts zu zeugen, das am besten von ihren eigenen Merkmalen profitiert: Eher schöne Paare brächten auch eher Mädchen auf die Welt, an die sie ihre Attraktivität weiter vererbten, weil Frauen bei der Suche nach einem Partner das Äußere mehr Vorteile brächte als Jungen. Weniger attraktive Eltern zeugten hingegen eher männliche Nachkommen, weil bei diesen andere Eigenschaften wie Aggressitivität zählten, um sich auf der Suche nach der Partnerin gegen Konkurrenten durchzusetzen. (Rheinische Post Juli 2006)

Bildung kann einsam machen

Die Wahrscheinlichkeit, Single zu bleiben, ist für Menschen besonders groß, die eine Ausbildung oder ein Studium hinter sich haben. Das geht aus einer Untersuchung des Soziologen Jochen Hirschle von der Fernuniversität Hagen hervor. Höher Gebildete sind demnach bei der Suche nach Freundschaften und intimen Beziehungen stark auf die Institution fixiert, in der sie arbeiten oder lernen. Während rund 60 % der Befragten mit Haupt- oder Realschulabschluss ihren Partner im Freundeskreis, in Disco oder Kneipe fanden, gelang das nur 41 % der Abiturienten. Höher Gebildete gehen seltener aus und sind beruflich mobil. Sie könnten soziale Netzwerke dadurch schlechter aufbauen und pflegen.

(Kölner Stadtanzeiger Dezember 2007)

Die eingebildete Heilung

Die größten Akupunkturstudien der Krankenkassen haben ein sensationelles Ergebnis gebracht: Die Nadelstecherei wirkt tatsächlich - doch es ist egal, wo der Therapeut hinsticht. Sind die Erfolge der chinesischen Heilkunst nur auf einen gigantischen Suggestionseffekt zurückzuführen? An jeweils 387 Patienten mit chronischen Rückenschmerzen wurden „echte“ und Schein-Akupunkturen sowie die Standardtherapie durchgeführt: Bei 47,6 % der „echten“ Akupunkturen, bei 44,2 % der Scheinakupunkturen trat eine Schmerzlinderung auf - nach Standardtherapie nur bei 27,4 %. Bei Patienten mit chronischen Knieschmerzen trat der Heilungserfolg bei 51 % bzw. 48 % bzw. 28 % der behandelten Patienten (jeweils 350) ein.

(SPIEGEL 44/2004)

Dicke Kinder gelten als weniger intelligent

Übergewichtige Kinder gelten bei ihren Altersgenossen als faul, unsympathisch und weniger intelligent. Das ergab ein Studie der Universität Tübingen. Rund 87 % der befragten 10- bis 15-Jährigen stuften dabei ein übergewichtiges Kind als weniger hübsch ein als ein normalgewichtiges. Zwei Drittel hielten einen dicken Jungen für am wenigsten intelligent. Fast 95 % der 454 befragten Jungen und Mädchen stuften übergewichtige Altersgenossen als am faulsten ein. (Rheinische Post September 2007)

Wer katholisch ist, hat weniger Stress

Katholiken fühlen sich einer Umfrage zufolge weniger gestresst als ihre protestantischen Glaubenskollegen. Das geht aus einer Befragung des Instituts für Demoskopie Allensbach hervor. Demnach halten sich 60 % der Deutschen für stressfrei. Dabei war der Anteil an Katholiken mit 67 % höher als jener der Protestanten mit 58 %. (Rheinische Post Oktober 2005)

Kapitel 6 | Aufgaben zur Vorbereitung der Abiturprüfung

Aufgabe 1

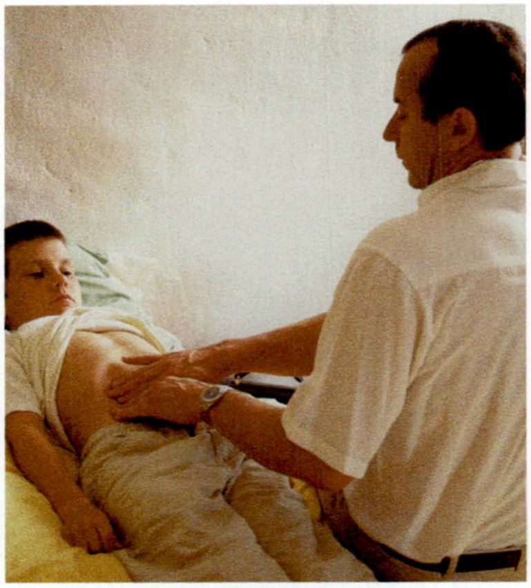

Wenn Patienten mit akuten rechtsseitigen Unterbauchschmerzen zum Arzt kommen, dann überprüft dieser oft als Erstes, ob es sich um eine akute Appendizitis (Blinddarm-Entzündung) handelt. Diese Vermutung trifft allerdings nur in ca. 25 % der Fälle tatsächlich zu. Wenn eine solche Erkrankung wirklich die Ursache für die Schmerzen ist, dann wird in 85 % der Fälle der richtige Befund mithilfe der sonografischen Methode (Ultraschall) erkannt. Jedoch kommt es auch in ca. 3 % der Fälle vor, dass der Arzt nach Ultraschalluntersuchung die Diagnose „akute Appendizitis" stellt, obwohl eine andere Ursache vorliegt.

a) Betrachte eine Gesamtheit von 1000 Patienten, die mit den o. a. Schmerzen den Arzt aufsuchen, und erläutere den vorliegenden Sachverhalt anhand einer Vierfeldertafel.

b) Wie „sicher" sind die Aussagen eines Arztes, wenn dieser diagnostiziert: „Aufgrund des Sonogramms vermute ich, dass eine akute Apendizitis vorliegt."?

c) Ein Patient, bei dem der Arzt aufgrund der sonografischen Untersuchung vermutet hat, dass keine akute Appendizitis vorliegt, wendet sich an einen zweiten Arzt zur unabhängigen Kontrolle. Wie sicher kann er sein, dass keine Blinddarm-Entzündung vorliegt, wenn auch dieser Arzt negativen Befund zurückmeldet?

d) Die Angabe, dass in 85 % der Fälle richtigerweise der Befund „akute Appendizitis" gestellt wird, werde im Folgenden als „Erfolgswahrscheinlichkeit" interpretiert. Angenommen, 50 Patienten mit tatsächlich vorliegender Blinddarm-Entzündung suchen einen Arzt auf. Mit welcher Wahrscheinlichkeit wird die richtige Diagnose bei mehr als 45 dieser 50 Patienten gestellt? Gib ein 95 %-Intervall an, in dem nach der Ultraschall-Untersuchung von 500 Appenzitis-Patienten voraussichtlich die zutreffende Diagnose erfolgt.

e) Dass mithilfe des Ultraschalls bei tatsächlichem Vorliegen einer Blinddarm-Entzündung die richtige Diagnose gestellt wird, hat auch mit der Schulung der Ärzte zu tun, Hinweise auf den Sonogrammen zu erkennen und richtig zu interpretieren. In einer Fachzeitschrift werden Fortbildungskurse für Ärzte angeboten, durch die – nach Angabe der Veranstalter – eine deutliche Verbesserung der Diagnose-Quote von 85 % erreicht werden kann. Welche „Standpunkte" kann ein Leser dieser Anzeige einnehmen? Interpretiere den Vorgang als Hypothesentest und beschreibe die Auswirkungen eines Fehlers 1. und 2. Art.

Aufgabe 2

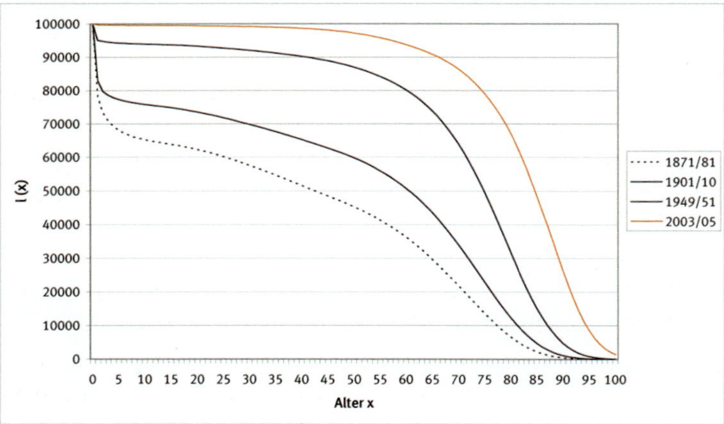

Entwicklung der Absterbeordnungen seit 1871/1881 (Frauen)

Die Werte sind für folgende Gebietsstände aufgeführt: 1871/1881 und 1901/1910 Deutsches Reich; 1949/1951 früheres Bundesgebiet; 2003/2005 Deutschland.

Quelle: Statistisches Bundesamt, Periodensterbetafel für Deutschland, Wiesbaden 2006.

a) Aus der Grafik kann abgelesen werden, wie viele von 100 000 neugeborenen Mädchen voraussichtlich im Mittel des Alter x erreichen. Welche Aussagen lassen sich beispielsweise über 50-jährige Frauen ablesen? Mit welcher Wahrscheinlichkeit erreich(t)en sie das 70. Lebensjahr?

b) Um 1900 betrug die Wahrscheinlichkeit für eine 20-jährige Frau, 50 Jahre alt zu werden, etwa 80 %. Mit welcher Wahrscheinlichkeit erreichten von 100 zufällig ausgewählten 20-jährigen Frauen mehr als 75 das 50. Lebensjahr?

c) Mache eine Prognose auf dem 90 %-Niveau, wie viele von 500 heute 75-jährigen Frauen 90 Jahre alt werden.

d) Aus verschiedenen Untersuchungen weiß man, dass die Lebenserwartung von den sozialen Bedingungen abhängig ist, unter denen die Menschen leben. Beispielsweise wird in einer Studie der Universität Rostock eine Wahrscheinlichkeit von 74 % dafür angegeben, dass ein 45-jähriger Mann, der keinen Schulabschluss oder nur einen Hauptschulabschluss hat, das 65. Lebensjahr erreicht, für Männer mit mindestens Mittlerem Schulabschluss dagegen eine Wahrscheinlichkeit von 87 %.
Welchen Umfang müssen die Stichproben gehabt haben, damit man solche Wahrscheinlichkeiten mit einer Genauigkeit von 1 Prozentpunkt angeben kann?

e) In der Studie in d) werden bei Frauen für die o. a. Merkmalsausprägungen Wahrscheinlichkeiten von 91 % bzw. 94 % angegeben. Da in der Vergangenheit der Anteil berufstätiger Frauen geringer war als heutzutage, könnten sich für zukünftige Generationen auch bei Frauen größere Unterschiede ergeben, z. B. könnte die Wahrscheinlichkeit für Frauen ohne besonderen schulischen Abschluss unter 91 % sinken.
Formuliere hierzu unterschiedliche Standpunkte im Sinne eines einseitigen Hypothesentests (Stichprobenumfang 1000). Beschreibe auch die Fehler 1. und 2. Art.

Aufgabe 3

Babyboom durch Schneechaos im Münsterland blieb aus

Das Schneechaos vom 25. bis 27. November 2005 im Münsterland führte in den vom Stromausfall betroffenen Kreisen Borken und Steinfurt nicht zu einer höheren Geburtenzahl als in den Vorjahren. Dies teilte jetzt das Landesamt für Datenverarbeitung und Statistik NRW mit. In weiten Teilen des Kreises Steinfurt war durch starke Schneefälle die Stromversorgung zusammengebrochen. Mehr als 250 000 Menschen in 20 Gemeinden waren ohne Strom.

Im Kreis Steinfurt meldeten die Standesämter für August/September 2006 weniger Geburten (692) als in den selben Monaten 2005 (698). Auch der Blick auf ganz NRW zeigt, dass Kerzen und Kaminfeuer nicht zu einem Boom in den Entbindungsstationen führten. Während in NRW im August/September 2006 insgesamt 26 296 Kinder geboren wurden, waren es im Vorjahr mit 27 277 Kindern noch fast tausend mehr.

a) Nimm kritisch Stellung zu den Schlussfolgerungen der abgedruckten Veröffentlichung des Landesamtes für Datenverarbeitung und Statistik (LDS) des Landes Nordrhein-Westfalen.

b) Im Zeitraum Januar 2005 bis Oktober 2006 betrug der Anteil der Geburten im Kreis Steinfurt an allen Geburten des Landes Nordrhein-Westfalen durchschnittlich 2,60 %. Mache eine Prognose auf dem 90 %-Niveau, wie viele Kinder im Kreis Steinfurt in einem gewissen Zeitraum zur Welt kommen, wenn es in dieser Zeit in Nordrhein-Westfalen insgesamt 30000 Geburten gibt.

c) Im Monat August 2006 wurden in Nordrhein-Westfalen 13114 Kinder in geboren, im Kreis Steinfurt gab es in diesem Monat 364 Geburten. War das Ergebnis im Kreis Steinfurt vielleicht doch signifikant?

d) Immer wieder werden Meldungen verbreitet, dass besondere Ereignisse (wie z. B. die euphorische Stimmung während der Fußball-Weltmeisterschaft 2006 in Deutschland) Auswirkungen auf die Geburtenzahlen haben. Welche Standpunkte kann man hierzu vertreten? Beschreibe die Fehler 1. und 2. Art.

Aufgabe 4

Karies ist mit einer Häufigkeit von über 90% die am weitesten verbreitete ernährungsabhängige Zivilisationskrankheit in westlichen Industrieländern, d. h. 90% aller Erwachsenen müssen sich wegen dieser Erkrankung (mindestens einmal) im Laufe ihres Lebens in zahnärztliche Behandlung begeben.

a) Was bedeutet diese Information bezogen auf eine Gruppe von 500 zufällig ausgewählten Personen? Formuliere Aussagen darüber, wie viele von diesen Personen vermutlich im Laufe ihres Lebens sich wegen des Kariesbefalls in zahnärztliche Behandlung begeben müssen.

b) Mit welcher Wahrscheinlichkeit wird man unter den 500 Personen mehr als 475 vorfinden, deren Zähne behandelt worden sind oder werden müssen?

c) Es gibt Vermutungen, die besagen, dass die Beschaffenheit des Leitungswassers Einfluss auf die Anfälligkeit bzgl. Karies hat. Wie ist es zu beurteilen, wenn in einer Region unter 300 zufällig ausgewählten Bewohnern einer Senioren-Wohnanlage 45 Personen kariesfreie Zähne besitzen?

d) In den vergangenen Jahren sind zahlreiche Maßnahmen zur Kariesprophylaxe bei Kindern durchgeführt worden. In einigen Regionen konnte durch gezielte Informations- und durch Trainingsprogramme in Kindergärten und Schulen sogar erreicht werden, dass 70% der Zwölfjährigen ein kariesfreies Gebiss haben.

Wie viele 12-jährige Kinder müsste man mindestens für eine Stichprobe auswählen, damit man mit einer Wahrscheinlichkeit von 90% unter diesen mindestens ein Kind mit Karieserkrankung findet?

e) Die Approximalkaries (Zahnzwischenraumkaries) ist die am häufigsten auftretende Form von Karies; sie tritt auf, weil der Bereich zwischen den Zähnen weder durch die natürliche Reinigung bei den Kauvorgängen noch beim Zähneputzen kaum zugänglich ist. Auch ist es schwierig, Karies-Erkrankungen frühzeitig zu erkennen, da die Zwischenräume bei der sogenannten klinischen Untersuchung kaum „einsehbar" sind. Als Alternative bietet sich eine Röntgenuntersuchung an, mit der die Kariesschäden sicher erkannt werden können.

An der Universität Erfurt wurden 5722 zahnärztliche Untersuchungen erfasst. Vergleiche die beiden Verfahren (dabei wird die beim Zahnarzt übliche Untersuchung mit Spiegel und starker Beleuchtung als klinische Untersuchung bezeichnet). Die Daten lassen sich in Form von Baumdiagrammen mit relativen Häufigkeiten zusammenstellen. Gib die beiden möglichen Darstellungen an; schreibe jeweils einen kurzen Text dazu.

		Röntgen-Untersuchung		
		kariös	gesund	gesamt
klinische Untersuchung	kariös	172	5	177
	gesund	385	5160	5545
	gesamt	557	5165	5722

f) In einer Fachzeitschrift wird ein 95%-Konfidenzintervall zur relativen Häufigkeit 172/557 = 30,9% aus der Tabelle in (5) angegeben: 27,0% bis 34,7%. Erläutere, was hiermit gemeint ist. Überprüfe die berechneten Intervallgrenzen.

Aufgabe 5

a) Die Wahrscheinlichkeit, in einer Zufallsstichprobe ein Fahrzeug auszuwählen, das mit einem erheblichen Mangel belastet ist, werde – gemäß dem rechts abgedruckten Zeitungsartikel – mit $p = 0{,}175$ geschätzt.

In einer Verkehrskontrolle werden 200 Fahrzeuge überprüft. Gib eine Intervallschätzung für den Anteil der PKW mit erheblichem Mangel in dieser Stichprobe an. Mit welcher Wahrscheinlichkeit wird der Anteil über 20% sein?

TÜV-Report 2007: 8,2 Millionen Fahrzeuge mit Mängeln unterwegs

Bei der Vorstellung des jährlichen TÜV-Reports hat der Verband der Technischen Überwachungsvereine abermals den schlechten Wartungszustand der PKW in Deutschland beklagt. Hochgerechnet auf den Gesamtbestand von 46,6 Mio. PKW seien rund 8,2 Millionen im vergangenen Jahr mit erheblichen Mängeln unterwegs gewesen. 17,5% der 17,86 Mio. untersuchten Autos seien mit „erheblichen Mängeln" behaftet gewesen und bekamen im ersten Anlauf keine neue Plakette. Rechnet man die leichten Mängel (32,8%) hinzu, sind mehr als die Hälfte aller Fahrzeuge nicht in einwandfreiem Zustand.

b) In Deutschland müssen neu zugelassene Fahrzeuge nach drei Jahren zum ersten Mal zur TÜV-Untersuchung, danach folgen die Haupt-Untersuchungen im Abstand von zwei Jahren. Aus der Grafik ist zu entnehmen, dass der Anteil der Fahrzeuge mit erheblichen Mängeln mit dem Alter der Fahrzeuge zunimmt. Für die 10,8 Mio. der insgesamt 46,6 Mio. in Deutschland zugelassenen PKW, die älter als 11 Jahre sind, ergibt sich laut Grafik ein Anteil von 29,4 % Fahrzeugen mit erheblichen Mängeln. Erschließe hieraus, wie groß im Mittel der Anteil der PKW mit erheblichen Mängeln unter den Fahrzeugen ist, die höchstens 11 Jahre alt sind.

Wie groß ist die Wahrscheinlichkeit, dass ein zufällig ausgewählter PKW, bei dem erhebliche Mängel festgestellt werden, älter ist als 11 Jahre?

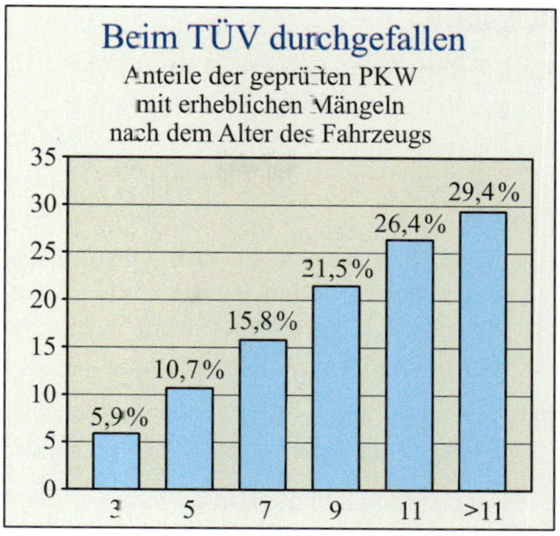

c) Wie man der folgenden Grafik entnehmen kann, hat sich die Farbwahl bei den neu zugelassenen PKW im Laufe der Jahre stark verändert. Warum wäre es nicht angemessen, einen Mittelwert aus den Jahresanteilen zu bilden, um den aktuellen Anteil von PKW in einer bestimmten Farbe herauszufinden? Wie könnte man bei der Berechnung eines aktuellen Farbanteils die Tatsache berücksichtigen, dass im Laufe der Jahre immer mehr Fahrzeuge „aus dem Verkehr gezogen" werden? Erläutere ein mögliches Vorgehen.

d) Eine Schätzung der aktuellen Farbanteile lautet: grau 29 %, blau 20 %, schwarz 18 %, rot 13 %. Gib für eine Zufallsstichprobe vom Umfang 5000 Entscheidungsregeln auf dem 90 %-Niveau an, durch die entschieden werden könnte, ob die geschätzten Anteile zutreffen.

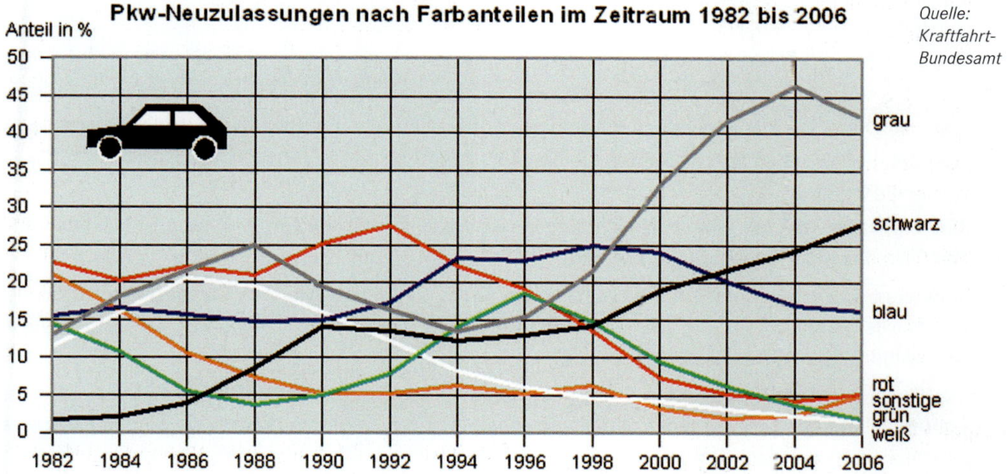

e) Die am 01.01.2007 in Deutschland zugelassenen 46,6 Millionen PKW verteilen sich auf die verschiedenen Hersteller: Volkswagen 21,2 % ; Opel 14,1 %; Mercedes 9,1 %; Ford 8,9 %; BMW/Mini 6,6 %; Audi 6,1 %.

Mache eine Prognose auf dem 90 %-Niveau, wie viele Fahrzeuge der einzelnen Hersteller man in einer Stichprobe vom Umfang 1000 vorfindet. Warum kann man davon ausgehen, dass man in einer Verkehrszählung, z. B. an einem Autobahnkreuz, von d) signifikant abweichende Ergebnisse vorfinden wird?

f) Die ausländischen Hersteller hatten am 01.01.2007 bei den PKW insgesamt einen Marktanteil von 32,9 %. Mit welcher Wahrscheinlichkeit würde man unter 100 zufällig ausgewählten PKW genau 33 Fahrzeuge eines ausländischen Produzenten finden?

g) 23,2 % der in Deutschland zugelassenen PKW haben einen Diesel-Motor. Ist es ungewöhnlich, wenn in einer Stichprobe von 1000 PKW 260 Fahrzeuge mit Diesel-Motor sind?

Aufgabe 6

a) Im Jahr 2006 gab es in Deutschland insgesamt 327 984 Verkehrsunfälle mit Personenschaden (P-Unfälle) und 96 460 mit erheblichem Sachschaden (S-Unfälle). Angenommen, an allen Tagen des Jahres ereignen sich – von Zufallsschwankungen abgesehen – gleich viele Unfälle. Welche Prognose auf dem 90 %-Niveau könnte man dann für die Anzahl der Unfälle an einem beliebig ausgewählten Tag machen?

Mehr Unfälle am Freitag dem Dreizehnten

Wissenschaftler haben das Unglücksdatum genauer unter die Lupe genommen und kamen zu dem Ergebnis: An einem Freitag den 13. ist die Zahl der Verkehrsunfälle deutlich höher als sonst. Psychologen erklären das Phänomen damit, dass Autofahrer an diesem Tag besonders nervös sind und deshalb zu einer sehr unvorsichtigen Fahrweise neigen.

b) Beurteile mithilfe der Modellbildung aus a) die Tatsache, dass es am Freitag, dem 13.01.2006, tatsächlich 865 P-Unfälle und 355 S-Unfälle gab.

c) Bei der Modellbildung in a) wird die Tatsache nicht berücksichtigt, dass es jahreszeitlich bedingte Unterschiede bei den Unfall-Häufigkeiten gibt. Im Januar 2006 gab es 19 663 P-Unfälle und 8752 S-Unfälle; im Oktober 2006 waren es sogar 30 209 P-Unfälle, dagegen nur 8351 S-Unfälle. Am Freitag, 13.10.2006, gab es 1028 P-Unfälle und 280 S-Unfälle. Erweist sich jetzt Freitag, der Dreizehnte, als Unglückstag?

d) Für manche Menschen ist Freitag überhaupt ein Unglückstag. Im Jahr 2006 gab es 52 Freitage mit insgesamt 55 032 P-Unfällen und 15710 S-Unfällen. Vergleiche.

Aufgabe 7

Im Jahr 2006 waren insgesamt 391 231 PKW an Verkehrsunfällen mit Personenschaden (Tote und/oder Verletzte) beteiligt. Fahrer des PKW war in 244 812 Fällen ein Mann, in 146 419 Fällen eine Frau. Hauptverursacher des Verkehrsunfalls war in 176 793 Fällen ein Mann, in 92 820 Fällen eine Frau.

Statistik: Frauen sind die besseren Autofahrer(innen)

Dass Frauen die besseren Autofahrer sind, ist jetzt auch statistisch belegt. Wie das Statistische Bundesamt mitteilte, waren Frauen lediglich an 37,4 % der Straßenverkehrsunfälle mit Toten und Verletzten beteiligt, in noch weniger Fällen (34,4 %) verursachten sie die Unfälle.

a) Stelle die Daten in einer geeigneten Vierfeldertafel zusammen und notiere die beiden möglichen zugehörigen Baumdiagramme. Verfasse jeweils einen Zeitungsartikel unter Verwendung der berechneten relativen Häufigkeiten.

Bei Männern war in 18 % der Fälle eine nicht angepasste Geschwindigkeit Grund für den Unfall, bei Frauen in 20 % der Fälle das Nicht-Beachten der Vorfahrt.

b) Ein Verkehrsexperte untersucht die Ursache von 1000 zufällig ausgewählten Unfällen mit Personenschaden, bei denen ein Mann am Steuer saß. Bei wie vielen dieser 1000 Unfälle war die nicht angepasste Geschwindigkeit die Unfallursache?

c) Eine Psychologin untersucht im Auftrag des Kraftfahrt-Bundesamtes 50 Fälle, in denen Frauen wegen Nicht-Beachten der Vorfahrt einen Unfall verschuldeten. Dazu muss sie das Archiv durchsuchen, in dem die Unfallakten nur nach Datum abgelegt sind, jedoch nicht nach Geschlecht oder Unfallsursache. Wie viele Akten muss sie ungefähr durchsehen , damit sie mit einer Wahrscheinlichkeit von 90 % tatsächlich 50 für die Studie geeignete Akten gefunden hat?

d) Dass Frauen seltener an schweren Unfällen beteiligt sind, könnte auch seinen Grund darin haben, dass Frauen seltener am Steuer eines Autos sitzen als Männer: Wenn nämlich nur 34,4 % der Personen, die ein Fahrzeug lenken, Frauen wären, würde dies bedeuten, dass Frauen genauso häufig einen schweren Unfall verursachen wie Männer.

Untersuche diese Frage in der Form eines Hypothesentests. Welche Hypothesen können getestet werden? Beschreibe die verschiedenen Standpunkte. Welche Fehler können auftreten? Stelle Entscheidungsregeln auf für eine Stichprobe vom Umfang 500 bei einem Signifikanzniveau von 95 %.

Aufgabe 8

a) 677 Mädchen und 629 Jungen im Alter zwischen 6 und 10 Jahren wurden getestet, ob sie eher links- oder rechtshändig sind (vgl. nachfolgende Information zum Testverfahren). Bei den Jungen ergab sich ein Anteil von 13 %, bei den Mädchen von 11 % für die Linkshändigkeit. Wie genau sind diese Schätzungen? (Sicherheitswahrscheinlichkeit 95 %)

Mit einem Hand-Dominanz-Test stellt man fest, ob Kinder im Alter eher als linkshändig oder als rechtshändig zu bezeichnen sind. Beispielsweise müssen Spuren nachgezeichnet werden (vgl. Abbildung); für richtige Teile der Zeichnung werden Punkte verteilt. Je nachdem, ob eine Person mit der rechten oder mit der linken Hand mehr Punkte erzielt, bezeichnet man sie als rechtshändig oder als linkshändig. Zur Vereinfachung werde der Fall gleicher Punktzahl (Beidhändigkeit) nicht betrachtet.

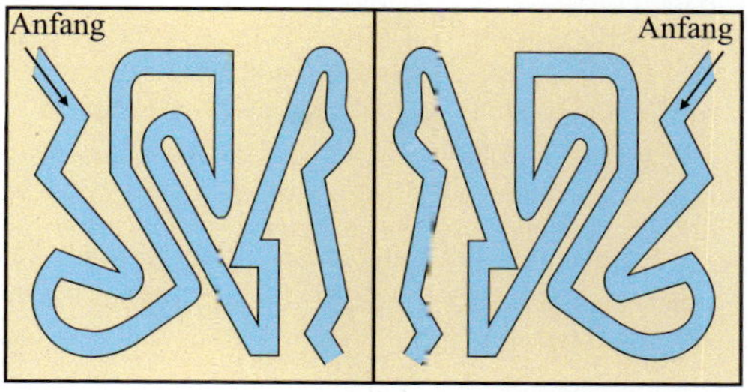

Die Einteilung in Links- und Rechtshänder ist grob. Eine Fülle von Informationen geht verloren; Personen mit ausgeprägter Links- oder Rechtshändigkeit werden mit Personen zusammengefasst, die fast beidhändig sind. Die Auswertung ist allerdings einfacher – und: eine Interpretation als BERNOULLI-Versuch ist möglich.

b) Bei einem Einschulungstest fand man in einer Gruppe von 117 Mädchen und 125 Jungen 18 bzw. 10 Linkshänder. Sind die Ergebnisse mit den Prozentsätzen von 11 % bzw. 13 % aus dem Test in a) verträglich?

c) Bei einem Test mit 14-Jährigen erwiesen sich 20 von 305 Mädchen als Linkshänder und 25 von 312 Jungen. Deutet dies darauf hin, dass Jugendliche ihre Linkshändigkeit verlernen?

d) Der nachfolgende Artikel beschäftigt sich mit den Ergebnissen einer Befragung von 1810 Rechts- und 190 Linkshändern. Bestimme 95 %-Konfidenzintervalle für den Anteil der Personen, die in den letzten beiden Jahren Verletzungen beim Auto- oder Mopedfahren erlitten hatten – getrennt nach Rechts- und Linkshändern.

Beurteile mithilfe der Konfidenzintervalle, ob die „Sensationsmeldung“ des SPIEGEL-Artikels angemessen ist.

Gefährliches Pflaster

Höhere Unfallszahlen: Niedrigere Lebenserwartung – Linkshänder leben riskant

Ob Cäsar Gallier jagte oder Franz Josef Strauß Büffel in Tansania – ihre Opfer wurden mit links erledigt. Bubi Scholz und Marilyn Monroe – mit links waren sie umwerfend. Linker Hand behämmerte Michelangelo den Marmor, malte Leonardo da Vinci die Mona Lisa. Auch die Superstars der Musik, Mozart, Beethoven, fassten alles falsch an.

Jahrzehntelange Beobachtungen brachten ans Licht: Linkshänder werden eher zuckerkrank, leiden häufiger an Schlafstörungen, tendieren zu Trunksucht und verspäteter Pubertät. Doch jetzt droht zusätzliches Ungemach: Der Psychologie-Professor Stanley Coren aus Vancouver attestiert den Linkshändern ein hohes Verletzungsrisiko und eine kürzere Lebenserwartung. Könnte es sein, so Coren, dass Dosenöffner, Korkenzieher, Bandsägen oder Kartoffelschälmesser, allesamt für Rechtshänder konzipiert, die linkshändige Minorität der Menschheit tückisch dahinraffen?

Corens Horrortheorie wird, wie er glaubt, durch eine neue Untersuchung gestützt. Der Psychologe befragte 2000 Hochschüler (90,5 % Rechtshänder, 9,5 % Linkshänder) nach erlittenen Verletzungen und schweren Unfällen. Das Ergebnis ist erschreckend. Ob am Arbeitsplatz, im Haushalt oder beim Sport – in allen Lebenslagen ziehen sich Linkshänder übermäßig viel Schrammen und Verwundungen zu. Als besonders gefährliches Pflaster erwies sich der Umfrage zufolge der Straßenverkehr. Während nur 7,8 % der befragten Rechtshänder in den letzten zwei Jahren beim Auto- oder Mopedfahren Blessuren erlitten hatten, lag die Quote der Linkshänder mit 16,6 % mehr als doppelt so hoch.

Aufgabe 9

QUOTENSIEGER DES JAHRES 2007

Die erfolgreichsten TV-Sendungen

Das TV-Jahr 2007 stand noch ganz im Zeichen der Fußballweltmeisterschaft: Die Spielübertragungen sorgten für Rekordquoten. Wie sah es 2007 aus? Auch sportlich! Das Finale der Handball-WM im Februar schnappte sich mit 16,16 Millionen Zuschauern den Quotenthron.

TV-Experten machen sich Jahr für Jahr Gedanken, wie sie die Zuschauerzahlen steigern können. Neue Formate werden entwickelt, andere wieder abgesetzt. Dabei reicht ein Blick auf die Zahlen der letzten Jahre, um festzustellen, welche Sendungen sich in den Haushalten durchsetzen. Nichts fesselt die Deutschen mehr vor die Bildschirme als Sport und der ZDF-Klassiker „Wetten dass ...?“

Die Gesellschaft für Konsum- und Marktforschung (GfK) analysiert im Auftrag mehrerer Fernsehanstalten das Fernsehverhalten in Deutschland. Mit Hilfe spezieller Messgeräte („GfK-Meter“) wird in 5640 ausgewählten Haushalten mit ca. 11 000 Personen (repräsentativ für die 34,3 Millionen Haushalte und die 78 Millionen Einwohner über 6 Jahren) gemessen, wie viele Zuschauer welche Sendungen verfolgen.

Die Sendung mit der höchsten Einschaltquote des Jahres 2007 konnte die ARD für sich verzeichnen. Das Endspiel der Männer-Handball-WM war mit 16,16 Mio. Zuschauern Zuschauermagnet Nummer eins. Dies entsprach einem überragenden Marktanteil von 58,3 Prozent.

a) Aus den angegebenen Daten lässt sich erschließen, dass die Sehbeteiligung für das Endspiel der Handball-Weltmeisterschaft ungefähr 20,7 % betrug und ca. 2280 der 11 000 Personen aus den repräsentativ ausgewählten Haushalten das Endspiel der Handball-Weltmeisterschaft gesehen haben. Zeige dies.

b) Ein Marktanteil von 58,3 % bedeutet, dass ungefähr 3900 der 11 000 Personen zum Zeitpunkt der Sendung ein Fernsehgerät eingeschaltet hatten. Erläutere die Rechnung.

c) Bestimme jeweils ein 90 %-Konfidenzintervall für die Sehbeteiligung sowie für den Marktanteil. Was wird durch die Intervalle beschrieben? Ist es möglich, dass tatsächlich der Marktanteil nur 56 % betrug?

d) Angenommen, die Sehbeteiligung für diese Sendung betrug tatsächlich 20,7 %.

(1) Mit welcher Wahrscheinlichkeit hätte man in einer Zufallsstichprobe von 50 Personen höchstens 12 Personen angetroffen, die diese Sendung gesehen haben?

(2) Angenommen, 100 zufällig ausgewählte Personen wären zu der Sendung befragt worden. Welches Ergebnis hätte die größte Wahrscheinlichkeit? Begründe die Antwort durch Vergleich von Wahrscheinlichkeiten benachbarter Ergebnisse.

(3) Wie viele Personen hätte man mindestens befragen müssen, damit man mit einer Wahrscheinlichkeit von mindestens 90 % mindestens einen Zuschauer der Endspiels erfasst hat?

e) Die ARD möchte von der Attraktivität von Sportsendungen profitieren und hierfür ein neues „Sendeformat“ entwickeln. Ziel ist es, für eine Sendung am Montag Abend einen Marktanteil von mindestens 30 % zu erreichen. Zuvor will man durch eine Befragung von 1200 zufällig ausgewählten Personen herausfinden, ob sich eine solche Umstellung des Programmschemas lohnt.

Welche Hypothesen lassen sich aufgrund des Sachverhalts formulieren? Welche Standpunkte stecken (möglicherweise) hinter diesen Hypothesen? Gib Entscheidungsregeln zu beiden betrachteten Hypothesen an (Irrtumswahrscheinlichkeit 10 %). Beschreibe den Fehler 1. und 2. Art in der Sachsituation. Bestimme die Wahrscheinlichkeit für einen Fehler 2. Art, wenn die Einführung der Sendung tatsächlich zu einem Marktanteil von 25 % bzw. 32 % führt.

Aufgabe 10

a) An den Bundestagswahlen 2005 beteiligten sich nur 77,7 % der Wahlberechtigten. Wie ist es zu beurteilen, dass bei einer Befragung am Tag nach der Wahl 651 von 800 zufällig ausgewählten stimmberechtigten Personen angaben, sie wären zur Wahl gegangen?

b) Die CDU/CSU erhielt 35,2 % der abgegebenen Stimmen. Im früheren Bundesgebiet einschl. Berlin-West kam sie auf einen Anteil von 37,5 %, in den neuen Bundesländern einschl. Berlin-Ost auf 25,3 %. Erschließe hieraus, wie groß der Anteil der Wähler/innen in den neuen Bundesländern einschl. Berlin-Ost war.

c) Die Grünen erhielten insgesamt 8,1 % der Stimmen; bei den über 60-Jährigen kamen sie nur auf einen Anteil von 4,1 %. Von den über 60-Jährigen kamen 33,9 % aller abgegebenen Stimmen. Welche Informationen lassen sich aus diesen Angaben erschließen? Stelle die Informationen in einer Vierfeldertafel und Baumdiagrammen zusammen.

d) Die Linke/PDS kam auf 8,7 % der Wählerstimmen. Wie viele Personen, die sich an der Wahl beteiligt haben, müsste man mindestens auswählen, damit man mit einer Wahrscheinlichkeit von mindestens 80 % unter diesen mindestens eine Person findet, die diese Partei gewählt hat?

e) Die SPD erhielt bei der Wahl zum Bundestag 16.194.665 von 47.287.988 abgegebenen gültigen Zweitstimmen. Bei einer Befragung unter 500 zufällig ausgewählten Personen eine Woche vor der Wahl hatten 152 angegeben, dass sie SPD wählen würden. Ist das Befragungsergebnis vor der Wahl verträglich mit dem Wahlergebnis?

f) Das Wahlergebnis der FDP (sie erreichte 9,8 % der Stimmen) wurde im Vorstand der Partei lebhaft diskutiert. Einige warfen dem Parteivorsitzenden vor, dass er sich vor der Wahl zu sehr auf den Koalitionspartner CDU/CSU festgelegt habe. Im Hinblick auf die nächsten Wahlen will man wissen, ob dies tatsächlich wahlentscheidend war. Der Parteivorstand beschließt trotz der Bedenken des Schatzmeisters, der die Parteigelder verwaltet, 1000 repräsentativ ausgewählten Wahlberechtigten die Frage zu stellen, ob sie die Partei gewählt hätten, wenn diese ihre Koalitionsfrage offen gehalten hätte.

(1) Interpretiere den Vorgang als Hypothesentest: Welche Hypothesen könnten getestet werden? Gib die zugehörigen Entscheidungsregeln an (α = 5 %).

(2) Beschreibe jeweils Fehler 1. und 2. Art und mögliche Auswirkungen dieser Fehler in der Sachsituation.

Aufgabe 11

Im Osten ist der Anteil alternativer Familienformen höher als im Westen

Wie das Statistische Bundesamt mitteilt, haben 2006 in den neuen Ländern alternative Familienformen einen Anteil von 42 % an den Familien insgesamt erreicht. Zu den alternativen Familienformen zählen Alleinerziehende und Lebensgemeinschaften mit Kindern. Im früheren Bundesgebiet lag deren Anteil nur bei 22 %, bundesweit betrug er 26 %.

Hinweis: In der Pressemeldung werden *alle* Eltern-Kind-Gemeinschaften mit mindestens einem minderjährigen Kind im Haushalt als *Familien* bezeichnet.

a) Stelle die in der folgenden Tabelle enthaltenen Informationen in Form von Baumdiagrammen mit relativen Häufigkeiten zusammen. Schreibe ausführliche(re) Pressetexte.

Angaben in 1000	Ehepaare mit Kindern	Lebensgem. mit Kindern	allein erziehende Väter	allein erziehende Mütter
Früheres Bundesgebiet ohne Berlin	5556	397	133	1080
Neue Länder mit Berlin	920	270	31	374

b) Nach den Angaben aus der Tabelle beträgt der Anteil der allein erziehenden Väter unter allen Alleinerziehenden 10 % . Für eine repräsentative Befragung unter Alleinerziehenden mit minderjährigen Kindern in Deutschland wählt man 500 dieser Familien zufällig aus. Mit welcher Wahrscheinlichkeit wird man in dieser Stichprobe weniger als 45 allein erziehende Väter auswählen? Mache eine Prognose auf dem 90 %-Niveau, wie viele allein erziehende Mütter aus den Neuen Ländern mit Berlin ausgewählt werden.

c) Die o. a. Daten stammen aus einer Stichprobe (Mikrozensus). Welchen Umfang muss diese haben, damit die Angaben auf einen Prozentpunkt genau sind?

d) Im Presseartikel wird der Anteil der alternativen Lebensformen mit 42 % angegeben. In einer neuen Stichprobe sollen diese Angaben überprüft werden. Bei welchen Werten würde man die Hypothese p = 0,42 verwerfen? Formuliere eine Entscheidungsregel für den Stichprobenumfang n = 800 und α = 0,05.

Stichwortverzeichnis